大学入試 短期集中ゼミノート

記述試験対策

数学II+B+C

福島國光・福島 聡

JN096345

実教出版

本書の利用法

　共通テストは思考力を重視する問題に変わりつつありますが、依然としてマークシートによる解答方式です。しかし、それに慣れきってしまっていると、はじめから終わりまできちんとした解答を作成する能力が備わってきません。

　プロセスを大事にする記述式問題では、正解は出せたのに途中の式のために思わぬ減点、ということもあります。

　本書は、記述に強くなって記述式問題への苦手意識を払拭することを主眼に編集した、書き込み式問題集です。

　まずは、例題に当たり補足説明もよく読んで正しい記述のしかたを理解し、そして確認問題は例題の記述のしかたを参考にして書くとよいでしょう。続けて、マスター問題を解いて記述方法をしっかり身につけ、チャレンジ問題が完璧に解答できるようになれば、相当な自信がつくはずです。

　健闘を祈ります。

※問題文に付記された大学名は, 過去に同様の問題が入学試験に出題されたことを参考までに示したものです。

目次

1 — 二項定理・多項定理 ——— 4

2 — 分数式の計算 ——— 5

3 — 解と係数の関係 ——— 6

4 — 剰余の定理・因数定理 ——— 8

5 — 剰余の定理の応用 ——— 10

6 — 高次方程式と$p+qi$の解 ——— 12

7 — 3次方程式の解 ——— 13

8 — 恒等式 ——— 14

9 — $\left(相加平均\dfrac{a+b}{2}\right) \geqq \left(相乗平均\sqrt{ab}\right)$ の利用 ——— 16

10 — 条件式がある場合の式の値 ——— 18

11 — 直線の方程式 ——— 20

12 — 点と直線の距離 ——— 22

13 — 円と直線の関係 ——— 24

14 — 定点を通る直線・円 ——— 26

15 — $f(x,y)=0$ と $g(x,y)=0$ の交点を通る曲線 ——— 27

16 — 線対称 ——— 28

17 — 軌跡(1) ——— 29

18 — 軌跡(2) ——— 30

19 — 領域と最大・最小 ——— 32

20 — 加法定理 ——— 34

21 — 三角方程式・不等式 ——— 36

22 — 三角関数の合成公式 ——— 38

23 — 三角関数の最大・最小 ——— 40

24 — 指数関数 ——— 42

25 — 指数関数$a^x+a^{-x}=t$の置きかえ ——— 44

26 — 対数方程式・不等式 ——— 46

27 — 対数関数 ——— 48

28 — 指数・対数と式の値 ——— 50

29 — 常用対数と桁数 ——— 51

30 — 接線の方程式 ——— 52

31 — 関数の増減と極値 ——— 54

32 — 関数の最大・最小 ——— 56

33 — 3次方程式の解 ——— 58

34 — 定積分の計算 ——— 60

35 — 定積分で表された関数 ——— 62

36 — 絶対値を含む関数の定積分 ——— 64

37 — 面積(放物線と直線) ——— 66

38 — 面積(放物線と接線) ——— 68

39 — 等差数列 ——— 70

40 — 等比数列 ——— 72

41 — $S_n=f(n)$で表される数列 ——— 74

42 — 階差数列と階差数列の漸化式 ——— 76

43 — 2項間の漸化式 ——— 78

44 — 群数列 ——— 80

45 — 確率変数の期待値,分散 ——— 82

46 — 確率密度関数 ——— 83

47 — 正規分布 ——— 84

48 — 母平均の推定 ——— 86

49 — 母比率の推定 ——— 87

50 — 母平均の検定 ——— 88

51 — 母比率の検定 ——— 89

52 — ベクトルの表し方 ——— 90

53 — ベクトルの内積 ——— 92

54 — 成分によるベクトルの演算 ——— 94

55 — 図形と内分点のベクトル ——— 96

56 — 線分と線分の交点の求め方 ——— 98

57 — 空間ベクトルと成分 ——— 100

58 — 空間ベクトル ——— 102

59 — 空間座標とベクトル ——— 104

60 — 極形式とド・モアブルの定理 ——— 106

61 — 複素数の計算 ——— 108

62 — $z^n=a+bi$の解 ——— 110

63 — 回転移動 ——— 112

64 — 複素数zの表す図形 ——— 114

65 — $w=f(z)$の描く図形 ——— 116

66 — 複素数と図形 ——— 118

67 — 2次曲線 ——— 120

68 — 2次曲線と直線 ——— 122

69 — 楕円上の点の表し方 ——— 124

70 — 媒介変数・極方程式 ——— 126

正規分布表 ——— 136

1 | 二項定理・多項定理

❖ 展開式の一般項と係数 ❖

(1) $\left(x^2 - \dfrac{3}{x}\right)^6$ の展開式における x^6 の係数を求めよ。　　〈慶應大〉

(2) $(x - 2y + 3z)^5$ の展開式における x^2y^2z の係数を求めよ。　　〈同志社女子大〉

解 (1)　一般項は $_6C_r\,(x^2)^{6-r}\left(-\dfrac{3}{x}\right)^r$

> $(x^2)^{6-r} = x^{12-2r}$, $\left(-\dfrac{3}{x}\right)^r = (-3)^r \cdot x^{-r}$ と分ける

$= {}_6C_r(-3)^r x^{12-3r}$

x^6 の項は $12 - 3r = 6$　より　$r = 2$ のとき

よって，$_6C_2(-3)^2 = 15 \cdot 9 = 135$ ——（答）

> ── 二項定理の一般項 ──
> $(a+b)^n$ の一般項は
> $_nC_r\,a^{n-r}b^r$

> ── 多項定理の一般項 ──
> $(a+b+c)^n$ の一般項は
> $\dfrac{n!}{p!\,q!\,r!}a^p b^q c^r$

(2)　一般項は $\dfrac{5!}{p!\,q!\,r!}x^p(-2y)^q(3z)^r$

> $(-2y)^q = (-2)^q y^q$, $(3z)^r = 3^r z^r$ と分ける

$= \dfrac{5!}{p!\,q!\,r!}(-2)^q \cdot 3^r x^p y^q z^r$

ただし，$p + q + r = 5$，$p \geqq 0$，$q \geqq 0$，$r \geqq 0$

x^2y^2z は $p = 2$，$q = 2$，$r = 1$　のとき

よって，$\dfrac{5!}{2!\,2!\,1!} \cdot (-2)^2 \cdot 3^1 = 30 \cdot 12 = 360$ ——（答）

◇マスター問題

(1) $\left(2x^2 - \dfrac{1}{x}\right)^{20}$ の展開式における $\dfrac{1}{x^{14}}$ の係数を求めよ。　　〈京都薬大〉

(2) $(x - 3y + z)^6$ の展開式における $x^2y^2z^2$ の係数を求めよ。　　〈明治大〉

2 | 分数式の計算

❖ 通分と約分 ❖

次の分数式の計算をせよ。

(1) $\dfrac{3x-2}{x^2-4} - \dfrac{2x-3}{x^2-3x+2}$

(2) $\dfrac{x^2-4y^2}{x^2-4xy+4y^2} \times \dfrac{x-2y}{x^2+2xy}$

解 (1) $\dfrac{3x-2}{x^2-4} - \dfrac{2x-3}{x^2-3x+2} = \dfrac{3x-2}{(x+2)(x-2)} - \dfrac{2x-3}{(x-1)(x-2)}$

分母を因数分解する

$= \dfrac{(3x-2)(x-1)-(2x-3)(x+2)}{(x+2)(x-2)(x-1)} = \dfrac{(3x^2-5x+2)-(2x^2+x-6)}{(x+2)(x-2)(x-1)}$

分母を通分する。通分は分母の最小公倍数

分子の計算

$= \dfrac{(x-2)(x-4)}{(x+2)(x-2)(x-1)} = \dfrac{x-4}{(x+2)(x-1)}$ ——(答)

(2) $\dfrac{x^2-4y^2}{x^2-4xy+4y^2} \times \dfrac{x-2y}{x^2+2xy} = \dfrac{(x+2y)(x-2y)}{(x-2y)^2} \times \dfrac{x-2y}{x(x+2y)} = \dfrac{1}{x}$ ——(答)

掛け算は分母，分子を因数分解して約分する

◇マスター問題

3つの分数式 $R = \dfrac{x-1}{x} \times \left(\dfrac{x+1}{x-1} - \dfrac{x-1}{x+1} \right)$, $S = \dfrac{x^3-x^2-4x+4}{x^4-1} \times \dfrac{x+1}{x+2}$

$T = \dfrac{3}{x^3+1} + \dfrac{x-2}{x^2-x+1}$ を簡単にすると，$R = \boxed{}$, $S = \boxed{}$, $T = \boxed{}$ である。

〈関西学院大〉

3 | 解と係数の関係

❖ 解と係数の関係と対称式・2次方程式 ❖

2次方程式 $x^2 - 2x + 3 = 0$ の2つの解を α, β とするとき，次の問いに答えよ。

(1) $\alpha^3 + \alpha^2 + \beta^3 + \beta^2$ の値を求めよ。

(2) $\alpha + \dfrac{1}{\beta}$, $\dfrac{1}{\alpha} + \beta$ を解とする2次方程式を1つつくれ。 〈立教大〉

解 解と係数の関係より $\alpha + \beta = 2$, $\alpha\beta = 3$

> 2次方程式の2つの解を α, β ……
> ときたら，解と係数の関係を考える

(1) $\alpha^3 + \alpha^2 + \beta^3 + \beta^2$

$= (\alpha + \beta)^3 - 3\alpha\beta(\alpha + \beta) + (\alpha + \beta)^2 - 2\alpha\beta$

$= 2^3 - 3 \cdot 3 \cdot 2 + 2^2 - 2 \cdot 3 = -12$ ———(答)

---解と係数の関係---
$ax^2 + bx + c = 0$
の2つの解が α, β
$\alpha + \beta = -\dfrac{b}{a}$, $\alpha\beta = \dfrac{c}{a}$

---対称式の基本変形---
$\alpha^2 + \beta^2 = (\alpha + \beta)^2 - 2\alpha\beta$
$\alpha^3 + \beta^3 = (\alpha + \beta)^3 - 3\alpha\beta(\alpha + \beta)$

(2) （解の和）$= \left(\alpha + \dfrac{1}{\beta}\right) + \left(\dfrac{1}{\alpha} + \beta\right) = (\alpha + \beta) + \dfrac{\alpha + \beta}{\alpha\beta}$

$= 2 + \dfrac{2}{3} = \dfrac{8}{3}$

> 解の和と積がわかれば
> 2次方程式がつくれる

（解の積）$= \left(\alpha + \dfrac{1}{\beta}\right)\left(\dfrac{1}{\alpha} + \beta\right) = 1 + \alpha\beta + \dfrac{1}{\alpha\beta} + 1$

$= 2 + 3 + \dfrac{1}{3} = \dfrac{16}{3}$

> 2数〇，●を解とする
> 2次方程式
> $x^2 - (\underbrace{〇 + ●})x + \underbrace{〇 \times ●} = 0$
> （解の和）　（解の積）

よって，$x^2 - \dfrac{8}{3}x + \dfrac{16}{3} = 0$ より $3x^2 - 8x + 16 = 0$ ———(答)

> このままでもよいが，係数は整数にしておくとよい

❖確認問題

(1) 2次方程式 $x^2 + x + 2 = 0$ の2つの解を α, β とするとき，

$\alpha + \beta = \boxed{}$, $\alpha\beta = \boxed{}$, $\alpha^3 + \beta^3 = \boxed{}$ である。 〈広島工大〉

(2) $2x^2 + 3x + 1 = 0$ の2つの解を α, β とするとき，$2\alpha + \beta$, $\alpha + 2\beta$ を解とする2次方程式の1つを求めよ。 〈摂南大〉

◇マスター問題

(1) a を定数，2 次方程式 $x^2 - 9x + a = 0$ の解を b，c とする。$b : c = 1 : 2$ のとき，a，b，c を求めよ。 〈東京都市大〉

(2) a，b を互いに異なる実数とする。2 次方程式 $x^2 + (a+1)x + b - 2 = 0$ の解が a，b であるような実数の組 (a, b) をすべて求めよ。 〈立教大〉

◆チャレンジ問題

2 次方程式 $x^2 - x + 1 = 0$ の 2 つの解を α，β とするとき，

$$\alpha^3 + \beta^3 = \boxed{}, \quad \alpha^{49} + \beta^{49} = \boxed{}, \quad \alpha^{50} + \beta^{50} = \boxed{}$$

〈摂南大〉

4 | 剰余の定理・因数定理

❖ 整式の係数決定 ❖

整式 $x^3 + ax^2 + x + b$ が $x^2 - 2x - 3$ で割り切れるとき，$a = \boxed{}$，$b = \boxed{}$ である。

〈京都産業大〉

解 $P(x) = x^3 + ax^2 + x + b$ とおくと

$P(x)$ は $\underline{x^2 - 2x - 3 = (x+1)(x-3)}$ で割り切れるから

$\underline{x+1, \ x-3}$ で割り切れる。

> 因数分解できれば，その因数で割り切れる

> $P(x)$ を $x - \alpha$ で割った余りは $P(\alpha)$ で，割り切れるとき $P(\alpha) = 0$ だから $P(-1) = 0$，$P(3) = 0$ である

$$P(-1) = -1 + a - 1 + b = 0 \quad \text{より} \quad a + b = 2 \quad \cdots\cdots ①$$

$$P(3) = 27 + 9a + 3 + b = 0 \quad \text{より} \quad 9a + b = -30 \quad \cdots\cdots ②$$

①，②を解いて $a = \boxed{-4}$，$b = \boxed{6}$ ——(答)

別解 実際に割り算すると余りが0だから

$(2a + 8)x + (3a + b + 6) = 0$

$2a + 8 = 0, \ 3a + b + 6 = 0$

これより $a = \boxed{-4}$，$b = \boxed{6}$ ——(答)

$$
\begin{array}{r}
x + (a+2) \\
x^2 - 2x - 3 \overline{)\ x^3 + ax^2 + x + b} \\
\underline{x^3 - 2x^2 - 3x} \\
(a+2)x^2 + 4x + b \\
\underline{(a+2)x^2 - 2(a+2)x - 3(a+2)} \\
(2a+8)x + (3a+b+6)
\end{array}
$$

剰余の定理
整式 $P(x)$ を $x - \alpha$ で割った余りは $P(\alpha)$

因数定理
$P(\alpha) = 0 \iff P(x)$ は $x - \alpha$ を因数にもつ

❖ 確認問題

整式 $x^3 + ax^2 + bx + 6$ を $x-1$ で割ると 4 余り，$x+2$ で割ると -20 余る。このとき，a, b の値を求めよ。

〈慶應大〉

◇マスター問題

整式 $3x^3 + ax^2 + 5x + b$ は整式 $x^2 + 2x - 3$ で割り切れるという。定数 $a,\ b$ の値を求めよ。

〈県立広島女子大〉

◆チャレンジ問題

3次方程式 $x^3 + ax^2 + (a^2 + 3a - 21)x - 2(a + 14) = 0$ は3つの異なる正の実数解をもち、そのうちの1つは1である。このとき、a の値と他の2つの解を求めよ。

〈愛知大〉

5 | 剰余の定理の応用

❖ $P(x)$ を割った余り ❖

多項式 $P(x)$ を $(x-1)(x+1)$ で割ると $4x-3$ 余り，$(x-2)(x+2)$ で割ると $3x+5$ 余る。このとき，$P(x)$ を $(x+1)(x+2)$ で割ったときの余りを求めよ。

〈慶應大〉

解 $P(x)$ を $(x-1)(x+1)$ で割ったときの商を $Q_1(x)$，$(x-2)(x+2)$ で割ったときの商を $Q_2(x)$

> 割る式が違うから商も区別する

とすると

$$P(x) = (x-1)(x+1)Q_1(x) + 4x - 3 \quad \cdots\cdots ①$$
$$P(x) = (x-2)(x+2)Q_2(x) + 3x + 5 \quad \cdots\cdots ②$$

> それぞれの条件を関係式で表す

また，$P(x)$ を $(x+1)(x+2)$ で割ったときの商を $Q(x)$，余りを $ax+b$

> 2次式で割った余りは1次式

とおくと

$$P(x) = (x+1)(x+2)Q(x) + ax + b \quad \cdots\cdots ③$$

ここで，

> $(x+1)(x+2)$ の値が0となるように $P(-1)$，$P(-2)$ を考える。$P(-1)$ は①，$P(-2)$ は②から求める

①，②より

$$P(-1) = 4\cdot(-1) - 3 = -7, \quad P(-2) = 3\cdot(-2) + 5 = -1$$

③に $x=-1$，-2 を代入して

$$P(-1) = -a + b = -7 \quad \cdots\cdots ④, \quad P(-2) = -2a + b = -1 \quad \cdots\cdots ⑤$$

④，⑤を解いて，$a=-6$，$b=-13$ よって，余りは $-6x-13$ ———(答)

❖確認問題

多項式 $P(x)$ を $x+2$ で割ると -9 余り，$x-3$ で割ると 1 余る。このとき，$P(x)$ を x^2-x-6 で割った余りを求めよ。

〈中央大〉

◇マスター問題

整式 $P(x)$ を $(x+4)(x+3)$ で割ると $3x+10$ 余り，$(x+4)(x+7)$ で割ると $-5x-22$ 余る。このとき，$P(x)$ を $x^2+10x+21$ で割ったときの余りを求めよ。〈東洋大〉

◆チャレンジ問題

整式 $f(x)$ は $x-1$ で割ると余りが 3 である。また，$f(x)$ を x^2+x+1 で割ると余りが $4x+5$ である。このとき，$f(x)$ を x^3-1 で割ったときの余りを求めよ。〈関西大〉

6 | 高次方程式と $p+qi$ の解

❖実数係数の方程式と $p+qi$ の解❖

a, b は実数で，方程式 $x^3-2x^2+ax+b=0$ は $x=2+i$ を解にもつとする。このとき，a, b の値と方程式のすべての解を求めよ。　　　　〈学習院大〉

解 $x=2+i$ を代入すると

$$(2+i)^3-2(2+i)^2+a(2+i)+b=0$$

> 解を方程式に代入すれば成り立つ

$$(8+12i+6i^2+i^3)-2(4+4i+i^2)+a(2+i)+b=0$$

$$(2a+b-4)+(a+3)i=0$$

> $(2+11i)-(6+8i)+(2a+ai)+b$
> それぞれの項をしっかり計算する

$2a+b-4$, $a+3$ は実数だから

$$2a+b-4=0, \quad a+3=0$$

これより $a=-3$, $b=10$ ————（答）

このとき，方程式は

$$x^3-2x^2-3x+10=0$$

$$(x+2)(x^2-4x+5)=0$$

> $a=-3$, $b=10$ を方程式に代入して因数分解する

よって，$x=-2$, $2\pm i$ ————（答）

> ── 複素数の相等 ──
> $a+bi=c+di$
> ⇕
> $a=c$ かつ $b=d$
> （a, b, c, d は実数）

◇マスター問題

実数を係数とする 3 次方程式 $x^3+ax^2+bx+2=0$ の 1 つの解が $1+i$ であるとき，a, b の値と他の解を求めよ。　　　　〈広島工大〉

7 | 3次方程式の解

❖3次方程式の実数解の個数 ❖

実数 a に対し，3次方程式 $x^3+(a-2)x^2+(16-2a)x-32=0$ が2重解をもつような a の値を求めよ。　〈南山大〉

解　$P(x)=x^3+(a-2)x^2+(16-2a)x-32$　とおくと

$P(2)=8+4a-8+32-4a-32=0$ ┐　まず，因数分解することを考える

$(x-2)(x^2+ax+16)=0$　……①

(ⅰ)　①が $x=2$ 以外の重解をもつとき ← $(x-2)(x-○)^2=0$ の形を想定

　$D=a^2-64=0$　よって　$a=\pm8$

このとき，$(x\pm4)^2=0$　より　<u>重解は $x=\pm4$</u>

これは条件を満たす。

　└── 重解が $x=2$ になっていないことを確認する

(ⅱ)　①が $x=2$ の重解をもつとき ← $(x-2)^2(x-○)=0$ の形を想定

　$x^2+ax+16=0$ に $x=2$ を代入して

　　$4+2a+16=0$　よって　$a=-10$

このとき，$x^2-10x+16=0$，$(x-2)(x-8)=0$　より

解は　$x=2,\ 8$　だから　$x=2$　が2重解となり適する。

ゆえに，(ⅰ), (ⅱ)より　$a=\pm8,\ -10$ ───（答）

◇マスター問題

$a,\ b$ を定数とする。整式 $P(x)=x^3-ax^2+b$ が $x-1$ で割り切れるとき，

(1)　b を a で表せ。

(2)　x の方程式 $P(x)=0$ が異なる3つの実数解をもつような a の範囲を求めよ。〈東京都市大〉

8 | 恒等式

❖ 係数比較法と代入法 ❖

等式 $4x^2 = a(x-1)(x-2) + b(x-1) + 4$ が x についての恒等式となるように定数 a, b の値を定めよ。 〈福岡大〉

解

$$4x^2 = a(x^2 - 3x + 2) + bx - b + 4$$
$$= ax^2 + (-3a + b)x + 2a - b + 4$$

両辺の係数を比較して

└─ 展開して，x について整理する

$$a = 4, \ -3a + b = 0, \ 2a - b + 4 = 0$$

これを解いて

└─ 係数比較法は，各項の係数を等しくおく

$$a = 4, \ b = 12 \ \text{―――（答）}$$

別解 与式の両辺に $x = 0, 2$ を代入する。 両辺の計算が簡単になる x の値を選んで代入する

$x = 0$ のとき，$0 = 2a - b + 4$ ……①

$x = 2$ のとき，$16 = b + 4$ ……②

←未知数が a, b 2 つだから，代入する値も 2 つ。

①，②を解いて $a = 4, \ b = 12$ ―――（答）

（このとき，与式は恒等式になる。）

←代入法は必要条件で解いているのでかいておく。

❖❖確認問題

次の等式が，x についての恒等式となるように定数 a, b, c の値を定めよ。

(1) $a(x-1)^2 + b(x-1) + c = x^2 + 1$ 〈西日本工大〉

(2) $\dfrac{x-1}{x^2 + 8x + 15} = \dfrac{a}{x+3} + \dfrac{b}{x+5}$ 〈福島大〉

15

5

◆マスター問題————————————————————

　すべての x に対して，$x^3 - 3x^2 + 7 = a(x-2)^3 + b(x-2)^2 + c(x-2) + d$ となる数 a，b，c，d を求めよ。　　　　　　　　　　　　　　　　　〈福島大〉

◆チャレンジ問題————————————————————

　a，b，c を定数とする。$x + y - z = 0$ および $2x - 2y + z + 1 = 0$ を満たす x，y，z のすべての値に対して，$ax^2 + by^2 + cz^2 = 1$ が成立するとき，a，b，c の値を求めよ。　〈東京薬大〉

9 $\left(\text{相加平均} \dfrac{a+b}{2}\right) \geqq \left(\text{相乗平均} \sqrt{ab}\right)$ の利用

❖ $A+B \geqq 2\sqrt{AB}$ の利用 ❖

$\dfrac{3}{x}+\dfrac{1}{y}=4$ のもとで $k=xy$ は，$x=\boxed{}$，$y=\boxed{}$ のとき最小値 $k=\boxed{}$ をとる。ただし，$x>0$，$y>0$ とする。 〈久留米大〉

解 $\dfrac{3}{x}>0$，$\dfrac{1}{y}>0$ だから，（相加平均）≧（相乗平均）の関係より

$\underline{}$

$\boxed{\text{2 数が正であることを確認}}$

◀（相加）≧（相乗）を使うときは必ず 2 数が正であることを示す。

$$4=\dfrac{3}{x}+\dfrac{1}{y} \geqq 2\sqrt{\dfrac{3}{x}\cdot\dfrac{1}{y}}=\dfrac{2\sqrt{3}}{\sqrt{xy}}$$

$\boxed{+ \text{を} \times \text{に}}$

◀ ＋ を × にすると問題の xy が現れる

$\sqrt{xy} \geqq \dfrac{\sqrt{3}}{2}$ より $k=xy \geqq \dfrac{3}{4}$ よって，最小値 $k=\boxed{\dfrac{3}{4}}$ ——（答）

$\boxed{\text{両辺を 2 乗して}}$ $\boxed{xy=\dfrac{3}{4} \text{ が最小値}}$

等号は $\dfrac{3}{x}=\dfrac{1}{y}$ のときだから $x=\boxed{\dfrac{3}{2}}$，$y=\boxed{\dfrac{1}{2}}$ ——（答）

$\boxed{x=3y \text{ と } xy=\dfrac{3}{4} \text{ を連立させて求める}}$

┌─ 相加平均 ≧ 相乗平均 ─
$A>0$，$B>0$ のとき
$$A+B \geqq 2\sqrt{AB}$$
（等号は $A=B$ のとき）

❖確認問題

(1) $x>0$ において $\left(x-\dfrac{1}{2}\right)\left(2-\dfrac{9}{x}\right)$ は，$x=\boxed{}$ のとき最小値$\boxed{}$をとる。 〈千葉工大〉

(2) x を正の実数とするとき，$y=\dfrac{x^2+x+36}{x}$ の最小値を求めよ。 〈公立千歳科学大〉

◆マスター問題

(1)　$x,\ y$ が $x>0,\ y>0,\ 2x+y=7$ を満たすとき，$\sqrt{xy}$ の最大値を求めよ。〈青山学院大〉

(2)　$x>1$ のとき，$4x^2+\dfrac{1}{(x+1)(x-1)}$ の最小値と，そのときの x の値を求めよ。〈慶應大〉

◆チャレンジ問題

　$a,\ b,\ c,\ d$ を正の実数とする。次の不等式が成り立つことを示せ。

(1)　$\sqrt{ab}\leqq\dfrac{a+b}{2}$　　(2)　$\sqrt[4]{abcd}\leqq\dfrac{a+b+c+d}{4}$　　(3)　$\sqrt[4]{ab^3}\leqq\dfrac{a+3b}{4}$

〈新潟大〉

10 | 条件式がある場合の式の値

◆ 3 文字の対称式 ◆

a, b, c が $a + b + c = 1$, $ab + bc + ca = -2$, $\dfrac{1}{a} + \dfrac{1}{b} + \dfrac{1}{c} = 1$ を満たすとき，$a^2 + b^2 + c^2$, abc, $a^2b^2 + b^2c^2 + c^2a^2$ の値を求めよ。 〈成蹊大〉

解

$$a^2 + b^2 + c^2 = (a + b + c)^2 - 2(ab + bc + ca)$$

　　　$(a+b+c)^2 = a^2 + b^2 + c^2 + 2ab + 2bc + 2ca$ から導く

$$= 1^2 - 2 \cdot (-2) = 5 \ \text{———（答）}$$

$$\frac{1}{a} + \frac{1}{b} + \frac{1}{c} = \frac{bc}{abc} + \frac{ca}{abc} + \frac{ab}{abc} = \frac{ab + bc + ca}{abc} = 1$$

　　　分母を abc に通分して計算

よって，$ab + bc + ca = abc$ より $abc = -2$ ———（答）

$\dfrac{1}{a} + \dfrac{1}{b} + \dfrac{1}{c} = 1$ は $ab + bc + ca = abc$ と同じこと

$$a^2b^2 + b^2c^2 + c^2a^2 = (ab + bc + ca)^2 - 2(ab^2c + abc^2 + a^2bc)$$

　　　$ab = x$, $bc = y$, $ca = z$ として，次の式にあてはめる
　　　$x^2 + y^2 + z^2 = (x + y + z)^2 - 2(xy + yz + zx)$

$$= (ab + bc + ca)^2 - 2abc(a + b + c)$$
$$= (-2)^2 - 2 \cdot (-2) \cdot 1 = 8 \ \text{———（答）}$$

❖確認問題

$a + b + c = -2$, $ab + bc + ca = -1$, $abc = 2$ のとき，次の値を求めよ。

(1) $a^2 + b^2 + c^2$ 　　　　　　　(2) $(a + b)(b + c)(c + a)$ 〈名城大〉

◇マスター問題────────────────────────────────

(1)　$(a+b)(b+c)(c+a)+abc$ を因数分解せよ。

(2)　$a+b+c=3$, $a^2+b^2+c^2=5$ のとき, $(a+b)(b+c)(c+a)+abc$ の値を求めよ。

〈摂南大〉

◆チャレンジ問題────────────────────────────

実数 a, b, c が $a+b+c=-3$, $ab+bc+ca=3$ を満たすとき,

$\dfrac{1}{a+1}+\dfrac{1}{b+1}+\dfrac{1}{c+1}$ の値を求めよ。また, $\dfrac{a}{a+1}+\dfrac{b}{b+1}+\dfrac{c}{c+1}$ の値を求めよ。

〈福岡大〉

11 | 直線の方程式

❖ 平行な直線・垂直二等分線 ❖

点 $(3, 1)$ を通り，2 点 $A(4, 6)$，$B(-2, 8)$ を通る直線に平行な直線と，線分 AB の垂直二等分線の方程式を求めよ。

解　直線 AB の傾きは $\dfrac{6-8}{4-(-2)} = -\dfrac{1}{3}$

点 $(3, 1)$ を通り，直線 AB に平行な直線の方程式は

$y - 1 = -\dfrac{1}{3}(x - 3)$　　$m = m'$　　$y - y_1 = m(x - x_1)$

よって，　$y = -\dfrac{1}{3}x + 2$ ────(答)

また，直線 AB に垂直な直線の傾き m は

$-\dfrac{1}{3} \cdot m = -1$ より $m = 3$　　$mm' = -1$

線分 AB の中点は $\left(\dfrac{4-2}{2}, \dfrac{6+8}{2}\right)$ より $(1, 7)$

$\left(\dfrac{x_1+y_1}{2}, \dfrac{x_2+y_2}{2}\right)$

よって，$y - 7 = 3(x - 1)$　より　$y = 3x + 4$ ────(答)

─── 直線の方程式 ───
点 (x_1, y_1) を通り，傾き m
$$y - y_1 = m(x - x_1)$$
2 点 (x_1, y_1), (x_2, y_2) を通る
$$y - y_1 = \frac{y_2 - y_1}{x_2 - x_1}(x - x_1)$$

─ $y = mx + n$ と $y = m'x + n'$ ─
平行 $\Leftrightarrow m = m'$
垂直 $\Leftrightarrow mm' = -1$

❖ 確認問題

(1) 点 $(3, -1)$ を通り，直線 $l : 3x - y = 4$ に平行な直線の方程式を求めよ。

(2) 点 $(4, 7)$ を通り，直線 $l : 2x + 5y = 1$ に垂直な直線の方程式を求めよ。

(1) 2点 P$(1, -3)$, Q$(5, -1)$ が直線 l に関して互いに対称な位置にあるとき，直線 l の方程式を求めよ。　　　　　　　　　　　　　　　　　　　　　　　　　　〈愛知工大〉

(2) 2直線 $x - 3y + 5 = 0$, $x - 2y + 2 = 0$ の交点と点 $(1, 0)$ を通る直線の方程式を求めよ。

〈徳島文理大〉

　2直線 $kx + (k-2)y + 2k - 6 = 0$　……①, $3x - (k+2)y + k + 5 = 0$　……②

について，次の問いに答えよ。ただし，k は定数とする。

(1) 2直線が垂直になるように k の値を定めよ。

(2) 2直線が平行になるように k の値を定めよ。　　　　　　　　　　　　　〈立命館大〉

12 | 点と直線の距離

❖ 放物線と直線との最短距離 ❖

放物線 $y = -x^2$ 上の点 P と，直線 $l : y = -2x + 6$ 上の点との距離 d の最小値と，
そのときの P の座標を求めよ。　　　　　　　　　　　　　　　　〈芝浦工大〉

解　放物線上の点を $\mathrm{P}(t, -t^2)$ とおくと

　　└─ 曲線 $y = f(x)$ 上の点は $(t, f(t))$ とおいて考える

直線 $2x + y - 6 = 0$ と点 P との距離は

　　└─ $y = -2x + 6$ は $2x + y - 6 = 0$ として公式を適用

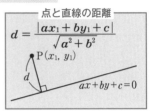

$$d = \frac{|2t - t^2 - 6|}{\sqrt{2^2 + 1^2}} \quad \leftarrow \begin{array}{c} \mathrm{P}(t, -t^2) \\ \downarrow \quad \downarrow \\ \dfrac{|2x + y - 6|}{\sqrt{2^2 + 1^2}} \end{array}$$

点と直線の距離
$$d = \frac{|ax_1 + by_1 + c|}{\sqrt{a^2 + b^2}}$$

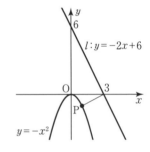

$$= \frac{|-(t-1)^2 - 5|}{\sqrt{5}} \quad \leftarrow \text{分子の } |\ | \text{ の中は } t \text{ の2次関数} \\ \text{なので，平方完成する}$$

$|-(t-1)^2 - 5|$ は $t = 1$ のとき最小値 5 となる。

　　└─ $|(t-1)^2 + 5|$ としても同じ

よって　d の最小値は

$\mathrm{P}(1, -1)$ のとき　$\dfrac{5}{\sqrt{5}} = \sqrt{5}$ ─────（答）

❖ 確認問題 ───

(1) 点 $(4, -6)$ と直線 $y = 3x + 2$ との距離 d を求めよ。　〈千葉工大〉

(2) 点 $(-3, -2)$ からの距離が $\sqrt{5}$ で，傾きが 2 である直線の方程式を求めよ。　〈神奈川大〉

◇マスター問題

2点 A$(4, 2)$, B$(2, -2)$ を通る直線 l と放物線 $y = x^2 - 4x + 6$ 上の点 P がある。P と l の距離が最小となるとき，P の座標と，P と l の距離を求めよ。また，$\triangle$ABP の面積の最小値を求めよ。 〈明治学院大〉

◆チャレンジ問題

平面上の2点 $(5, 0)$ および $(3, 6)$ から原点を通る直線 l に下ろした垂線の長さが等しいとき，直線 l の方程式を求めよ。 〈青山学院大〉

13 | 円と直線の関係

❖ 点と直線の距離の公式を利用 ❖

> 点 $A(2,\ 2)$ を通る直線 $y = m(x-2)+2$ と円 $x^2+y^2=2$ が共有点をもつような m の値の範囲を求めよ。　　　　　　　　　　　〈青山学院大〉

解 円の中心 $(0,\ 0)$ と直線 $y = m(x-2)+2$ との距離が

半径 $\sqrt{2}$ 以下になればよいから

点 $(0,\ 0)$ と直線 $mx-y-2m+2=0$ との距離を $\dfrac{|ax_1+by_1+c|}{\sqrt{a^2+b^2}}$ で求める

$$\frac{|m \cdot 0 - 0 - 2m + 2|}{\sqrt{m^2 + (-1)^2}} \leqq \sqrt{2}$$

$$|-2m+2| \leqq \sqrt{2(m^2+1)}$$

両辺とも正だから2乗でき，$|\ |$ と $\sqrt{\ }$ が同時にはずせる

両辺を2乗して

$$4m^2 - 8m + 4 \leqq 2m^2 + 2$$

$$m^2 - 4m + 1 \leqq 0$$

よって，$2 - \sqrt{3} \leqq m \leqq 2 + \sqrt{3}$ ————(答)

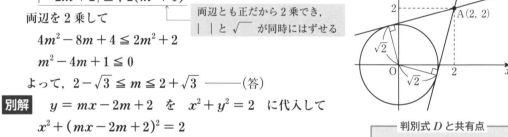

別解 $y = mx - 2m + 2$ を $x^2 + y^2 = 2$ に代入して

$$x^2 + (mx - 2m + 2)^2 = 2$$

$$x^2 + m^2x^2 + 4m^2 + 4 - 4m^2x - 8m + 4mx = 2$$

$$(m^2+1)x^2 - (4m^2 - 4m)x + 4m^2 - 8m + 2 = 0$$

$$\frac{D}{4} = (2m^2 - 2m)^2 - (m^2+1)(4m^2 - 8m + 2)$$

$$= 4m^4 - 8m^3 + 4m^2 - 4m^4 + 8m^3 - 6m^2 + 8m - 2$$

$$= -2m^2 + 8m - 2 \geqq 0 \quad \text{ゆえに} \quad m^2 - 4m + 1 \leqq 0$$

よって，$2 - \sqrt{3} \leqq m \leqq 2 + \sqrt{3}$ ————(答)

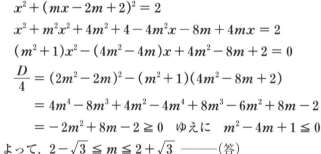

— 判別式 D と共有点 —
$D > 0$　2点で交わる
$D = 0$　接する
$D < 0$　共有点はない

◀判別式の利用は計算が少し大変になる。

❖確認問題

円 $x^2 + y^2 - 2x = 0$ と直線 $3x + 4y = a$ が共有点をもつように a の値の範囲を定めよ。

〈中央大〉

◇マスター問題─────────────────────────────

円 $x^2 + y^2 - 2y = 0$ と直線 $ax - y + 2a = 0$ が異なる 2 点 P，Q で交わる。

(1) 円の中心と半径を求めよ。　　　　　　(2) 定数 a のとりうる値の範囲を求めよ。

(3) PQ の長さが $\sqrt{2}$ となる a の値を求めよ。　　　　　　　　　　〈関西大〉

◆チャレンジ問題─────────────────────────────

中心が点 $\left(a, \dfrac{a}{2}\right)$ で，半径が a の円を C とする。円 C と直線 $y = -x + \dfrac{1}{2}$ が異なる 2 点で交わるような a の値の範囲を求めよ。また，この 2 点の距離の最大値を求めよ。　　〈関西大〉

14 | 定点を通る直線・円

直線 $(k+3)x+(k-2)y+4k-3=0$ は，任意の k に対して常に定点を通る。その定点を求めよ。　　　　　　　　　　　　　　　　　　　　　　〈愛知工大〉

解　$(k+3)x+(k-2)y+4k-3=0$

> 任意の k の値に対して成り立つ $\Longrightarrow k$ についての恒等式
> $(A)k+(B)=0$ と変形して，$A=0$ かつ $B=0$

$(x+y+4)k+(3x-2y-3)=0$

任意の k で成り立つためには

$x+y+4=0$　………①

$3x-2y-3=0$　……②

①，②を解いて

$x=-1,\ y=-3$

よって，定点は $(-1,\ -3)$ ———（答）

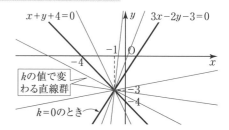

◇マスター問題

(1) k を任意の定数とする。方程式 $(2k-1)x+(k-2)y-3k+3=0$ の表す直線が常に通る定点の座標を求めよ。　　　　　　　　　　　　　　　　　　　　　　〈兵庫大〉

(2) 円 $x^2+y^2+(k-2)x-ky+2k-16=0$ は定数 k のどのような値に対しても通る。その定点の座標を求めよ。　　　　　　　　　　　　　　　　　　　　　〈千葉工大〉

15 | $f(x,\ y) = 0$ と $g(x,\ y) = 0$ の交点を通る曲線

❖ 円と円の交点を通る直線，円 ❖

円 $(x-2)^2 + (y-1)^2 = 2$ と円 $x^2 + y^2 - 9 = 0$ は 2 点で交わる。

(1) この 2 点を通る直線の方程式を求めよ。

(2) この 2 点および原点を通る円の方程式を求めよ。 〈阪南大〉

解 (1) $x^2 + y^2 - 4x - 2y + 3 = 0$ だから，2 円の交点を通る曲線は

$(x^2 + y^2 - 4x - 2y + 3) + k(x^2 + y^2 - 9) = 0$ ……① とおける。

> 2 円の交点を通る曲線は，次の式で表せる $f(x,\ y) + kg(x,\ y) = 0$

これが直線を表すのは

$k = -1$ のときだから

> $k = -1$ のとき $x^2,\ y^2$ が消えて，$x,\ y$ の 1 次式になり，直線となる

$(x^2 + y^2 - 4x - 2y + 3) - 1 \cdot (x^2 + y^2 - 9) = 0$

$-4x - 2y + 12 = 0$

よって，$2x + y - 6 = 0$ ———(答)

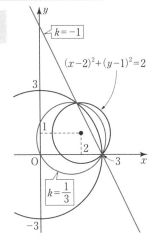

(2) ①が $(0,\ 0)$ を通るから ← $x = 0,\ y = 0$ を代入

$3 - 9k = 0$ より $k = \dfrac{1}{3}$ ← k の値を求めてもとの式に代入

$(x^2 + y^2 - 4x - 2y + 3) + \dfrac{1}{3}(x^2 + y^2 - 9) = 0$

$4x^2 + 4y^2 - 12x - 6y = 0,$

よって，$x^2 + y^2 - 3x - \dfrac{3}{2}y = 0$ ———(答)

◇マスター問題

2 つの円 $C_1 : x^2 + y^2 = 25$，$C_2 : (x-4)^2 + (y-3)^2 = 2$ について，次の問いに答えよ。

(1) C_1，C_2 の交点を通る直線の方程式を求めよ。

(2) C_1，C_2 の 2 つの交点を通り，点 $(3,\ 1)$ を通る円の方程式を求めよ。 〈名城大〉

16 | 線対称

点 P が円 $(x-4)^2+(y-3)^2=5$ の周上を動くとき，点 P と直線 $y=-2x+1$ に関して対称な点 Q はどのような円周上を動くか。　　　　　　　　　〈福岡大〉

解　円の中心 $(4, 3)$ を A，A と直線 $y=-2x+1$ に関して

対称な点を $B(a, b)$ とおく。

直線 AB は直線 $y=-2x+1$

に垂直だから

$\quad mm'=-1$

$$\frac{b-3}{a-4}\cdot(-2)=-1 \quad より \quad a-2b+2=0 \quad \cdots\cdots①$$

線分 AB の中点 $\left(\dfrac{a+4}{2}, \dfrac{b+3}{2}\right)$ が

直線 $y=-2x+1$ 上にあるから

中点の座標を代入すれば成り立つ

$$\frac{b+3}{2}=-2\cdot\frac{a+4}{2}+1 \quad より \quad 2a+b+9=0 \quad \cdots\cdots②$$

①，②を解いて，$a=-4$，$b=-1$

対称移動では半径は変わらない

よって，点 Q は 円 $(x+4)^2+(y+1)^2=5$ の周上を動く。——(答)

点 Q は円を直線 $y=-2x+1$ に関して対称に移動した円の周上を動く

◇マスター問題

直線 $y=2x-3$ に関して，円 $x^2+(y-2)^2=4$ と線対称の位置にある円の方程式を求めよ。　　　　　　　　　　　　〈千葉工大〉

17 | 軌跡(1)

❖ 距離の関係が与えられている場合の軌跡 ❖

点 A$(-2, 0)$ と点 B$(6, 0)$ からの距離の比が $3:1$ となるような点 P の軌跡を求めよ。 〈龍谷大〉

解 P(x, y) とおくと，AP：BP $= 3:1$

> 2点間の距離
> A(x_1, y_1), B(x_2, y_2)
> $AB = \sqrt{(x_2 - x_1)^2 + (y_2 - y_1)^2}$

2乗を忘れない

AP $= 3$BP より AP$^2 = 9$BP^2

2乗しておくと $\sqrt{}$ がいらない

$(x + 2)^2 + y^2 = 9\{(x - 6)^2 + y^2\}$ ← { } を忘れない

$x^2 + 4x + 4 + y^2 = 9(x^2 - 12x + 36 + y^2)$

$8x^2 + 8y^2 - 112x + 320 = 0$

$x^2 + y^2 - 14x + 40 = 0$

距離の関係式から軌跡の式が直接求まる

よって，円 $(x - 7)^2 + y^2 = 9$ ————(答)

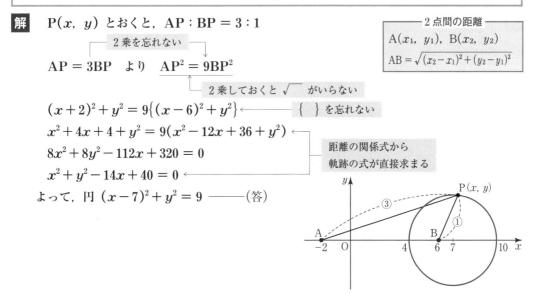

◇マスター問題

2 点 A$(2, 1)$，B$(5, 4)$ に対して，AP：BP $= 1:2$ となるような点 P(x, y) の軌跡の方程式を求めよ。 〈西南学院大〉

18 軌跡(2)

❖ 動点 P にともなって動く点 Q の軌跡 ❖

点 P が円 $C : x^2 + y^2 = 9$ 上を動くとき，点 A(4, 6) と点 P を結ぶ線分の中点 Q の軌跡を求めよ。　　　　　　　　　　　　　　　　　　　　　　　〈東北学院大〉

解　$\mathbf{P}(s,\ t)$, $\mathbf{Q}(x,\ y)$ とおく。　◀P$(s,\ t)$ と Q$(x,\ y)$ と区別しておく。

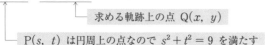
　求める軌跡上の点 Q(x, y)

　P$(s,\ t)$ は円周上の点なので $s^2 + t^2 = 9$ を満たす

P は円周上の点だから $s^2 + t^2 = 9$ ……①

Q は AP の中点だから ◀

　　　　　P と Q の関係を式で表す

$$x = \frac{s+4}{2},\ y = \frac{t+6}{2}$$ ◀

$$\begin{cases} s = 2x - 4 \\ t = 2y - 6 \end{cases} ……②$$ ◀　求めたいのは x, y の関係式

　　　　　s, t の関係式①に代入して，x, y だけにする

②を①に代入して ◀

$$(2x - 4)^2 + (2y - 6)^2 = 9$$

$$(x - 2)^2 + (y - 3)^2 = \frac{9}{4}$$　展開しないで両辺を 4 で割る。このとき，（　）² 内は 2 で割ることになる

よって，円 $(x - 2)^2 + (y - 3)^2 = \dfrac{9}{4}$ ────（答）

❖確認問題

(1) 実数 p が変化するときの 2 次関数 $y = -2x^2 + 4px + 2p + 1$ のグラフの頂点の軌跡の方程式を求めよ。　　　　　　　　　　　　　　　　　　　　　　　　〈中部大〉

(2) k がすべての実数値をとって変化するとき，円 $C : x^2 + y^2 - 2kx + 2ky + k^2 = 0$ の中心はどのような直線上にあるか。　　　　　　　　　　　　　　　　〈関西学院大〉

◆マスター問題—————————————————————————

円 $O : x^2 + y^2 = 4$ と点 A$(0, -1)$ がある。円 O 上を動く点 P に対して，PA を $1 : 3$ に外分する点 Q の軌跡を求めよ。 〈宮崎大〉

◆チャレンジ問題—————————————————————————

平面上に，円 $C : (x-5)^2 + y^2 = 5$ と直線 $l : y = mx$ がある。以下の問いに答えよ。

(1) C と l が共有点をもつような m の値の範囲を求めよ。

(2) m が(1)で求めた範囲を動くとき，C と l の 2 つの共有点を P，Q とし，線分 PQ の中点を M とする。点 M の座標を m を用いて表せ。

(3) (2)で求めた点 M の軌跡を求め，図示せよ。ただし，l が C に接するときは P ＝ Q ＝ M とする。 〈青山学院大〉

19 領域と最大・最小

❖ 領域における最大・最小 ❖

連立不等式 $x \geqq 0,\ y \geqq 0,\ 4 \leqq x^2 + y^2 \leqq 9$ の表す領域において $x + 3y$ の最大値，最小値を求めよ。　　　　　　　　　　　　　〈大阪電通大〉

解 領域を図示すると右図のようになる。ただし，境界を含む。

$4 \leqq x^2 + y^2$ は円の周上と外部
$x^2 + y^2 \leqq 9$ は円の周上と内部

$x + 3y = k$ とおいて

> 領域における最大値，最小値を求めるにはいつも $f(x,\ y) = k$ とおいて考える

$y = -\dfrac{1}{3}x + \dfrac{k}{3}$ と変形すると，傾き $-\dfrac{1}{3}$ の直線を表す。

> 直線は y 切片 $\dfrac{k}{3}$ の値が変化することにより，上下に平行移動する

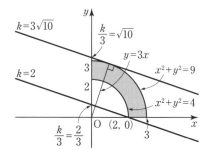

$\dfrac{k}{3}$ は直線が円 $x^2 + y^2 = 9$ に接するとき，最大で

> 円と直線が接する場合は点と直線の距離の公式で

$\dfrac{|-k|}{\sqrt{1^2 + 3^2}} = 3$ より $|k| = 3\sqrt{10}$

$$d = \frac{|ax_1 + by_1 + c|}{\sqrt{a^2 + b^2}}$$

$x \geqq 0,\ y \geqq 0$ だから $k > 0$ ゆえに $k = 3\sqrt{10}$
また，点 $(2,\ 0)$ を通るとき最小で

← 最大値をとるときの $x,\ y$ の値は $y = 3x$ と 円 $x^2 + y^2 = 9$ の交点を求める。

$k = 2 + 3 \cdot 0 = 2$

よって，最大値 $3\sqrt{10}$，最小値 2 ————(答)

❖ 確認問題 ━━━

$x,\ y$ が3つの不等式 $2x + y \leqq 6,\ x - y \geqq -3,\ x + 2y \geqq 0$ を同時に満たすとき，$x + y$ の最大値，最小値を求めよ。　　　　　　　　　　〈奈良教育大〉

◆マスター問題

x, y が不等式 $y \geqq 2x - 2$, $y \geqq -2x + 2$, $y \leqq 2$ を満たすとき，$x^2 + y^2$ の最大値と最小値を求めよ。また，そのときの x, y の値を求めよ。 〈帝京大〉

◆チャレンジ問題

x, y 平面において，不等式 $x^2 + y^2 \leqq 1$ の表す領域を D_1 とし，整数 k に対して連立不等式 $y \leqq 2x + k + 2$, $y \geqq 2x + k - 5$ の表す領域を D_2 とする。

(1) 円 $x^2 + y^2 = 1$ の接線で，傾きが 2 のものをすべて求めよ。

(2) 領域 D_1 が領域 D_2 に含まれるような k をすべて求めよ。 〈大阪歯大〉

20 | 加法定理

❖ 加法定理と三角関数の値 ❖

$\sin\alpha = \dfrac{4}{5}$ $\left(\dfrac{\pi}{2} < \alpha < \pi\right)$ であり，$\cos\beta = \dfrac{5}{13}$ $\left(0 < \beta < \dfrac{\pi}{2}\right)$ であるとき，$\cos(\alpha+\beta)$ の値を求めよ。 〈東洋大〉

解

$\dfrac{\pi}{2} < \alpha < \pi$ だから $\cos\alpha < 0$

$\llcorner$ α の範囲から，$\cos\alpha$ の正，負を求める

$$\cos\alpha = -\sqrt{1-\sin^2\alpha} = -\sqrt{1-\left(\dfrac{4}{5}\right)^2} = -\dfrac{3}{5}$$

$0 < \beta < \dfrac{\pi}{2}$ だから $\sin\beta > 0$

$\llcorner$ β の範囲から，$\sin\beta$ の正，負を求める

$$\sin\beta = \sqrt{1-\cos^2\beta} = \sqrt{1-\left(\dfrac{5}{13}\right)^2} = \dfrac{12}{13}$$

$$\cos(\alpha+\beta) = \cos\alpha\cos\beta - \sin\alpha\sin\beta$$

$\llcorner$ 加法定理で分解し，$\sin\alpha$，$\cos\alpha$，$\sin\beta$，$\cos\beta$ で表す

$$= -\dfrac{3}{5}\cdot\dfrac{5}{13} - \dfrac{4}{5}\cdot\dfrac{12}{13} = -\dfrac{63}{65} \quad\text{——(答)}$$

加法定理（複号同順）

$$\sin(\alpha\pm\beta) = \sin\alpha\cos\beta \pm \cos\alpha\sin\beta$$
$$\cos(\alpha\pm\beta) = \cos\alpha\cos\beta \mp \sin\alpha\sin\beta$$
$$\tan(\alpha\pm\beta) = \dfrac{\tan\alpha \pm \tan\beta}{1 \mp \tan\alpha\tan\beta}$$

2倍角の公式

$$\sin 2\theta = 2\sin\theta\cos\theta$$
$$\cos 2\theta = \cos^2\theta - \sin^2\theta$$
$$= 2\cos^2\theta - 1$$
$$= 1 - 2\sin^2\theta$$

半角の公式

$$\sin^2\dfrac{\theta}{2} = \dfrac{1-\cos\theta}{2}$$
$$\cos^2\dfrac{\theta}{2} = \dfrac{1+\cos\theta}{2}$$

❖確認問題

(1) $\cos 15°$ の値を求めよ。 〈琉球大〉

(2) $0 < \theta < 2\pi$，$\cos\theta = -\dfrac{4}{5}$ を満たすとき，$\sin\dfrac{\theta}{2}$ の値を求めよ。 〈愛媛大〉

(3) $0 < \theta < \dfrac{\pi}{2}$ とする。$\tan\theta = \dfrac{3}{4}$ のとき，$\sin 2\theta$ の値を求めよ。 〈立教大〉

◇マスター問題

$\sin\alpha = \dfrac{3}{5}$, $\cos\beta = -\dfrac{5}{13}$ のとき, $\sin(\alpha+\beta)$, $\cos(\alpha+\beta)$, $\tan(\alpha-\beta)$ の値を求めよ。

ただし, $0 < \alpha < \dfrac{\pi}{2}$, $\dfrac{\pi}{2} < \beta < \pi$ とする。　　　　〈東京都市大〉

◆チャレンジ問題

実数 x, y は条件

$$0 \leqq x \leqq y \leqq \dfrac{\pi}{2}, \quad \sin x + \sin y = \dfrac{4}{5}, \quad \cos 2x + \cos 2y = \dfrac{6}{5}$$

をすべて満たすものとする。

(1) $\sin x$ を求めよ。　　　　(2) $\sin(y-x)$ を求めよ。　　　　〈学習院大〉

21 | 三角方程式・不等式

❖ 三角方程式 ❖

$0 < \theta < \pi$ とする。方程式 $\sin 2\theta - \cos 2\theta - \sqrt{6}\sin\theta + 1 = 0$ を解くと $\theta = \boxed{}, \boxed{}$ である。

〈南山大〉

解 $\sin 2\theta - \cos 2\theta - \sqrt{6}\sin\theta + 1 = 0$

2θ と θ があるから θ に統一する

$2\sin\theta\cos\theta - (1 - 2\sin^2\theta) - \sqrt{6}\sin\theta + 1 = 0$

$\cos 2\theta = \begin{cases} 2\cos^2\theta - 1 \\ 1 - 2\sin^2\theta \end{cases}$ ⟸ 次の式変形を考えて両方の変形を試みる

$2\sin\theta\cos\theta + 2\sin^2\theta - \sqrt{6}\sin\theta = 0$

$\sin\theta(2\sin\theta + 2\cos\theta - \sqrt{6}) = 0$

合成の公式 (p. 38) で合成する

$\sin\theta\left\{2\sqrt{2}\sin\left(\theta + \dfrac{\pi}{4}\right) - \sqrt{6}\right\} = 0$

$0 < \theta < \pi$ だから $\sin\theta > 0$

よって, $\sin\left(\theta + \dfrac{\pi}{4}\right) = \dfrac{\sqrt{6}}{2\sqrt{2}} = \dfrac{\sqrt{3}}{2}$

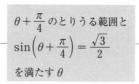

$\theta + \dfrac{\pi}{4}$ のとりうる範囲と $\sin\left(\theta + \dfrac{\pi}{4}\right) = \dfrac{\sqrt{3}}{2}$ を満たす θ

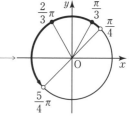

$0 < \theta < \pi$ だから $\dfrac{\pi}{4} < \theta + \dfrac{\pi}{4} < \dfrac{5}{4}\pi$

$\theta + \dfrac{\pi}{4} = \dfrac{\pi}{3}, \dfrac{2}{3}\pi$ より $\theta = \boxed{\dfrac{\pi}{12}}, \boxed{\dfrac{5}{12}\pi}$ ——(答)

❖確認問題

次の方程式, 不等式を解け。

(1) $\cos 4\theta = \cos 2\theta \quad (0 \leqq \theta \leqq \pi)$

〈名古屋市立大〉

(2) $\cos 2\theta + \sqrt{3}\sin\theta + 2 < 0 \quad (0 \leqq \theta < 2\pi)$

〈摂南大〉

◇マスター問題

不等式 $\sin^2 x - \sin x + \sqrt{3}\,\sin x \cos x \geqq 0$ を満たす x の範囲を求めよ。ただし、$0 \leqq x < 2\pi$ とする。

〈甲南大〉

◆チャレンジ問題

$0 < x < \dfrac{\pi}{4}$ の範囲で方程式 $\cos 3x = \sin 2x$ を満たす x の値を求めよ。また、この x に対して、$\sin x$ の値を求めよ。

〈関西大〉

22 | 三角関数の合成公式

❖ 三角関数の合成と最大・最小 ❖

$0 \leqq \theta \leqq \pi$ のとき, $f(\theta) = 2\sqrt{3}\sin\theta\cos\theta + 6\cos^2\theta$ の最大値と最小値を求めよ。
また, そのときの θ の値を求めよ。 〈成蹊大〉

解　$f(\theta) = 2\sqrt{3}\,\underline{\sin\theta\cos\theta} + 6\,\underline{\cos^2\theta}$

$\sin 2\theta = 2\sin\theta\cos\theta$　　$\cos^2\theta = \dfrac{1 + \cos 2\theta}{2}$

$\boxed{\text{三角関数の合成}}$
$a\sin\theta + b\cos\theta$
$= \sqrt{a^2 + b^2}\sin(\theta + \alpha)$

$= \sqrt{3}\sin 2\theta + 6 \cdot \dfrac{1 + \cos 2\theta}{2}$　←　2θ に統一

$= \sqrt{3}\sin 2\theta + 3\cos 2\theta + 3$　←　三角関数の合成

$= \sqrt{(\sqrt{3})^2 + 3^2}\,\sin\left(2\theta + \dfrac{\pi}{3}\right) + 3 = 2\sqrt{3}\sin\left(2\theta + \dfrac{\pi}{3}\right) + 3$

$0 \leqq \theta \leqq \pi$　だから　$\dfrac{\pi}{3} \leqq 2\theta + \dfrac{\pi}{3} \leqq \dfrac{7}{3}\pi$　←　$2\theta + \dfrac{\pi}{3}$ の値のとりうる範囲を求める

最大値は　$\sin\left(2\theta + \dfrac{\pi}{3}\right) = 1$　のとき　$3 + 2\sqrt{3}$

このとき, $2\theta + \dfrac{\pi}{3} = \dfrac{\pi}{2}$　より　$\theta = \dfrac{\pi}{12}$

最小値は　$\sin\left(2\theta + \dfrac{\pi}{3}\right) = -1$　のとき　$3 - 2\sqrt{3}$

このとき, $2\theta + \dfrac{\pi}{3} = \dfrac{3}{2}\pi$　より　$\theta = \dfrac{7}{12}\pi$

よって, $\theta = \dfrac{\pi}{12}$ のとき 最大値 $3 + 2\sqrt{3}$, $\theta = \dfrac{7}{12}\pi$ のとき 最小値 $3 - 2\sqrt{3}$　——（答）

❖ 確認問題

関数 $f(\theta) = \sin 2\theta - \sqrt{3}\cos 2\theta$ $\left(\dfrac{\pi}{3} \leqq \theta \leqq \dfrac{7}{12}\pi\right)$ の最大値, 最小値を求めよ。また, その
ときの θ の値を求めよ。 〈関西大〉

◇**マスター問題**

$0 \leqq \theta \leqq \dfrac{\pi}{4}$ における $y = 2\sin^2\theta - 2\sqrt{3}\,\sin\theta\cos\theta + 2$ の最大値, 最小値を求めよ。

〈群馬大〉

◆**チャレンジ問題**

関数 $f(x) = 2\sin x + \sin\left(x + \dfrac{\pi}{3}\right)$ $(0 \leqq x \leqq \pi)$ について, 次の問いに答えよ。

(1) $f(x)$ の最大値と最小値を求めよ。

(2) $f(x)$ が最大になるときの x の値を α とする。$\sin\alpha$ の値を求めよ。

〈工学院大〉

23 | 三角関数の最大・最小

❖ $t = \sin\theta + \cos\theta$ の置きかえ ❖

関数 $f(\theta) = \sin 2\theta + 2(\sin\theta + \cos\theta) - 1$ を考える。ただし，$0 \leqq \theta \leqq \pi$ とする。

(1) $t = \sin\theta + \cos\theta$ とおくとき，$f(\theta)$ を t の式で表せ。

(2) t のとりうる値の範囲を求めよ。

(3) $f(\theta)$ の最大値，最小値を求め，そのときの θ の値を求めよ。 〈秋田大〉

解 (1) $t = \sin\theta + \cos\theta$ の両辺を 2 乗すると

└─ 両辺を 2 乗すると，$\sin\theta\cos\theta$ の項が出てくる

$t^2 = 1 + 2\sin\theta\cos\theta$ ゆえに $\sin\theta\cos\theta = \dfrac{t^2 - 1}{2}$

$f(\theta) = \underline{\sin 2\theta} + 2(\sin\theta + \cos\theta) - 1 = 2\sin\theta\cos\theta + 2(\sin\theta + \cos\theta) - 1$

└─ $\sin 2\theta = 2\sin\theta\cos\theta$

$\qquad = 2 \cdot \dfrac{t^2 - 1}{2} + 2t - 1 = t^2 + 2t - 2$ ────(答)

(2) $t = \underline{\sin\theta + \cos\theta = \sqrt{2}\sin\left(\theta + \dfrac{\pi}{4}\right)}$

└─ $a\sin\theta + b\cos\theta = \sqrt{a^2 + b^2}\sin(\theta + \alpha)$ の合成

$0 \leqq \theta \leqq \pi$ だから $\dfrac{\pi}{4} \leqq \theta + \dfrac{\pi}{4} \leqq \dfrac{5}{4}\pi$

このとき，$-\dfrac{\sqrt{2}}{2} \leqq \sin\left(\theta + \dfrac{\pi}{4}\right) \leqq 1$ ← $\theta + \dfrac{\pi}{4}$ のとりうる範囲と $\sin\left(\theta + \dfrac{\pi}{4}\right)$ の値の範囲

よって，$-1 \leqq t \leqq \sqrt{2}$ ────(答)

(3) $f(\theta) = (t + 1)^2 - 3$ $(-1 \leqq t \leqq \sqrt{2})$

右のグラフより

$t = \sqrt{2}$ のとき 最大値 $2\sqrt{2}$

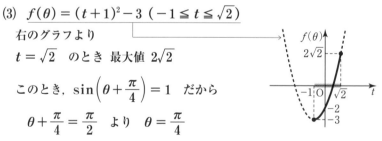

このとき，$\sin\left(\theta + \dfrac{\pi}{4}\right) = 1$ だから

$\theta + \dfrac{\pi}{4} = \dfrac{\pi}{2}$ より $\theta = \dfrac{\pi}{4}$

$t = -1$ のとき 最小値 -3

このとき，$\sin\left(\theta + \dfrac{\pi}{4}\right) = -\dfrac{\sqrt{2}}{2}$ だから

$\theta + \dfrac{\pi}{4} = \dfrac{5}{4}\pi$ より $\theta = \pi$

よって，$\theta = \dfrac{\pi}{4}$ のとき 最大値 $2\sqrt{2}$，

$\qquad \theta = \pi$ のとき 最小値 -3 ────(答)

◇マスター問題────────────────────────

関数 $y = 1 - \sin 2\theta - 2\sin\theta + 2\cos\theta \ (0 \leqq \theta \leqq 2\pi)$ がある。

(1) $t = \sin\theta - \cos\theta$ とおき，y を t の式で表せ。

(2) t のとりうる値の範囲を求めよ。

(3) y の最大値と最小値，およびそのときの θ の値を求めよ。　　　　〈北海学園大〉

◆チャレンジ問題────────────────────────

関数 $y = 2\sin x \cos x + 2a(\sin x + \cos x) \left(0 \leqq x \leqq \dfrac{\pi}{4}\right)$ について，次の問いに答えよ。

(1) $t = \sin x + \cos x$ とするとき t の範囲を求めよ。

(2) y を t の関数として表せ。　　　　(3) y の最小値を求めよ。　　　　〈福島大〉

24 | 指数関数

❖ 方程式，不等式，最大・最小 ❖

関数 $f(x) = 9^x - 2\cdot3^{x+1} - 12$ について，次の問いに答えよ。

(1) 不等式 $f(x) < 15$ を解け。　　　(2) $x \leqq 2$ における $f(x)$ の最小値を求めよ。

〈信州大〉

解 (1) $f(x) = 9^x - 2\cdot3^{x+1} - 12 = (3^x)^2 - 6\cdot3^x - 12$

$9^x = 3^{2x} = (3^x)^2,\ 3^{x+1} = 3\cdot3^x$

$3^x = t\ (t > 0)$ とおくと ← すべての x で $3^x > 0$

$f(x) < 15$ より $t^2 - 6t - 12 < 15$

$t^2 - 6t - 27 < 0,\ (t+3)(t-9) < 0$

$t + 3 > 0$ だから $t < 9$

$3^x < 9,\ 3^x < 3^2$

$(底) = 3 > 1$ より $\underline{x < 2}$ ———(答)

$0 < x < 2$ と誤らない

$\boxed{\begin{array}{l} a^p > a^q \\ a > 1 \text{ のとき } p > q \\ 0 < a < 1 \text{ のとき } p < q \end{array}}$

(2) $y = t^2 - 6t - 12 = (t-3)^2 - 21$

$x \leqq 2$ より $\underline{0 < t \leqq 9}$ ← t の2次関数で考える

t の定義域を押さえる $0 < t \leqq 3^2$

右のグラフより $t = 3$ すなわち

$3^x = 3$ より $x = 1$ のとき最小値 -21 ———(答)

❖確認問題

次の方程式，不等式を解け。

(1) $3^{2x+1} - 82\cdot3^x + 27 = 0$ 〈名城大〉　　　(2) $4^x - 3\cdot2^{x+1} + 8 < 0$ 〈三重大〉

◇マスター問題

(1) $x \leqq 2$ において，関数 $y = 2^{2x+2} - 2^{x+2}$ の最大値と最小値を求めよ。　〈秋田大〉

(2) x, y が $x + 4y = 4$ を満たすとき，$2^x + 16^y$ の最小値を求めよ。また，そのときの x, y の値を求めよ。　〈甲南大〉

◆チャレンジ問題

関数 $f(x) = 4^x - 6 \cdot 2^x$ の最小値と，そのときの x の値を求めよ。また，a を定数とするとき，方程式 $4^x - 6 \cdot 2^x = a$ がただ 1 つの解をもつ a の値または範囲を求めよ。　〈京都産大〉

25 | 指数関数 $a^x + a^{-x} = t$ の置きかえ

❖ $a^x + a^{-x} = t$ のとき ❖

(1) $a^x + a^{-x} = 10$ $(a > 1,\ x > 0)$ のとき，$a^{2x} + a^{-2x}$，$a^x - a^{-x}$ の値を求めよ。

〈福井県立大〉

(2) 関数 $y = (9^x + 9^{-x}) - 4(3^x + 3^{-x})$ の最小値とそのときの x の値を求めよ。

〈類 東京歯大〉

解 (1) $\quad a^{2x} + a^{-2x} = (a^x + a^{-x})^2 - 2$

$\qquad\qquad\qquad = 10^2 - 2 = 98$ ────(答)

$\quad (a^x - a^{-x})^2 = a^{2x} - 2 + a^{-2x}$

> $a^x - a^{-x}$ は直接求まらないから
> 一度 2 乗してから値を求める

$\qquad\qquad\qquad = 98 - 2 = 96$

$\quad a > 1,\ x > 0$　だから　$a^x > a^{-x}$

> $(a^x - a^{-x})^2$ を元に戻すとき a^x と a^{-x} の
> 大小を確認して $a^x - a^{-x}$ の正負を判断する

$\quad$ よって，$\quad a^x - a^{-x} = \sqrt{96} = 4\sqrt{6}$ ────(答)

> **─ $a^x + a^{-x} = t$ のとき ─**
> $a^{2x} + a^{-2x} = (a^x + a^{-x})^2 - 2$
> $\qquad\qquad = t^2 - 2$
> $(a^x - a^{-x})^2 = a^{2x} - 2 + a^{-2x}$
> $\qquad\qquad = (a^x + a^{-x})^2 - 4$
> $\qquad\qquad = t^2 - 4$

(2) $\quad y = (9^x + 9^{-x}) - 4(3^x + 3^{-x})$

> $9^x + 9^{-x} = (3^x + 3^{-x})^2 - 2 \cdot 3^x \cdot 3^{-x}$
> $\qquad\qquad = t^2 - 2$

$\quad t = 3^x + 3^{-x}$　とおくと

$\quad y = (3^x + 3^{-x})^2 - 2 - 4(3^x + 3^{-x})$

$\qquad = t^2 - 4t - 2 = (t - 2)^2 - 6$

ここで，$3^x > 0,\ 3^{-x} > 0$　だから

> 相加 ≧ 相乗 を使うときは 2 数が正であることを確認

(相加平均) ≧ (相乗平均) の関係より

$\quad t = 3^x + 3^{-x} \geqq 2\sqrt{3^x \cdot 3^{-x}} = 2$　……①

$t \geqq 2$　の範囲でグラフをかくと

右図のようになるから

$\quad t = 2$　のとき　最小値 -6

このときの x の値は①で等号が成り立つときだから

$\quad 3^x = 3^{-x}$　より　$x = 0$

よって，$x = 0$ のとき　最小値 -6 ────(答)

> **─ 相加平均 ≧ 相乗平均 ─**
> $a > 0,\ b > 0$ のとき
> $\qquad a + b \geqq 2\sqrt{ab}$
> （等号は $a = b$ のとき）

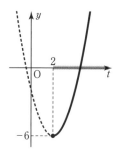

◇マスター問題──────────────────────────

a が正の数で $a^{\frac{1}{2}} + a^{-\frac{1}{2}} = 3$ を満たしているとき，$\dfrac{a^{\frac{3}{2}} + a^{-\frac{3}{2}} - 3}{a^2 + a^{-2} - 2}$ の値を求めよ。

〈宮城教育大〉

◆チャレンジ問題──────────────────────────

関数 $y = 2^{2x} - 2^{x+1} - 2^{-x+1} + 2^{-2x} + 5$ について，次の問いに答えよ。

(1) $t = 2^x + 2^{-x}$ とおき，y を t を用いて表せ。

(2) t のとりうる値の範囲を求めよ。

(3) y の最小値とそのときの x の値を求めよ。

〈近畿大〉

26 | 対数方程式・不等式

❖ 対数方程式・不等式 ❖

(1) 方程式 $\log_3(2x+3)-2=\log_3(x-2)$ を解け。〈立教大〉

(2) 不等式 $\log_2 x - \log_{\frac{1}{2}}(4-x) < 1$ を解け。〈宮崎大〉

解 (1) （真数）> 0 より $2x+3>0,\ x-2>0$

よって，$x>2$ ……① ← x の共通範囲をとる

$\log_3(2x+3)-2=\log_3(x-2)$

$2=\log_3 3^2=\log_3 9$ とする。$n=\log_a a^n$

$\log_3(2x+3)-\log_3 9=\log_3(x-2)$

$-\log_3 9$ は右辺に移項して $+\log_3 9$ としておくと真数が分数にならない。

$\log_3(2x+3)=\log_3(x-2)+\log_3 9$

$\log_a M+\log_a N=\log_a MN$

$\log_3(2x+3)=\log_3 9(x-2)$

$\log_a \bigcirc = \log_a \square \Leftrightarrow \bigcirc = \square$

$2x+3=9(x-2)$

$7x=21$ より $x=3$（①を満たす）

①の条件を満たすか確認する

ゆえに，$x=3$ ————（答）

(2) （真数）> 0 より $x>0,\ 4-x>0$

よって，$0<x<4$ ……① ← x の共通範囲をとる

$\log_2 x - \log_{\frac{1}{2}}(4-x) < 1$

底が異なるから 2 に統一する

対数の性質
$\log_a M+\log_a N=\log_a MN$
$\log_a M-\log_a N=\log_a \dfrac{M}{N}$
$\log_a M^r = r\log_a M$

$\log_2 x - \dfrac{\log_2(4-x)}{\log_2 \frac{1}{2}} < 1$

$\log_2 \dfrac{1}{2}=-1$

底の変換
$\log_a b = \dfrac{\log_c b}{\log_c a}$

$\log_2 x + \log_2(4-x) < \log_2 2$

$1=\log_2 2$

$\log_2 x(4-x) < \log_2 2$

（底）$=2>1$ だから ← 底が 1 より大きいか小さいか確認

$x(4-x) < 2$

$x^2-4x+2>0$

$\log_a \bigcirc > \log_a \square$
$a>1$ のとき $\bigcirc > \square$
$0<a<1$ のとき $\bigcirc < \square$

ゆえに，$x<2-\sqrt{2},\ 2+\sqrt{2}<x$ ……②

①との共通範囲をとって

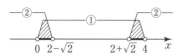

$0<x<2-\sqrt{2},\ 2+\sqrt{2}<x<4$ ————（答）

◇マスター問題──────

(1) 方程式 $\log_3(10x+2)-2=\log_3(x+1)$ を解け。 〈東京電機大〉

(2) 不等式 $\log_2 x + \log_{\frac{1}{2}}(x+1) \geqq \log_2(x-2)$ を解け。 〈滋賀大〉

◆チャレンジ問題──────

a を正の定数で $a \neq 1$ とする。次の不等式を解け。

$$\log_a(2a^2-x^2) \geqq \log_a(2ax-a^2)$$

〈昭和薬大〉

27 対数関数

❖ 対数関数の最大・最小 ❖

関数 $y = (\log_3 x)^2 - 4\log_9 x + 3$ $(1 \leqq x \leqq 27)$ の最大値，最小値を求めよ。

〈日本歯大〉

解

$y = (\log_3 x)^2 - 4\log_9 x + 3$

底が異なるから底を 3 に統一する

$= (\log_3 x)^2 - 4 \cdot \dfrac{\log_3 x}{\log_3 9} + 3$ ← $\log_3 9 = 2$

$= (\log_3 x)^2 - 2\log_3 x + 3$

$\log_3 x = t$ とおくと $1 \leqq x \leqq 27$ だから $0 \leqq t \leqq 3$

$y = t^2 - 2t + 3$

$\log_3 1 = 0$, $\log_3 27 = 3$ より t の両端の値が求まり そこから t の定義域が決まる

$= (t-1)^2 + 2$ $(0 \leqq t \leqq 3)$

右のグラフより

t の 2 次関数として $0 \leqq t \leqq 3$ の 範囲でグラフをかく

$t = 3$ のとき 最大値 6

このとき，$\log_3 x = 3$ より $x = 27$

$t = 1$ のとき 最小値 2

このとき，$\log_3 x = 1$ より $x = 3$

よって，$x = 27$ のとき 最大値 6，

$x = 3$ のとき 最小値 2 ———（答）

❖確認問題

$x > 0$, $y > 0$ で，$x + y = 18$ とする。このとき，$\log_3 x + \log_3 y$ の最大値を求めよ。

〈北里大〉

49

◇マスター問題────────────

$1 \leqq x \leqq 8$ のとき，関数 $y = (\log_2 x)^2 + 8\log_{\frac{1}{4}} 2x + \log_2 32$ の最大値と最小値を求めよ。

〈東北学院大〉

◆チャレンジ問題────────────

a を 1 より大きい定数とする。

$$f(x) = (\log_2 x)^2 - \log_2 x^4 + 1 \ (1 \leqq x \leqq a)$$

の最小値を求めよ。

〈日本女子大〉

28 | 指数・対数と式の値

❖ 条件式のある式の値 ❖

(1) $3^x = 5^y = 15^5$ のとき, $\dfrac{1}{x} + \dfrac{1}{y}$ の値を求めよ。 〈東京薬大〉

(2) $\log_{10}(4a + 2b) - \log_{10}(a - b) = 1$, $a > b > 0$ のとき, $\dfrac{a^3 + b^3}{a^3 - b^3}$ の値を求めよ。

〈福岡大〉

解 (1) $3^x = 5^y = 15^5$ ← 指数で与えられた条件式は対数 (log) をとって考える

各辺の 15 を底とする対数をとると

一番大きな値の底にそろえると後の計算が楽になる。

$$\log_{15} 3^x = \log_{15} 5^y = \log_{15} 15^5$$

$x\log_{15} 3 = y\log_{15} 5 = 5$ より $x = \dfrac{5}{\log_{15} 3}$, $y = \dfrac{5}{\log_{15} 5}$

x, y を log で表す

$$\frac{1}{x} + \frac{1}{y} = \frac{\log_{15} 3}{5} + \frac{\log_{15} 5}{5} = \frac{\log_{15} 15}{5} = \frac{1}{5} \quad \text{——(答)}$$

(2) $\log_{10}(4a + 2b) - \log_{10}(a - b) = 1$

$\log_{10} ○ = \log_{10} □$ と変形して ○ = □ の条件式を導くことを考える

$$\log_{10}(4a + 2b) = \log_{10}(a - b) + \log_{10} 10$$

$1 = \log_{10} 10$

$$\log_{10}(4a + 2b) = \log_{10} 10(a - b)$$

$$4a + 2b = 10(a - b) \quad \text{より} \quad a = 2b$$

$$\frac{a^3 + b^3}{a^3 - b^3} = \frac{(2b)^3 + b^3}{(2b)^3 - b^3} = \frac{9b^3}{7b^3} = \frac{9}{7} \quad \text{——(答)}$$

◇マスター問題

(1) $2^x = 6^y = 81$ のとき, $\dfrac{1}{x} - \dfrac{1}{y}$ の値を求めよ。 〈兵庫医大〉

(2) $\log_5(b - 2a) = \log_{25} a + \log_{25} b$ $(0 < 2a < b)$ のとき, $\log_5 \dfrac{-15a^2 + 4ab}{9a^2 + b^2}$ の値を求めよ。 〈南山大〉

29 | 常用対数と桁数

❖ 桁数と小数 ❖

4^{200} は □ 桁の数である。また，3^{-200} は小数第 □ 位に初めて 0 でない数字が現れる。ただし，$\log_{10} 2 = 0.3010$，$\log_{10} 3 = 0.4771$ とする。〈甲南大〉

解
$$\log_{10} 4^{200} = 200 \log_{10} 4 = 200 \times 2 \log_{10} 2 \qquad 4^{200} \text{の常用対数の値を求める}$$
$$= 400 \times 0.3010$$
$$= 120.4$$

よって，$10^{120} < 4^{200} < 10^{121}$

ゆえに，4^{200} は $\boxed{121}$ 桁 ————（答）

$$\begin{array}{c} \text{— } n \text{ 桁の数 } N \text{ —} \\ 10^{n-1} \leqq N < 10^n \\ \Updownarrow \\ n - 1 \leqq \log_{10} N < n \end{array}$$

$$\begin{array}{c} \text{小数第 } n \text{ 位に初めて 0} \\ \text{でない数字が現れる数 } N \\ 10^{-n} \leqq N < 10^{-n+1} \\ \Updownarrow \\ -n \leqq \log_{10} N < -n+1 \end{array}$$

$$\log_{10} 3^{-200} = -200 \times \log_{10} 3 \qquad 3^{-200} \text{の常用対数の値を求める}$$
$$= -200 \times 0.4771$$
$$= -95.42$$

よって，$10^{-96} < 3^{-200} < 10^{-95}$ ← 例えば $10^{-2} \leqq N < 10^{-1}$ は $0.01 \leqq N < 0.1$ で初めて小数第 2 位に 0 でない数字が現れる

ゆえに，3^{-200} は小数第 $\boxed{96}$ 位に初めて 0 でない数字が現れる。————（答）

◇マスター問題

(1) 15^{10} は何桁の数か。ただし，$\log_{10} 2 = 0.3010$，$\log_{10} 3 = 0.4771$ とする。〈法政大〉

(2) $\left(\dfrac{3}{5}\right)^{100}$ は小数第何位に初めて 0 でない数字が現れるか。ただし，$\log_{10} 2 = 0.3010$，$\log_{10} 3 = 0.4771$ とする。〈成蹊大〉

30 | 接線の方程式

❖曲線外から引く接線❖

曲線 $y = x^3 - 3x$ の接線で，点 $(-1, 3)$ を通るものの方程式をすべて求めよ。

〈東北学院大〉

解 $y = f(x) = x^3 - 3x$ とし

曲線上の点を $(t, \ t^3 - 3t)$ とおく。

└─ 接点がわからないときは，接点を $(t, \ f(t))$ とおく

$f'(x) = 3x^2 - 3$ より 傾きは $f'(t) = 3t^2 - 3$ ←─ $x = t$ を $f'(x)$ に代入して傾きを求める

└─ $f'(x)$ は傾きを表す関数

接線の方程式は

$y - (t^3 - 3t) = (3t^2 - 3)(x - t)$

$y = (3t^2 - 3)x - 2t^3$ ……①

└─ $3t^2 x - 3x$ とバラさない。$(3t^2 - 3)$ で傾きを表す

接線の方程式

曲線上の点

$y - f(t) = f'(t)(x - t)$

傾き

①が点 $(-1, 3)$ を通るから

$3 = (3t^2 - 3) \cdot (-1) - 2t^3$

$t^2(2t + 3) = 0$ ←─ t についての方程式を解く

よって $t = 0, \ -\dfrac{3}{2}$

①に代入して

$y = -3x, \ y = \dfrac{15}{4}x + \dfrac{27}{4}$ ———(答)

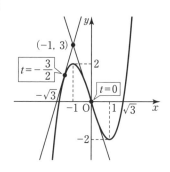

❖確認問題

(1) 曲線 $y = -\dfrac{1}{3}x^3 + 2x^2 - 3$ 上の点 $(3, 6)$ における接線の方程式を求めよ。 〈大阪薬大〉

(2) 曲線 $y = x^3 - 3x^2 + 6$ に接し，傾きが -3 の接線の方程式を求めよ。 〈中央大〉

◇マスター問題

曲線 $y = x^3 - 2x$ に点 $(1, 3)$ から引いた接線の方程式を求めよ。 〈中央大〉

◆チャレンジ問題

$f(x) = x^3 - 3x$ とするとき，次の問いに答えよ。

(1) 曲線 $y = f(x)$ 上の点 $(a, f(a))$ における接線の方程式を求めよ。

(2) 点 $(2, t)$ から曲線 $y = f(x)$ に 3 本の接線が引けるとき，t の値の範囲を求めよ。

〈岩手大〉

31 | 関数の増減と極値

❖ 極値と関数の係数決定 ❖

3 次関数 $f(x) = -x^3 + ax^2 + bx$ が $x = -1$ で極小値 -5 をとるとき, $a = \boxed{}$, $b = \boxed{}$ であり, $f(x)$ は $x = \boxed{}$ で極大値 $\boxed{}$ をとる。 〈自治医大〉

解
$f(x) = -x^3 + ax^2 + bx$

$f'(x) = -3x^2 + 2ax + b$

$f'(-1) = -3 - 2a + b = 0$ より ←

$2a - b = -3$ ……①

$f(-1) = 1 + a - b = -5$ より ←

$a - b = -6$ ……②

> $x = -1$ で極小値 -5 をとるから
> $f'(-1) = 0$, $f(-1) = -5$

①, ②を解いて $a = 3$, $b = 9$

> a, b の値をもとの式に代入

このとき, $f(x) = -x^3 + 3x^2 + 9x$

$f'(x) = -3x^2 + 6x + 9 = -3(x+1)(x-3)$

増減表をかくと

x	$\cdots$	-1	$\cdots$	3	$\cdots$
$f'(x)$	$-$	0	$+$	0	$-$
$f(x)$	$\searrow$	-5	$\nearrow$	極大	$\searrow$

> ┌─ 増減表のかき方 ─
> $f'(x) = 0$ となる x をかく。
> $f'(x)$ の符号 $+-$ をかく。
> 極値を $f(x)$ に代入して求める。

$f(3) = 27$ よって, $a = \boxed{3}$, $b = \boxed{9}$, $x = \boxed{3}$ で極大値 $\boxed{27}$

❖ 確認問題

(1) 関数 $y = x^3 + 2kx^2 - 8kx + 6$ が極値をもたないような k の値の範囲を求めよ。

〈東京電機大〉

(2) a を実数の定数とする。関数 $f(x) = (x+4)(x^2+a)$ が $x = -1$ で極値をとるとき, a の値と極小値を求めよ。

〈京都産大〉

◆マスター問題────────────────────────────

3次関数 $f(x) = x^3 + ax^2 + bx + c$ がある。関数 $f(x)$ は $x = -1$ で極値をとり,曲線 $y = f(x)$ は $x = 1$ で x 軸と接している。このとき,定数 a, b, c を求めよ。　　〈東北工大〉

◆チャレンジ問題──────────────────────────

関数 $f(x) = x^3 - ax^2 + b$ の極大値が5,極小値が1となるとき,定数 a, b の値を求めよ。

〈岡山大〉

32 | 関数の最大・最小

❖ 場合分けが必要な最大・最小 ❖

$0 \leqq x \leqq t \ (t > 0)$ における関数 $f(x) = x(x-3)^2$ の最大値を求めよ。〈流通科学大〉

解　$f(x) = x(x-3)^2 = x^3 - 6x^2 + 9x$　 ← 展開して微分，そして因数分解

$f'(x) = 3x^2 - 12x + 9 = 3(x-1)(x-3)$

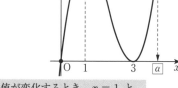 $f'(x) = 0$ から $x = 1, 3$ で極値

増減表をかくと

x	$\cdots$	1	$\cdots$	3	$\cdots$
$f'(x)$	+	0	−	0	+
$f(x)$	↗	4	↘	0	↗

$f(1) = 4$, $f(3) = 0$

右のグラフの α の値を求める。

$x^3 - 6x^2 + 9x = 4$

$(x-1)^2(x-4) = 0$

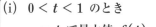 $x = 1$ で接するから $(x-1)^2$ がでてくる

t の値が変化するとき，$x = 1$ と $x = \alpha$ が場合分けの分岐点になる

$x = 4$ より $\alpha = 4$

これより，最大値は次の(i)〜(iv)である。

(i) $0 < t < 1$ のとき

　$x = t$ で最大値 $f(t) = t(t-3)^2$

(ii) $1 \leqq t < 4$ のとき

　$x = 1$ で最大値 $f(1) = 4$

(iii) $t = 4$ のとき

　$x = 1, 4$ で最大値 $f(1) = f(4) = 4$

(iv) $4 < t$ のとき

　$x = t$ で最大値 $f(t) = t(t-3)^2$

——（答）

定義域の変化とグラフ

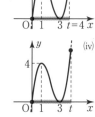

❖ 確認問題

$0 \leqq x \leqq 1$ の範囲で，関数 $f(x) = -2x^3 + x$ の最大値，最小値を求めよ。　〈立教大〉

◆マスター問題━━━━━━━━━━━━━━━━━━━━━━━━━━━━━━━━━━━━━━━

$a > 0$ とする。$0 \leqq x \leqq a$ における関数 $f(x) = x^3 - 3x^2 + 2$ について，次の問いに答えよ。

(1) 最小値を求めよ。　　　　　　　　　(2) 最大値を求めよ。　　　　　〈上智大〉

◆チャレンジ問題━━━━━━━━━━━━━━━━━━━━━━━━━━━━━━━━━━━━━

関数 $f(x) = 2x^3 - 3(a+1)x^2 + 6ax \ (a > 1)$ について，次の問いに答えよ。

(1) $f(x)$ の極値を求めよ。

(2) $0 \leqq x \leqq 4$ における $f(x)$ の最大値を求めよ。　　　　　〈神奈川大〉

33 | 3次方程式の解

❖ グラフと方程式の解 ❖

$f(x) = x^3 - 3x^2 + 1$ とする。方程式 $|f(x)| - k = 0$ が異なる4個の実数解をもつように，定数 k の値の範囲を求めよ。 〈島根大〉

解 $|x^3 - 3x^2 + 1| = k$ として

> $|f(x)| = k$ として $y = |f(x)|$ と $y = k$ のグラフで調べる

$y = |x^3 - 3x^2 + 1|$ と $y = k$ のグラフの共有点で考える。— x 軸に平行な直線

> $y = |f(x)|$ のグラフは $y = f(x)$ をかいて，x 軸で折り返す

$f(x) = x^3 - 3x^2 + 1$

$f'(x) = 3x^2 - 6x = 3x(x-2)$

$f(0) = 1,\ f(2) = -3$

$f(x)$ の増減表をかいて，$y = |x^3 - 3x^2 + 1|$
のグラフをかくと右図のようになる。

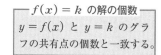

> $f(x) = k$ の解の個数
> $y = f(x)$ と $y = k$ のグラフの共有点の個数と一致する。

x	$\cdots$	0	$\cdots$	2	$\cdots$
$f'(x)$	$+$	0	$-$	0	$+$
$f(x)$	$\nearrow$	1	$\searrow$	-3	$\nearrow$

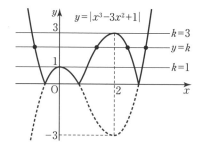

$y = k$ との共有点を考えて，異なる4個
の実数解をもつ範囲は $1 < k < 3$ ———(答)

❖ 確認問題

3次方程式 $x^3 - 3x^2 - 9x - k = 0$ が異なる3つの実数解をもつよう定数 k の値の範囲を求めよ。また，これを満たす整数 k は何個あるか。 〈慶應大〉

◆マスター問題─────

3次方程式 $2x^3 - 3x^2 - 12x - k = 0$ が $-2 \leqq x \leqq 4$ の範囲に異なる3個の実数解をもつように定数 k の値の範囲を定めよ。 〈関西大〉

◆チャレンジ問題─────

a, b を実数とする。3次方程式 $x^3 - 3ax^2 + a + b = 0$ が異なる3個の実数解をもち、そのうちの1個だけが負となるための a, b の満たす条件を求めよ。また、その条件を満たす点 (a, b) の存在する領域を ab 平面上に図示せよ。 〈学習院大〉

34 定積分の計算

❖ 定積分と関数の係数決定 ❖

a, b, c を定数とし，関数 $f(x) = ax^2 + bx + c$ が $f(-2) = -15$, $f'(1) = -4$, $\int_0^1 f(x)dx = 1$ を満たすとき，a, b, c の値を求めよ。 〈福岡大〉

解
$f(x) = ax^2 + bx + c$

$f(-2) = 4a - 2b + c = -15$ ……① ← $f(-2) = -15$ の条件より

$f'(x) = 2ax + b$

$f'(1) = 2a + b = -4$ ……② ← $f'(1) = -4$ の条件より

$\int_0^1 (ax^2 + bx + c)dx$

$= \left[\dfrac{a}{3}x^3 + \dfrac{b}{2}x^2 + cx \right]_0^1$

$= \dfrac{a}{3} + \dfrac{b}{2} + c = 1$ ← $\int_0^1 f(x)dx = 1$ の条件より

よって $2a + 3b + 6c = 6$ ……③

①，②，③を解いて ←

$a = -3$, $b = 2$, $c = 1$ ──（答）

①－②×2 より $-4b + c = -7$ ……④
③－② より $2b + 6c = 10$ ……⑤
④+⑤×2 より $13c = 13$ ゆえに $c = 1$
④に代入して $b = 2$
②に代入して $a = -3$

❖確認問題

(1) $f(x) = ax + b$ が $\int_0^2 f(x)dx = 2$, $\int_0^1 xf(x)dx = 1$ を満たすように，定数 a, b の値を定めよ。 〈京都産大〉

(2) $f(x) = px^2 + qx + 1$ が $f'(1) = 4$, $\int_0^2 f(x)dx = 6$ を満たすとき，p, q の値を求めよ。 〈立教大〉

◇マスター問題

(1) 2次関数 $f(x) = ax^2 + bx + c$ が $f(1) = \dfrac{1}{6}$, $f'(1) = 0$, $\displaystyle\int_0^1 f(x)dx = \dfrac{1}{3}$ を満たすとき，定数 a, b, c の値を求めよ。 〈久留米大〉

(2) 2次関数 $f(x) = x^2 + ax + b$ は $\displaystyle\int_0^1 f(x)dx = 0$ を満たす。2次方程式 $f(x) = 0$ は異なる実数解をもつことを示せ。 〈慶應大〉

◆チャレンジ問題

$f(x) = x^2 + ax + b$ とする。任意の1次関数 $g(x)$ について $\displaystyle\int_{-1}^1 f(x)g(x)dx = 0$ を満たすとき，定数 a, b の値を求めよ。 〈城西大〉

62

35 | 定積分で表された関数

❖ 定積分で表された関数 ❖

(1) $f(x) = x^2 - 2x + 3\int_0^1 f(t)\,dt$ を満たす関数 $f(x)$ を求めよ。　〈釧路公立大〉

(2) 関数 $f(x)$ が $\int_a^x f(t)\,dt = 6x^2 - 7x - 5$ を満たしているとき，$f(x)$ と定数 a の値を求めよ。　〈神戸学院大〉

解 (1) $\int_0^1 f(t)\,dt = k$（定数）とおくと

関数 $f(t)$ を 0 から 1 まで積分するとある値になるから，その値を k とおく

$f(t) = t^2 - 2t + 3k$ と表せるから ← $f(t)$ を k を使って表す

$k = \int_0^1 f(t)\,dt = \int_0^1 (t^2 - 2t + 3k)\,dt = \left[\dfrac{1}{3}t^3 - t^2 + 3kt\right]_0^1$

$k = \dfrac{1}{3} - 1 + 3k$ より $k = \dfrac{1}{3}$

$k = \int_0^1 f(t)\,dt$ として $f(t) = t^2 - 2t + 3k$ を代入

よって，$f(x) = x^2 - 2x + 1$ ——（答）

(2) 与式の両辺を x で微分すると

$\dfrac{d}{dx}\int_a^x f(t)\,dt = (6x^2 - 7x - 5)'$

$\int_a^x f(t)\,dt$ が出てきたら両辺を微分することを考える

微分と積分の関係

$\dfrac{d}{dx}\int_a^x f(t)\,dt = f(x)$

よって，$f(x) = 12x - 7$ ——（答）

与式に $x = a$ を代入すると

$0 = 6a^2 - 7a - 5$

積分区間がなくなると $\int_a^a f(t)\,dt = 0$ となるから x を a にして考える

$(2a + 1)(3a - 5) = 0$

よって，$a = -\dfrac{1}{2}, \dfrac{5}{3}$ ——（答）

❖ 確認問題

(1) $f(x) = 4x^3 - 3x^2\int_0^1 f(t)\,dt$ を満たす関数 $f(x)$ を求めよ。

(2) 等式 $\int_1^x f(t)\,dt = x^3 + 2ax^2 - a^2x + 7$ を満たしているとき，関数 $f(x)$ と定数 a の値を求めよ。　〈中央大〉

◇マスター問題

関数 $f(x)$ が等式 $\displaystyle\int_1^x f(t)\,dt = x^3 + 3x^2\int_0^1 f(t)\,dt + x + a$ を満たすとき，$f(x)$ と定数 a の値を求めよ。

〈近畿大〉

◆チャレンジ問題

関数 $f(x)$，$g(x)$ が次の2つの式を満たしている。ただし，a は定数とする。

$$\int_1^x f(t)\,dt = xg(x) - 2ax + 2, \quad g(x) = x^2 - x\int_0^1 f(t)\,dt - 3$$

このとき，a の値と $f(x)$ を求めよ。

〈上智大〉

36 | 絶対値を含む関数の定積分

❖ 積分区間が動く定積分 ❖

関数 $f(x) = \displaystyle\int_x^{x+1} |3t(t-2)|\,dt$ $(x \geqq 0)$ について, $f(x)$ を求めよ。　〈早稲田大〉

解 (i)　$0 \leqq x \leqq 1$ のとき　　　(ii)　$1 \leqq x \leqq 2$ のとき　　　(iii)　$x \geqq 2$ のとき

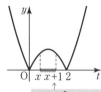　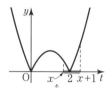　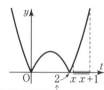

区間 $[x, x+1]$ の幅は1なので，1の幅を左から動かして，グラフとの対応をとらえる

上の場合分けより

(i)　$0 \leqq x \leqq 1$ のとき

$$\int_x^{x+1} 3t(2-t)\,dt$$
$$= \Big[-t^3 + 3t^2\Big]_x^{x+1}$$
$$= -(x+1)^3 + 3(x+1)^2$$
$$\quad - (-x^3 + 3x^2)$$
$$= -3x^2 + 3x + 2$$

(ii)　$1 \leqq x \leqq 2$ のとき

$$\int_x^2 3t(2-t)\,dt + \int_2^{x+1} 3t(t-2)\,dt$$
$$= \Big[-t^3 + 3t^2\Big]_x^2 + \Big[t^3 - 3t^2\Big]_2^{x+1}$$
$$= (-8 + 12) - (-x^3 + 3x^2)$$
$$\quad + (x+1)^3 - 3(x+1)^2 - (8-12)$$
$$= 2x^3 - 3x^2 - 3x + 6$$

(iii)　$x \geqq 2$ のとき

$$\int_x^{x+1} 3t(t-2)\,dt$$
$$= \Big[t^3 - 3t^2\Big]_x^{x+1}$$
$$= (x+1)^3 - 3(x+1)^2$$
$$\quad - (x^3 - 3x^2)$$
$$= 3x^2 - 3x - 2$$

よって, $f(x) = \begin{cases} -3x^2 + 3x + 2 & (0 \leqq x \leqq 1) \\ 2x^3 - 3x^2 - 3x + 6 & (1 \leqq x \leqq 2) \\ 3x^2 - 3x - 2 & (2 \leqq x) \end{cases}$ ————(答)

❖確認問題

定積分 $\displaystyle\int_0^t |x-1|\,dx$ を次の(1), (2)の場合について求めよ。

(1)　$0 \leqq t \leqq 1$　　　　　　　　　　(2)　$t \geqq 1$　　　　　　　　〈東京薬大〉

◇マスター問題

$f(t) = \displaystyle\int_0^3 |x - t| dx$ とするとき，関数 $f(t)$ を求めよ。　　　　　〈福島大〉

◆チャレンジ問題

　実数 m について，定積分 $I(m) = \displaystyle\int_0^1 |x^2 - mx| dx$ を考える。

(1) $I(m)$ を求めよ。

(2) $I(m)$ の最小値，およびそのときの m の値を求めよ。　　　　　〈東京女子大〉

37 | 面積（放物線と直線）

❖ $\displaystyle\int_\alpha^\beta (x-\alpha)(x-\beta)dx = -\frac{1}{6}(\beta-\alpha)^3$ の利用 ❖

曲線 $y=|x^2-4|$ と直線 $y=2x+5$ で囲まれた図形の面積 S を求めよ。　　〈立命館大〉

解　曲線 $y=|x^2-4|$ と直線 $y=2x+5$ のグラフは右図のようになり，求める図形の面積は斜線部分である。

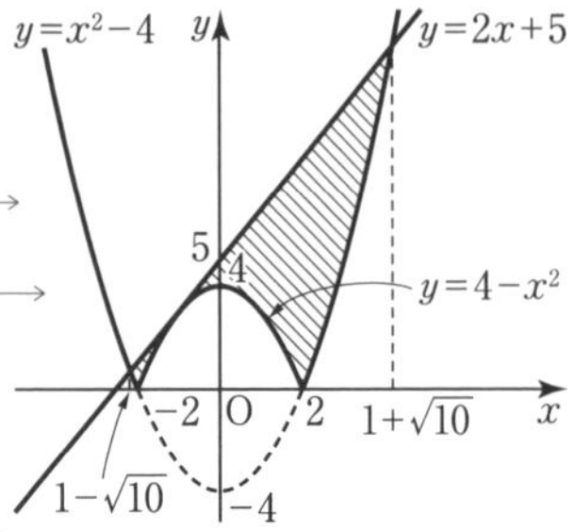

交点の x 座標を求めると　グラフをかいて確認

$$x^2-4=2x+5,\ x^2-2x-9=0$$

$y=4-x^2$ と $y=2x+5$ は接する

$$x=1\pm\sqrt{10}$$

求める面積は

$$S=\int_{1-\sqrt{10}}^{1+\sqrt{10}}\{(2x+5)-(x^2-4)\}dx-2\int_{-2}^{2}(4-x^2)dx$$

S_1 　　S_2

$$=-\int_{1-\sqrt{10}}^{1+\sqrt{10}}\{x-(1-\sqrt{10})\}\{x-(1+\sqrt{10})\}dx+2\int_{-2}^{2}(x+2)(x-2)dx$$

$\displaystyle\int_\alpha^\beta (x-\alpha)(x-\beta)dx$ の形の式をかいて，公式 $-\dfrac{(\beta-\alpha)^3}{6}$ を使う

$$=\frac{1}{6}\{(1+\sqrt{10})-(1-\sqrt{10})\}^3$$
$$-\frac{1}{3}\{2-(-2)\}^3$$
$$=\frac{40\sqrt{10}-64}{3}\ \text{————（答）}$$

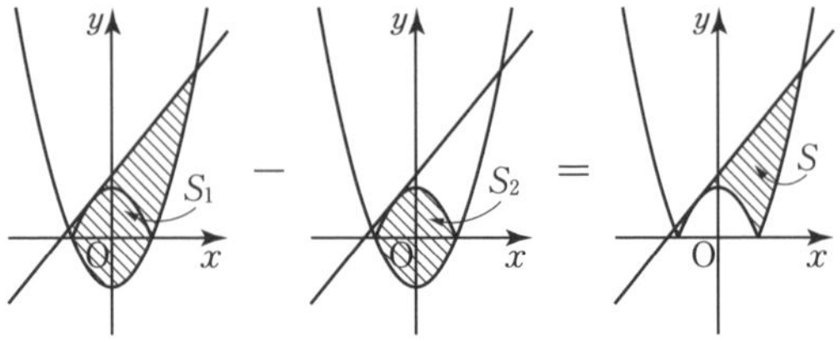

$S_1 - S_2 = S$

❖確認問題

(1) 放物線 $y=x^2-3x$ と直線 $y=-x+3$ で囲まれた図形の面積を求めよ。

(2) 2つの曲線 $y=x^2,\ y=-x^2+2x+1$ で囲まれた図形の面積を求めよ。　　〈愛媛大〉

◇マスター問題────────────────────────────

放物線 $y = x^2 - 2x$ を C とする。C と x 軸で囲まれた図形の面積を S_1，C と直線 $y = ax$ $(a > 0)$ で囲まれた図形の面積を S_2 とする。S_2 が S_1 の 8 倍であるとき，定数 a の値を求めよ。

〈北里大〉

◆チャレンジ問題────────────────────────────

(1) 関数 $f(x) = (x-1)|x-3|$ について，$y = f(x)$ のグラフをかけ。

(2) $y = f(x)$ 上の点 $(1,\ 0)$ における接線と，このグラフで囲まれた図形の面積 S を求めよ。

〈東北学院大〉

38 | 面積（放物線と接線）

❖ 放物線と接線で囲まれた部分の面積 ❖

放物線 $y = x^2 - 4x + 3$ を C とする。C 上の点 $(0,\ 3)$, $(6,\ 15)$ における接線を
それぞれ l_1, l_2 とするとき，次のものを求めよ。

(1) l_1, l_2 の方程式を求めよ。　　(2) C, l_1, l_2 で囲まれた図形の面積 S　　〈群馬大〉

解 (1) $y = x^2 - 4x + 3$ より $y' = 2x - 4$ ── 微分して傾きを求める

接線の方程式
$y - f(\alpha) = f'(\alpha)(x - \alpha)$

$x = 0$ のとき $y' = -4$

よって $l_1 : y = -4x + 3$ ────(答)

$x = 6$ のとき $y' = 2 \cdot 6 - 4 = 8$

$y - 15 = 8(x - 6)$　よって $l_2 : y = 8x - 33$ ────(答)

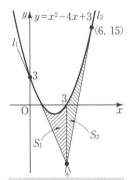

(2) l_1 と l_2 の交点の x 座標は ── 交点の座標は連立方程式を解く

$-4x + 3 = 8x - 33$ より $x = 3$

求める図形の面積は右図の斜線部分だから

$$S = \int_0^3 \{(x^2 - 4x + 3) - (-4x + 3)\}dx$$
$$+ \int_3^6 \{(x^2 - 4x + 3) - (8x - 33)\}dx$$
$$= \int_0^3 x^2 dx + \int_3^6 (x^2 - 12x + 36)dx$$
$$= \left[\frac{1}{3}x^3\right]_0^3 + \left[\frac{1}{3}x^3 - 6x^2 + 36x\right]_3^6$$
$$= 9 + 9 = 18 \text{────(答)}$$

放物線と 2 本の接線で
囲まれた図形の面積で
は $S_1 = S_2$

❖確認問題

放物線 $y = x^2$ 上の点 $(1,\ 1)$ における接線と放物線 $y = x^2 - 1$ で囲まれた図形の面積 S
を求めよ。　　〈宇都宮大〉

◇マスター問題

(1) 放物線 $y = x^2 + 8$ に点 $(1, 0)$ から引いた接線の方程式を求めよ。

(2) (1)で求めた 2 つの接線と放物線で囲まれた図形の面積を求めよ。　　　〈専修大〉

◆チャレンジ問題

2 つの放物線 $C_1 : y = x^2$, $C_2 : y = x^2 - 4x + 8$ に共通な接線を l とし，C_1, C_2 との接点をそれぞれ P_1, P_2 とする。

(1) P_1, P_2 の座標を求めよ。

(2) 2 つの放物線 C_1, C_2 と直線 l で囲まれた図形の面積を求めよ。　　　〈滋賀大〉

39 | 等差数列

❖ 等差数列の一般項と和 ❖

(1) 第 5 項が 88, 第 8 項が 73 である等差数列の一般項は $a_n = \boxed{}$ である。また, 初項から第 $\boxed{}$ 項までの和が最大となり, その和は $\boxed{}$ である。　〈東京工芸大〉

(2) 公差を自然数とする等差数列があり, 初項が 5, 初項から第 10 項までの和が 1000 以上 1100 以下となるとき, この数列の公差を求めよ。　〈福井工大〉

解 (1) 初項を a, 公差を d とおくと

等差数列の一般項は →
$$a_n = a + (n-1)d$$
初項　公差

$a_5 = a + 4d = 88$ ……①

$a_8 = a + 7d = 73$ ……②

①, ②を解いて $a = 108$, $d = -5$

よって $a_n = 108 + (n-1)\cdot(-5) = \boxed{113 - 5n}$ ————(答)

$a_n = 113 - 5n \geq 0$ より $n \leq 22.6$　n は自然数だから $n = \boxed{22}$ ————(答)

負になる直前までの和が最大になる

よって, 和は $S = \dfrac{1}{2}\cdot 22\{2\cdot 108 + 21\cdot(-5)\} = \boxed{1221}$ ————(答)

等差数列の和 →
$$S_n = \frac{1}{2}n\{2a + (n-1)d\}$$
項数　初項　公差

(2) 公差を d とおくと, 条件より

$1000 \leq \dfrac{1}{2}\cdot 10(2\cdot 5 + 9d) \leq 1100$

$190 \leq 9d \leq 210$　ゆえに　$21.1\cdots \leq d \leq 23.3\cdots$ ← 条件よりこれを満たす自然数

よって, $d = 22$, 23 ————(答)

❖ 確認問題

第 10 項が 37, 第 20 項が -33 である等差数列 $\{a_n\}$ について, 次の問いに答えよ。

(1) 一般項を求めよ。　　　　　　(2) 初めて負になるのは第何項か。

(3) 初項から第何項目までの和が最大になるか。また, そのときの和を求めよ。　〈東京都市大〉

◇マスター問題

等差数列の第 5 項が 14，第 15 項が -26 であるとき，この数列が初めて負になるのは第何項目からか。また，初項から第 20 項までの絶対値の和を求めよ。　　　　〈南山大〉

◆チャレンジ問題

等差数列 $\{a_n\}$ が $a_1 + a_3 + a_5 = 66$，$a_2 + a_4 + a_6 = 54$ を満たしているとき

(1)　初項 a_1，公差 d を求めよ。

(2)　初項から第 n 項までの和が最大となるとき，その最大値と n の値を求めよ。

(3)　第 $n+1$ 項から第 $2n$ 項までの和をその項数で割った値が -99 より小さくなるような n の最小値を求めよ。　　　　〈大分大〉

40 | 等比数列

❖等比数列の一般項と和❖

等比数列 $\{a_n\}$ があり，初項から第 n 項までの和を S_n とする。

(1) $S_6 = -7S_3$ が成り立つとき，公比を求めよ。ただし，初項は1以上とする。

(2) さらに，$S_5 = 2a_1{}^2 + 5$ であるとき，a_1 の値を求め，S_n を n の式で表せ。

〈広島工大〉

解 (1) 公比を r とする。

$r = 1$ のとき，$a_1 \geqq 1$ より $S_n > 0$

よって $S_6 \neq -7S_3$ となり不適

$r \neq 1$ のとき，

$S_6 = -7S_3$ より ← $S_n = \dfrac{a(r^n-1)}{r-1}$ $(r \neq 1)$ にあてはめる

$\dfrac{a_1(r^6-1)}{r-1} = -7 \cdot \dfrac{a_1(r^3-1)}{r-1}$ ← $\dfrac{\cancel{a_1}(r^6-1)}{\cancel{r-1}} = -7 \cdot \dfrac{\cancel{a_1}(r^3-1)}{\cancel{r-1}}$

$r^6 - 1 = -7(r^3-1)$

$(r^3+8)(r^3-1) = 0$ ← $r^3 = t$ とおくと $r^6 = t^2$

$r \neq 1$ だから $r^3 + 8 = (r+2)(r^2-2r+4) = 0$

よって，$r = -2$ ────(答)

$r = 1 \pm \sqrt{3}\,i$ は不適。数列は実数で考える

(2) $S_5 = 2a_1{}^2 + 5$ より $\dfrac{a_1\{1-(-2)^5\}}{1-(-2)} = 2a_1{}^2 + 5,\ 2a_1{}^2 - 11a_1 + 5 = 0$

$(2a_1-1)(a_1-5) = 0,\ a_1 \geqq 1$ だから $a_1 = 5$ ────(答)

$S_n = \dfrac{5\{1-(-2)^n\}}{1-(-2)} = \dfrac{5\{1-(-2)^n\}}{3}$ ────(答)

┌─ 等比数列 $(r \neq 1)$ ─┐

一般項 $a_n = ar^{n-1}$

初項　公比　項数

和 $S_n = \dfrac{a(1-r^n)}{1-r} = \dfrac{a(r^n-1)}{r-1}$

❖確認問題

(1) 第3項が6，第7項が24である等比数列 $\{a_n\}$ の一般項 a_n を求めよ。

(2) 初項から第3項までの和が42，第4項から第6項までの和が336であるような等比数列の一般項 a_n を求めよ。 〈摂南大〉

◆マスター問題──────────────────────────────

　公比が正の等比数列 $\{a_n\}$ があり，$a_2 = 3$，$a_3 + a_4 = 18$ を満たしている。このとき，次の問いに答えよ。

(1)　数列 $\{a_n\}$ の一般項を求めよ。

(2)　$S_n = \displaystyle\sum_{k=1}^{2n} a_k$，$T_n = \displaystyle\sum_{k=1}^{n} a_{2k-1}$ とおくと $3T_n = S_n$ が成り立つことを示せ。〈関西学院大〉

◆チャレンジ問題──────────────────────────────

　初項が正の数である等比数列 $\{a_n\}$ の第 2 項が 8，第 4 項が 128 である。

(1)　数列 $\{a_n\}$ の一般項を求めよ。

(2)　$b_n = \log_2 a_n$ とするとき，数列 $\{b_n\}$ は等差数列になる。数列 $\{b_n\}$ の初項と公差を求めよ。

(3)　$C_n = a_1 \times a_2 \times a_3 \times \cdots\cdots \times a_n$ とするとき，$\log_2 C_n$ を n の式で表せ。〈広島工大〉

41 | $S_n = f(n)$ で表される数列

❖ S_n と a_n の関係 ❖

数列 $\{a_n\}$ の初項から第 n 項までの和 S_n が $S_n = n^2 + 2n + 2$ であるとき
(1) 一般項 a_n を求めよ。　　　　(2) $a_1 + a_3 + a_5 + \cdots\cdots + a_{101}$ を求めよ。

〈北海道工大〉

解 (1) $S_n = n^2 + 2n + 2$

初項は $\underline{a_1 = S_1 = 1^2 + 2 \cdot 1 + 2 = 5}$

$n \geqq 2$ のとき └─ 初項は $a_1 = S_1$ である

$a_n = \underline{S_n - S_{n-1}} = n^2 + 2n + 2 - \{(n-1)^2 + 2(n-1) + 2\}$

$= 2n + 1 \quad \cdots\cdots ①$

└─ $a_n = S_n - S_{n-1}$ $(n \geqq 2)$ を計算して a_n を求める

$\underline{①に \ n = 1 \ を代入すると \ 2 \cdot 1 + 1 = 3}$

└─ ①の式は $n \geqq 2$ のときの式だから $n = 1$ のときにも
使えるか確かめる。a_1 の値と一致しないと使えない

①は $n = 1$ のとき $a_1 = 5$ と一致しない。

よって，$a_1 = 5$，$a_n = 2n + 1$ $(n \geqq 2)$ ───(答)

(2) $a_1 + a_3 + a_5 + \cdots\cdots + a_{101}$

$= 5 + \underline{7 + 11 + \cdots\cdots + 203}$ ← 初項の 5 は別扱い

$\Leftarrow a_1 + \sum\limits_{k=2}^{51} a_{2k-1}$ としても求められる。

└─ 初項 7，末項 203，項数 50 の等差数列の和 $S_n = \dfrac{1}{2} n(a + l)$

$= 5 + \dfrac{1}{2} \cdot 50(7 + 203) = 5255$ ───(答)

---

a_n と S_n の関係

$a_1 = S_1$
$a_n = S_n - S_{n-1} \ (n \geqq 2)$
- - - - - - - - - - - -
$S_n = \sum\limits_{k=1}^{n} a_k$ と表すと
$a_n = \sum\limits_{k=1}^{n} a_k - \sum\limits_{k=1}^{n-1} a_k \ (n \geqq 2)$

❖ 確認問題

(1) 初項から第 n 項までの和 S_n が $S_n = 2n^2 - n$ と表される数列の一般項 a_n を求めよ。

〈神奈川大〉

(2) 数列 $\{a_n\}$ の初項から第 n 項までの和 S_n が $S_n = 5a_n - 1$ で表されるとき，一般項 a_n を求めよ。

〈明治大〉

75

◇マスター問題

数列 $\{a_n\}$ の初項から第 n 項までの和 S_n が $S_n = -3n^2 + 4n - 8$ と表されるとき

(1) 一般項 a_n を求めよ。

(2) $a_1 + a_3 + a_5 + \cdots\cdots + a_{2n-1}$ を求めよ。 〈関東学院大〉

◆チャレンジ問題

数列 $\{a_n\}$ の初項から第 n 項までの和 S_n は，$S_n = 2n^3 + 6n^2 + 4n$ である。次の問いに答えよ。

(1) この数列の一般項 a_n を求めよ。　　(2) $\displaystyle\sum_{k=1}^{n} \frac{1}{a_k}$ を求めよ。 〈明治学院大〉

42 | 階差数列と階差数列の漸化式

❖ 階差数列と漸化式 $a_{n+1} - a_n = f(n)$ ❖

(1) 数列 5, 7, 13, 31, 85, ……の一般項 a_n を求めよ。 〈酪農学園大〉

(2) $a_1 = 1$, $a_{n+1} = a_n + 2n$ $(n = 1, 2, 3, ……)$ で定まる数列 $\{a_n\}$ の一般項 a_n を求めよ。 〈千葉工大〉

解 (1) 5, 7, 13, 31, 85, …… $\{a_n\}$ とおいて階差をとり ← 等差でも等比でもない数列は
　　　　　 2　6　18　54 　…… $\{b_n\}$ とする。　　　　　　　 階差をとってみる

数列 $\{a_n\}$ の階差数列 $\{b_n\}$ は初項 2, 公比 3 の等比数列だから

$b_n = 2 \cdot 3^{n-1}$

← 等比数列の一般項 $a_n = ar^{n-1}$

$n \geqq 2$ のとき

$a_n = 5 + \sum_{k=1}^{n-1} 2 \cdot 3^{k-1} = 5 + \dfrac{2(3^{n-1}-1)}{3-1}$ ← 階差数列 $a_{n+1} - a_n = b_n$ の一般項
$a_n = a_1 + \sum_{k=1}^{n-1} b_k$ $(n \geqq 2)$

$\qquad\qquad = 3^{n-1} + 4$ 　これは $n = 1$ のときにも成り立つ。

よって，$a_n = 3^{n-1} + 4$ ——(答)

階差数列では $n = 1$ のとき必ず成り立つから，形式的にかいておく

(2) $a_{n+1} - a_n = 2n$ より

$n \geqq 2$ のとき

$a_n = a_1 + \sum_{k=1}^{n-1} 2k = 1 + 2 \cdot \dfrac{1}{2} n(n-1)$

$a_{n+1} - a_n = f(n)$ の漸化式
$a_n = a_1 + \sum_{k=1}^{n-1} f(k)$ $(n \geqq 2)$
($n = 1$ のときも成り立つ)

$\qquad = n^2 - n + 1$ 　これは $n = 1$ のときにも成り立つ。

よって，$a_n = n^2 - n + 1$ ——(答)

❖確認問題

(1) 数列 4, 11, 24, 43, 68, 99, ……の一般項 a_n を求めよ。

(2) $a_1 = 2$, $a_{n+1} = a_n + 4n - 1$ $(n = 1, 2, 3, ……)$ で定まる数列 $\{a_n\}$ の一般項を求めよ。 〈秋田大〉

◇マスター問題

初項 $a_1 = -35$ である数列 $\{a_n\}$ の階差数列を $\{b_n\}$ とする。すなわち，$b_n = a_{n+1} - a_n$ （n は自然数）である。$\{b_n\}$ が等差数列で，その初項は $b_1 = -19$，公差は 4 であるとき

(1) 自然数 n に対して，b_n を求めよ。　　　　(2) 自然数 n に対して a_n を求めよ。

(3) 数列 $\{a_n\}$ の初項から第 24 項までの和を求めよ。　　　　　　　　　　　　　〈岩手大〉

◆チャレンジ問題

数列 $\{a_n\}$ が $a_1 = \dfrac{1}{2}$，$a_{n+1} = \dfrac{3a_n}{2n \cdot a_n + 3}$ （$n = 1,\ 2,\ 3,\ \cdots\cdots$）で定められている。次の問いに答えよ。

(1) $b_n = \dfrac{1}{a_n}$ とおいて，$b_{n+1} - b_n$ を n の式で表せ。

(2) 数列 $\{a_n\}$ の一般項を求めよ。また，$a_n < \dfrac{1}{50}$ を満たす最小の n を求めよ。　　〈千葉工大〉

43 | 2項間の漸化式

次の漸化式によって定められた数列 $\{a_n\}$ の一般項を求めよ。

(1) $a_1 = 2$, $a_{n+1} = 3a_n + 2$ $(n = 1, 2, 3, \cdots\cdots)$ 〈北海道薬大〉

(2) $a_1 = \dfrac{1}{2}$, $a_{n+1} = \dfrac{a_n}{a_n + 2}$ $(n = 1, 2, 3, \cdots\cdots)$ 〈南山大〉

解 (1) $\underline{a_{n+1} = 3a_n + 2}$

> $\alpha = 3\alpha + 2$ とおいて α を求め
> $a_{n+1} - \alpha = p(a_n - \alpha)$ の形に

> $\begin{array}{l} a_{n+1} = pa_n + q \ (p \neq 1) \\ \text{特性解} \ \alpha = p\alpha + q \ \text{を求めて} \\ a_{n+1} - \alpha = p(a_n - \alpha) \end{array}$

$a_{n+1} + 1 = 3(a_n + 1)$ と変形すると数列 $\{a_n + 1\}$ は

初項 $a_1 + 1 = 3$, 公比 3 の等比数列だから

$a_n + 1 = 3 \cdot 3^{n-1}$ よって, $a_n = 3^n - 1$ ———（答）

(2) $a_{n+1} = \dfrac{a_n}{a_n + 2}$ の両辺の逆数をとると（$a_n > 0$ だから分母 $\neq 0$）

> 逆数にして2項間
> $b_{n+1} = pb_n + q$ を目指す
>
> 分数で表された漸化式

$\dfrac{1}{a_{n+1}} = \dfrac{a_n + 2}{a_n} = \dfrac{2}{a_n} + 1$, $\dfrac{1}{a_n} = b_n$ とおくと

$b_{n+1} = 2b_n + 1$, $b_1 = \dfrac{1}{a_1} = 2$

$b_{n+1} + 1 = 2(b_n + 1)$ と変形すると数列 $\{b_n + 1\}$ は

初項 $b_1 + 1 = 3$, 公比 2 の等比数列だから

$b_n + 1 = 3 \cdot 2^{n-1}$ より $b_n = 3 \cdot 2^{n-1} - 1$

よって, $a_n = \dfrac{1}{3 \cdot 2^{n-1} - 1}$ ———（答）

> $b_n = \dfrac{1}{a_n}$ より $a_n = \dfrac{1}{b_n}$

❖ 確認問題

漸化式 $a_1 = 1$, $a_{n+1} = 2a_n + 3$ $(n = 1, 2, 3, \cdots\cdots)$ で定められる数列 $\{a_n\}$ の一般項を求めよ。 〈富山大〉

◇マスター問題

次の漸化式によって定められた数列 $\{a_n\}$ の一般項を求めよ。

$$a_1 = 3, \quad a_{n+1} = \frac{a_n}{a_n + 3} \quad (n = 1, \ 2, \ 3, \ \cdots\cdots)$$

〈東邦大〉

◆チャレンジ問題

数列 $\{a_n\}$ が $a_1 = 4$, $a_{n+1} = \dfrac{4a_n + 3}{a_n + 2}$ $(n = 1, \ 2, \ 3, \ \cdots\cdots)$ で定められているとき，次の問いに答えよ。

(1) $b_n = \dfrac{a_n - 3}{a_n + 1}$ とおくとき，数列 $\{b_n\}$ の漸化式を求めよ。

(2) 数列 $\{a_n\}$ の一般項を求めよ。

〈弘前大〉

44 群数列

❖群数列❖

自然数の列を順に次のように第 n 群が $2n-1$ 個の自然数からなるように群に分ける。

$(1),\ (2,\ 3,\ 4),\ (5,\ 6,\ 7,\ 8,\ 9),\ \cdots\cdots$

(1) 第 n 群の最初の数を n を用いて表せ。

(2) 2001 は第何群の何番目の数であるか。 〈帝京大〉

解 (1) 第 1 群から第 $n-1$ 群の末項までの項数は

$(1),\ (2,\ 3,\ 4),\ \cdots\cdots,\ (n-1\ 群),\ (n\ 群)$
$(1 個)+(3 個)+\cdots\cdots+(2n-3 個)(2n-1 個)$

$1+3+5+\cdots\cdots+(2n-3)=(n-1)^2$

初項 1, 末項 $2n-3$, 項数 $n-1$ → $\dfrac{(n-1)(1+2n-3)}{2}=(n-1)^2$

第 n 群の最初の項は $(n-1)^2+1$ 番目の項で,

群をとり払った数列の一般項は $a_k=k$ だから

$1,\ 2,\ 3,\ 4,\ \cdots\cdots$

第 n 群の最初の数は

$(n-1)^2+1=n^2-2n+2$ ——(答)

(2) 2001 が第 n 群にあるとすると

第 n 群
$\overbrace{((n-1)^2+1,\ \cdots\cdots,\ 2001,\ \cdots\cdots,\ n^2)}$
最初の数　　　　　　　　　　　　　最後の数

$(n-1)^2+1 \leqq 2001 \leqq n^2$

この不等式をまともに解くのは大変だから, およその値を求める

$n^2=2000$ として, およその値を求めると

$n=20\sqrt{5} \fallingdotseq 44.7$ ← $\sqrt{5}=2.236\cdots\cdots$

$n=44$ と 45 のときを調べる

$n=44$ のとき $(44-1)^2+1=1850$ ←

第 44 群は 2001 を含まないから不適

$n=45$ のとき $(45-1)^2+1=1937$ だから

$2001-1937+1=65$ よって, 2001 は第 45 群の 65 番目の数 ——(答)

❖確認問題

奇数の数列を次のように第 n 群に $2n$ 個の奇数が含まれるように分ける。

$1,\ 3\,|\,5,\ 7,\ 9,\ 11\,|\,13,\ 15,\ 17,\ 19,\ 21,\ 23\,|\,25,\ 27,\ \cdots\cdots$

(1) 第 1 群から第 10 群の最後の数までの項数を求めよ。

(2) 第 11 群の最初の数を求めよ。 〈青山学院大〉

◇マスター問題

順に並んだ奇数の列を次のように，第 n 群に n 個の項が含まれるように群に分ける。

$$1\mid 3,\ 5\mid 7,\ 9,\ 11\mid 13,\ 15,\ 17,\ 19\mid\cdots\cdots$$

(1) 第 n 群の最初の数と最後の数を求めよ。また，第 n 群の総和を求めよ。

(2) 1001 は第何群の何番目の数か。 〈北海道医療大〉

◆チャレンジ問題

数列 $\dfrac{1}{1},\ \dfrac{1}{2},\ \dfrac{2}{2},\ \dfrac{1}{3},\ \dfrac{2}{3},\ \dfrac{3}{3},\ \cdots\cdots,\ \dfrac{1}{n},\ \dfrac{2}{n},\ \dfrac{3}{n},\ \cdots\cdots,\ \dfrac{n}{n},\ \cdots\cdots$ について，

(1) $\dfrac{99}{100}$ という値が初めて現れるのは第何項か。

(2) 第 2005 項の値を求めよ。 〈群馬大〉

82

45 | 確率変数の期待値，分散

❖ 確率変数の和の期待値，分散 ❖

1個のさいころを3回投げる。出る目の数の和を X とするとき，次の問いに答えよ。

(1) 確率変数 X の期待値 $E(X)$ と分散 $V(X)$ を求めよ。

(2) $Y = 2X$ とおくとき，確率変数 Y の期待値 $E(Y)$，分散 $V(Y)$ を求めよ。〈鹿児島大〉

解 (1) 1，2，3回目に出た目の数を X_1, X_2, X_3 とすると，X_1 の確率分布は右のようになるから，期待値 $E(X_1)$ と分散 $V(X_1)$ は

X_1	1	2	3	4	5	6	計
P	$\frac{1}{6}$	$\frac{1}{6}$	$\frac{1}{6}$	$\frac{1}{6}$	$\frac{1}{6}$	$\frac{1}{6}$	1

$$E(X_1) = 1 \times \frac{1}{6} + 2 \times \frac{1}{6} + \cdots + 6 \times \frac{1}{6} = \frac{21}{6} = \frac{7}{2}$$

$$V(X_1) = \frac{1}{6}(1^2 + 2^2 + \cdots + 6^2) - \left(\frac{7}{2}\right)^2 = \frac{35}{12}$$

確率変数の期待値・分散
$E(X) = x_1 p_1 + x_2 p_2 + \cdots + x_n p_n$
$V(X) = E(X^2) - \{E(X)\}^2$

3回投げて出た目の数の和 Y について X_1, X_2, X_3 は独立で確率分布は同じだから

$$E(Y) = E(X_1 + X_2 + X_3)$$
$$= E(X_1) + E(X_2) + E(X_3)$$
$$= 3E(X) = \frac{21}{2} \quad\text{(答)}$$

$$V(Y) = V(X_1 + X_2 + X_3)$$
$$= V(X_1) + V(X_2) + V(X_3)$$
$$= 3V(X) = \frac{35}{4} \quad\text{(答)}$$

(2) $E(Y) = E(2X) = 2E(X) = 2 \times \frac{21}{2} = 21$ ——(答)

$E(aX + b) = aE(X) + b$

$V(Y) = V(2X) = 2^2 V(X) = 4 \times \frac{35}{4} = 35$ ——(答)

$V(aX + b) = a^2 V(X)$

独立な確率変数 X，Y の和と積の期待値・分散
$E(X + Y) = E(X) + E(Y)$
$E(XY) = E(X)E(Y)$
$V(X + Y) = V(X) + V(Y)$

◇マスター問題

$\boxed{1}$ $\boxed{2}$ $\boxed{3}$ $\boxed{4}$ $\boxed{5}$ $\boxed{6}$ の6枚のカードを袋に入れ，袋から2枚のカードを取り出し，大きいほうの数を X とする。このとき，次の問いに答えよ。

(1) X の期待値 $E(X)$ と分散 $V(X)$ を求めよ。

(2) 袋の中のカードを $\boxed{4}$ $\boxed{7}$ $\boxed{10}$ $\boxed{13}$ $\boxed{16}$ $\boxed{19}$ の6枚に取り替えて行い，取り出した大きいほうの数を Y とする。Y の期待値 $E(Y)$ と分散 $V(Y)$ を求めよ。

46 | 確率密度関数

確率変数 X が $0 \leqq X \leqq 1$ の値をとり，その確率密度関数が $f(x) = ax(1-x)$ で表されているとき，次の問いに答えよ。 〈横浜市大〉

(1) a の値を求めよ。

(2) X の期待値 $E(X)$ と分散 $V(X)$ を求めよ。

解 (1) $\displaystyle\int_0^1 f(x)\,dx = 1$ より

$$a\int_0^1 x(1-x)\,dx = \frac{a}{6} = 1 \quad \text{よって，} \quad a = 6 \quad\text{——(答)}$$

確率密度関数
$$\int_a^b f(x)\,dx = 1$$
$$E(X) = \int_a^b xf(x)\,dx = m$$
$$V(X) = \int_a^b (x-m)^2 f(x)\,dx$$

(2) $\displaystyle E(X) = \int_0^1 xf(x)\,dx = 6\int_0^1 x^2(1-x)\,dx$

$$= 6\left[\frac{1}{3}x^3 - \frac{1}{4}x^4\right]_0^1 = \frac{1}{2} \quad\text{——(答)}$$

$$V(X) = \int_0^1 \left(x - \frac{1}{2}\right)^2 f(x)\,dx$$

$$= \int_0^1 x^2 f(x)\,dx - \underline{\int_0^1 xf(x)\,dx} + \frac{1}{4}\int_0^1 f(x)\,dx \qquad \boxed{\int_0^1 f(x)\,dx = 1}$$

$$= 6\int_0^1 (x^3 - x^4)\,dx - \frac{1}{2} + \frac{1}{4} \qquad \boxed{\int_0^1 xf(x)\,dx = E(X)}$$

$$= 6\left[\frac{1}{4}x^4 - \frac{1}{5}x^5\right]_0^1 - \frac{1}{4} = \frac{1}{20} \quad\text{——(答)}$$

◇マスター問題

確率変数 X が $-1 \leqq X \leqq 3$ の値をとり，その確率密度関数が $f(x) = \begin{cases} a(x+1) & (-1 \leqq x \leqq 0) \\ bx + a & (0 < x \leqq 3) \end{cases}$

で表されている。また，X の期待値 $E(X)$ は $\dfrac{2}{3}$ である。このとき，次の問いに答えよ。

(1) a と b の値を求めよ。 (2) X の分散 $V(X)$ を求めよ。 〈横浜市大〉

47 | 正規分布

❖ 二項分布の正規分布による近似 ❖

ある資格試験の合格率は 40 % であるという。いま，500 人が受験したとき，そのうち 180 人以上が合格する確率を求めよ。

解 合格率は 40 % だから $p = \dfrac{2}{5}$ より二項分布 $B\left(500,\ \dfrac{2}{5}\right)$ に従う。

$$E(X) = 500 \times \dfrac{2}{5} = 200$$

$$\sigma(X) = \sqrt{500 \times \dfrac{2}{5} \times \dfrac{3}{5}} = 2\sqrt{30} \doteqdot 11$$

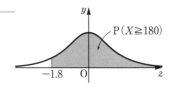

二項分布 $B(n,\ p)$ の
期待値，分散，標準偏差
期待値 $E(X) = np$
分散 $V(X) = np\,(1-p)$
標準偏差 $\sigma(X) = \sqrt{np(1-q)}$

よって，正規分布 $N(200,\ 11^2)$ に従うから

$$Z = \dfrac{X - 200}{11} \text{ とおくと } Z \text{ は } N(0,\ 1) \text{ に従う。} \longleftarrow$$

正規分布と標準化
$N(\mu,\ \sigma^2)$ に従うとき
$Z = \dfrac{X - \mu}{\sigma}$ で標準化

$X = 180$ のとき，$Z = \dfrac{180 - 200}{11} \doteqdot -1.8$ だから

$$\begin{aligned} P(X \geqq 180) &= P(Z \geqq -1.8) \longleftarrow \\ &= 0.5 + p\,(0 \leqq Z \leqq 1.8) \\ &= 0.5 + 0.4641 \\ &= 0.9641 \ \text{────(答)} \end{aligned}$$

❖ 確認問題 ────

1　確率変数 X が正規分布 $N(12,\ 5^2)$ に従うとき，正規分布表を利用して次の確率を求めよ。

　(1)　$P(10 \leqq X \leqq 15)$　　　　　　　　(2)　$P(X \leqq 16)$

2　確率変数 X が二項分布 $B\left(1200,\ \dfrac{1}{4}\right)$ に従うとき，正規分布表を利用して，確率 $P(285 \leqq X \leqq 330)$ を求めよ。

◇マスター問題

n を自然数として 1 枚のコイン投げを $2n$ 回行う。このコイン投げで表の出る回数を X とする。コインの表と裏の出方は等しいとして，次の問いに答えよ。

(1) X の期待値 $E(X)$ と標準偏差 $\sigma(X)$ を求めよ。

(2) $n = 200$ とする。このとき，$190 \leqq X \leqq 210$ となる確率を求めよ。

ただし，$P(Z>1) = 0.159$ とする。

〈鹿児島大〉

◆チャレンジ問題

ある入学試験で，定員 300 人に対して 2400 人の受験者があった。得点は 200 点満点で平均点は 120 点，標準偏差は 40 点の正規分布になった。正規分布表を利用して次の問いに答えよ。

(1) 150 点をとった人は何番ぐらいといえるか。

(2) 合格者の最低点は何点ぐらいと考えられるか。

48 | 母平均の推定

❖母平均の推定❖

　ある工場で製造されるパンの重さは，標準偏差 $4.0\,\mathrm{g}$ の正規分布に従うという。次の問いに答えよ。

(1) このパンの中から無作為に 64 個選んで重さを測ったら，平均値 $85.0\,\mathrm{g}$ であった。このパンの平均 μ に対する信頼度 95 ％の信頼区間を求めよ。

(2) 信頼区間の幅を $0.8\,\mathrm{g}$ 以下にしたい。標本の大きさ n をどのようにすればよいか。

解 (1) n は十分大きいから，標本平均は $\overline{X} = 85.0\,(\mathrm{g})$ とできる。

標準偏差は $\sigma = 4.0$ だから，信頼区間は

信頼度 95 ％

$$85 - \frac{1.96 \times 4}{\sqrt{64}} \leqq \mu \leqq 85 + \frac{1.96 \times 4}{\sqrt{64}}$$

$\overline{X} - \dfrac{1.96\sigma}{\sqrt{n}} \leqq \mu \leqq \overline{X} + \dfrac{1.96\sigma}{\sqrt{n}}$

$$85 - 0.98 \leqq \mu \leqq 85 + 0.98$$

よって，$84.02 \leqq \mu \leqq 85.98$ ──（答）

(2) 信頼度 95 ％の信頼区間の幅は

信頼度 95 ％の信頼区間の幅

$$2 \times \frac{1.96 \times 4}{\sqrt{n}} \leqq 0.8 \quad より \quad 19.6 \leqq \sqrt{n}$$

$2 \times \dfrac{1.96\sigma}{\sqrt{n}}$

$n \geqq 384.16$ だから標本の大きさを 385 個以上にすればよい。──（答）

◇マスター問題

　A 工場の製品 B の長さは，標準偏差 $6\,\mathrm{cm}$ の正規分布に従うという。次の問いに答えよ。

(1) この製品の中から無作為に 9 個選んで長さを測ったら，次のようになった。

　　90.3，90.5，91.2，90.6，90.0，91.0，90.9，90.7，90.2

　このとき，平均 μ に対する信頼度 95 ％の信頼区間を求めよ。

(2) 信頼区間の幅を $3\,\mathrm{cm}$ 以下にしたい。標本の大きさ n をどのようにすればよいか。〈筑波大〉

49 | 母比率の推定

❖ 母比率の推定 ❖

　ある国のサッカーファンは，およそ 500 万人いるという。この中から無作為に 2500 人を選び，どのチームを応援しているかアンケートをとったところ，A チームを応援している人が 375 人いた。このことから，サッカーファン全体で A チームを応援している人はおよそ何万人ぐらいいるか。信頼度 95 ％で推定せよ。ただし，小数第 4 位を四捨五入して答えよ。

解　標本の大きさは $n = 375$

標本比率は $p_0 = \dfrac{375}{2500} = 0.15$ だから

母比率 p に対する信頼度 95 ％の信頼区間は

$$0.15 - 1.96 \times \sqrt{\frac{0.15 \times 0.85}{2500}} \leqq p \leqq 0.15 + 1.96 \times \sqrt{\frac{0.15 \times 0.85}{2500}}$$

$$0.15 - 0.013916 \leqq p \leqq 0.15 + 0.013916$$

よって，$0.136 \leqq p \leqq 0.164$

$500 \times 0.136 = 68.0$，$500 \times 0.164 = 82.0$

ゆえに，およそ 68.0 万人から 82.0 万人 ———（答）

> **母比率の推定（信頼度 95 ％）**
> $$p_0 - 1.96\sqrt{\frac{p_0(1-p_0)}{n}} \leqq p \leqq p_0 + 1.96\sqrt{\frac{p_0(1-p_0)}{n}}$$

$$\frac{\sqrt{0.1275}}{50} = 0.0071$$

◇マスター問題

　A 市の有権者のうち，ある政策に対する賛成者の母比率を $p\,(0 < p < 1)$ とする。A 市の有権者 100 人を無作為に選んだときの，この政策に対する賛成者を確率変数 X として，次の問いに答えよ。　　　　　　　　　　　　　　　　　　〈長崎大〉

(1) $X = k$ のときの確率 $P(X = k)$ $(0 \leqq k \leqq 100)$ を求めよ。

(2) $X = 80$ のとき，p に対する信頼度 95 ％の信頼区間を求めよ。

50 | 母平均の検定

❖ 母平均の検定 ❖

ある全国学力テストは 200 点満点で実施され，平均点は 110 点，標準偏差は 28 点であった。A 校の受験者から無作為に抽出した 25 人の平均点が 117 点であったとき，A 校の受験者の学力は全体に比べて平均的でないといえるか。有意水準 5 % で検定せよ。

解 帰無仮説は「A 校の受験者の学力は平均的である」

有意水準 5 % なので $|z| > 1.96$ を棄却域とする。

25 人の点数は正規分布

$N\left(110, \dfrac{28^2}{25}\right)$ に従う。

$z = \dfrac{117 - 110}{\dfrac{28}{\sqrt{25}}} = \dfrac{35}{28} = 1.25$

$|z| = 1.25 < 1.96$

平均的であるかどうかの検定だから両側検定になる。

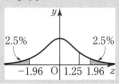

z は棄却域に含まれないので仮説は棄却されない。

よって，A 校の受験者の学力は平均的でないとはいえない ───（答）

母平均の検定
有意水準 5 %

$z = \dfrac{\overline{X} - \mu}{\dfrac{\sigma}{\sqrt{n}}} = \dfrac{\sqrt{n}\,(\overline{X} - \mu)}{\sigma}$

$|z| > 1.96$ のとき仮説を棄却

$|z| < 1.96$ のとき仮説を棄却しない

◇マスター問題

ある全国模試の数学のテストは 100 点満点で実施され，平均点は 52.7 点で，標準偏差は 18.1 点であった。M 県の模試を受けた人の中から無作為に 400 人の点数を選んで調べた結果，平均点が 54.4 点であった。

この結果から M 県の成績は全体に比べて平均的でないといえるか。有意水準 5 % で検定せよ。

51 | 母比率の検定

❖ 母比率の検定（5％の片側検定）❖

ある感染病のワクチン A は，接種者の 75 ％の人に効果が認められているという。このたび新しいワクチン B が開発され，300 人に接種したところ 237 人に効果が認められた。ワクチン B は A よりすぐれているといえるか。有意水準 5 ％で検定せよ

解 帰無仮説は

「ワクチン B は A よりすぐれているとはいえない」 ←

違いがある　　‥→両側検定
すぐれている‥→片側検定（大きい側）
おとっている‥→片側検定（小さい側）

有意水準 5 ％の片側検定なので

$z > 1.64$（大きい側）を棄却域とする。

母比率は $p = \dfrac{75}{100} = 0.75$ ←

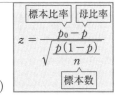

標本比率は $p_0 = \dfrac{237}{300} = 0.79$ だから

$$z = \frac{0.79 - 0.75}{\sqrt{\dfrac{0.75 \times 0.25}{300}}} = \frac{4}{\sqrt{\dfrac{75 \times 25}{300}}} = \frac{40}{25} = 1.6 \leftarrow$$

標本比率　母比率

$$z = \frac{p_0 - p}{\sqrt{\dfrac{p(1-p)}{n}}}$$

標本数

$z = 1.6 < 1.64$

z は棄却域に含まれないので仮説は棄却されない。

よって，ワクチン B は A よりすぐれているとはいえない。────（答）

◇マスター問題

ある植物の種子の発芽率は A 産地のもので 64 ％である。いま，B 産地の種子を無作為に 900 粒まいたところ 603 粒が発芽した。B 産地の種子のほうが A 産地の種子より発芽率が高いといえるか。有意水準 5 ％で検定せよ。

52 ベクトルの表し方

❖ 内分点の位置ベクトル ❖

△ABC の辺 BC 上に点 M，線分 AM 上に点 P をとり，BM：MC ＝ 2：1，
AP：PM ＝ 3：2 である。$\overrightarrow{AB} = \vec{b}$，$\overrightarrow{AC} = \vec{c}$ として，次の問いに答えよ。

(1) $\overrightarrow{AP}$，$\overrightarrow{BP}$，$\overrightarrow{CP}$ を $\vec{b}$，$\vec{c}$ で表せ。

(2) $\overrightarrow{AP}$，$\overrightarrow{BP}$，$\overrightarrow{CP}$ の間にどんな関係が成り立つか。　　　〈茨城大〉

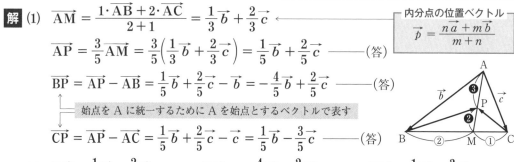

解 (1) $\overrightarrow{AM} = \dfrac{1 \cdot \overrightarrow{AB} + 2 \cdot \overrightarrow{AC}}{2 + 1} = \dfrac{1}{3}\vec{b} + \dfrac{2}{3}\vec{c}$ ⟵

> ┌ 内分点の位置ベクトル ┐
> $\vec{p} = \dfrac{n\vec{a} + m\vec{b}}{m + n}$

$\overrightarrow{AP} = \dfrac{3}{5}\overrightarrow{AM} = \dfrac{3}{5}\left(\dfrac{1}{3}\vec{b} + \dfrac{2}{3}\vec{c}\right) = \dfrac{1}{5}\vec{b} + \dfrac{2}{5}\vec{c}$ ——（答）

$\overrightarrow{BP} = \overrightarrow{AP} - \overrightarrow{AB} = \dfrac{1}{5}\vec{b} + \dfrac{2}{5}\vec{c} - \vec{b} = -\dfrac{4}{5}\vec{b} + \dfrac{2}{5}\vec{c}$ ——（答）

> 始点を A に統一するために A を始点とするベクトルで表す

$\overrightarrow{CP} = \overrightarrow{AP} - \overrightarrow{AC} = \dfrac{1}{5}\vec{b} + \dfrac{2}{5}\vec{c} - \vec{c} = \dfrac{1}{5}\vec{b} - \dfrac{3}{5}\vec{c}$ ——（答）

(2) $\overrightarrow{AP} = \dfrac{1}{5}\vec{b} + \dfrac{2}{5}\vec{c}$ ……①，$\overrightarrow{BP} = -\dfrac{4}{5}\vec{b} + \dfrac{2}{5}\vec{c}$ ……②，$\overrightarrow{CP} = \dfrac{1}{5}\vec{b} - \dfrac{3}{5}\vec{c}$ ……③

> ①，②，③の式から，$\vec{b}$，$\vec{c}$ を消去して $\overrightarrow{AP}$，$\overrightarrow{BP}$，$\overrightarrow{CP}$ の関係式を導く

①－② より　　　　　$\overrightarrow{AP} - \overrightarrow{BP} = \vec{b}$　　　……④

②×3＋③×2 より　$3\overrightarrow{BP} + 2\overrightarrow{CP} = -2\vec{b}$　　　……⑤

> ┌ 外分点の位置ベクトル ┐
> $\vec{p} = \dfrac{-n\vec{a} + m\vec{b}}{m - n}$

④×2＋⑤ より　　　$2\overrightarrow{AP} - 2\overrightarrow{BP} + 3\overrightarrow{BP} + 2\overrightarrow{CP} = \vec{0}$

よって，$2\overrightarrow{AP} + \overrightarrow{BP} + 2\overrightarrow{CP} = \vec{0}$ ——（答）

❖ 確認問題

△OAB の辺 AB を 1：2 に内分する点を C，線分 OC を 3：1 に内分する点を D，線分
AD を 2：1 に外分する点を E とする。$\overrightarrow{OA} = \vec{a}$，$\overrightarrow{OB} = \vec{b}$ として次の問いに答えよ。

(1) $\overrightarrow{OC}$，$\overrightarrow{OD}$，$\overrightarrow{OE}$ を $\vec{a}$，$\vec{b}$ で表せ。

(2) 辺 OA を 2：1 に外分する点を F とするとき，E，C，F が一直線上にあることを示せ。

〈中央大〉

◇マスター問題───────────────────────────────

　△OAB の辺 AB の中点を M，線分 OM の中点を P，AB を 3：1 に内分する点を Q とする。このとき，$\overrightarrow{OA} = \vec{a}$，$\overrightarrow{OB} = \vec{b}$ として次の問いに答えよ。

(1)　PQ の延長上に，点 R をとる。Q が PR の中点であるとき，$\overrightarrow{OR}$ を $\vec{a}$，$\vec{b}$ で表せ。

(2)　辺 OB を 5：2 に外分する点を D とするとき，$\overrightarrow{AD}$ を $\vec{a}$，$\vec{b}$ で表せ。

(3)　A，R，D が一直線上にあることを示せ。　　　　　　　　　　　　　　　〈津田塾大〉

◆チャレンジ問題──────────────────────────────

　△ABC の辺 BC を 2：1 に内分する点を P とし，線分 AP を $(1-t)：t$ $(0 < t < 1)$ に内分する点を Q とする。等式 $4\overrightarrow{AQ} + \overrightarrow{BQ} + 2\overrightarrow{CQ} = \vec{0}$ が成り立つとき，t の値を求めよ。

〈関西大〉

53 | ベクトルの内積

❖ベクトルの内積・大きさ・なす角❖

ベクトル $\vec{a}$, $\vec{b}$ に対して，$|\vec{a}| = 1$, $|\vec{b}| = 3$, $|2\vec{a} - \vec{b}| = \sqrt{7}$ とする。

(1) 内積 $\vec{a} \cdot \vec{b}$ を求めよ。　　　(2) $\vec{a}$ と $\vec{b}$ のなす角 θ を求めよ。

(3) $\vec{a} - \vec{b}$ の大きさを求めよ。

(4) $\vec{a} + t\vec{b}$ と $\vec{a}$ が垂直になるときの t の値を求めよ。　　　〈大阪電通大〉

解 (1) $|2\vec{a} - \vec{b}|^2 = (\sqrt{7})^2$ より　$4|\vec{a}|^2 - 4\underline{\vec{a} \cdot \vec{b}} + |\vec{b}|^2 = 7$　← $|2\vec{a} - \vec{b}|$ は2乗しないと

$4 \cdot 1^2 - 4\vec{a} \cdot \vec{b} + 3^2 = 7$ 　　　　　　　　　　　身動きがとれない。

$4\vec{a} \cdot \vec{b} = 6$　よって，$\vec{a} \cdot \vec{b} = \dfrac{3}{2}$ ——(答)　　　2乗したとき，$\vec{a} \cdot \vec{b}$（内積）がでてくるので注意

(2) $\cos\theta = \dfrac{\vec{a} \cdot \vec{b}}{|\vec{a}||\vec{b}|} = \dfrac{\frac{3}{2}}{1 \cdot 3} = \dfrac{1}{2}$

> $\vec{a}$, $\vec{b}$ の内積
> $\vec{a} \cdot \vec{b} = |\vec{a}||\vec{b}|\cos\theta$
> $\cos\theta = \dfrac{\vec{a} \cdot \vec{b}}{|\vec{a}||\vec{b}|}$

$0° \leqq \theta \leqq 180°$ だから　$\theta = 60°$ ——(答)

(3) $|\vec{a} - \vec{b}|^2 = |\vec{a}|^2 - 2\vec{a} \cdot \vec{b} + |\vec{b}|^2$　← $\vec{a} - \vec{b}$ の大きさは $|\vec{a} - \vec{b}|$ と表して2乗する

　　　　　　$= 1 - 2 \times \dfrac{3}{2} + 3^2 = 7$

よって，$|\vec{a} - \vec{b}| = \sqrt{7}$ ——(答)

(4) $\underline{(\vec{a} + t\vec{b}) \cdot \vec{a}} = |\vec{a}|^2 + t\vec{a} \cdot \vec{b} = 1 + \dfrac{3}{2}t = 0$

　　└─ 垂直になるとき（内積）$= 0$ ─┘

よって，$t = -\dfrac{2}{3}$ ——(答)

❖確認問題

ベクトル $\vec{a}$, $\vec{b}$ について，$|\vec{a}| = 3$, $|\vec{b}| = 4$, $\vec{a} \cdot \vec{b} = -6$ とする。

(1) $\vec{a}$ と $\vec{b}$ のなす角 θ を求めよ。　　　(2) $\vec{a} + 2\vec{b}$ の大きさを求めよ。

(3) $\vec{a} + \vec{b}$ と $3\vec{a} - \vec{b}$ の内積を求めよ。　　　〈福岡大〉

◆マスター問題
(1) ベクトル $\overrightarrow{\text{OA}}$ と $\overrightarrow{\text{OB}}$ のなす角を $60°$, $|\overrightarrow{\text{OA}}| = 3$, $|\overrightarrow{\text{OB}}| = 2$ とするとき, $\overrightarrow{\text{AB}}$ の大きさを求めよ。 〈中央大〉

(2) $\triangle \text{OAB}$ において, $\overrightarrow{\text{OA}} = \vec{a}$, $\overrightarrow{\text{OB}} = \vec{b}$ とする。$|\vec{a}| = 3$, $|\vec{b}| = 2$, $|\vec{a} - 2\vec{b}| = \sqrt{7}$ のとき, $\vec{a} \cdot \vec{b}$ の値を求めよ。また, $\triangle \text{OAB}$ の面積を求めよ。 〈慶應大〉

◆チャレンジ問題
ベクトル $\vec{a} \cdot \vec{b}$ について, $|\vec{a}| = 3$, $|\vec{b}| = 1$, $|2\vec{a} + \vec{b}| = 3\sqrt{5}$ とするとき, $\vec{a} \cdot \vec{b} = \boxed{}$ である。また, $|\vec{a} + t\vec{b}|$ を最小にする実数 t の値と, そのときの最小値を求めよ。 〈成蹊大〉

54 | 成分によるベクトルの演算

❖成分による大きさ，垂直❖

2つのベクトル $\vec{a} = (3,\ 1)$, $\vec{b} = (-3,\ 4)$ を考える。

(1) s を実数とする。$s\vec{a} - \vec{b}$ と $s\vec{a} + 2\vec{b}$ が垂直になるときの s の値を求めよ。

(2) t が実数のとき，$|\vec{a} - t\vec{b}|$ が最小になるときの t の値と最小値を求めよ。〈日本大〉

解 (1) $s\vec{a} - \vec{b} = s(3,\ 1) - (-3,\ 4) = (3s+3,\ s-4)$

$s\vec{a} + 2\vec{b} = s(3,\ 1) + 2(-3,\ 4) = (3s-6,\ s+8)$

$(s\vec{a} - \vec{b}) \cdot (s\vec{a} + 2\vec{b}) = 0$ より ← 垂直 ⟺ (内積) = 0

$(3s+3)(3s-6) + (s-4)(s+8) = 0$

展開して整理すると $2s^2 - s - 10 = 0$

$(2s-5)(s+2) = 0$ よって，$s = \dfrac{5}{2},\ -2$ ——(答)

右囲み：
$\vec{a} = (a_1,\ a_2),\ \vec{b} = (b_1,\ b_2)$
$\vec{a} \pm \vec{b} = (a_1 \pm b_1,\ a_2 \pm b_2)$
$|\vec{a}| = \sqrt{a_1{}^2 + a_2{}^2}$
$\vec{a} \cdot \vec{b} = a_1 b_1 + a_2 b_2$
$\vec{a} \perp \vec{b} \Leftrightarrow a_1 b_1 + a_2 b_2 = 0$
$\vec{a} /\!/ \vec{b} \Leftrightarrow$
$\qquad (a_1,\ a_2) = k(b_1,\ b_2)$
$\cos\theta = \dfrac{a_1 b_1 + a_2 b_2}{\sqrt{a_1{}^2 + a_2{}^2}\sqrt{b_1{}^2 + b_2{}^2}}$

(2) $\vec{a} - t\vec{b} = (3,\ 1) - t(-3,\ 4) = (3+3t,\ 1-4t)$

$|\vec{a} - t\vec{b}|^2 = (3+3t)^2 + (1-4t)^2$

大きさは，$|\ |$ をつけ，2乗して計算する

$= 25t^2 + 10t + 10 = 25\left(t + \dfrac{1}{5}\right)^2 + 9$

2次関数の最大，最小は $a(x-p)^2 + q$ の平方完成

よって，最小になるのは $t = -\dfrac{1}{5}$ のとき最小値 3 ——(答)

右囲み：
$A(a_1,\ a_2),\ B(b_1,\ b_2)$
$\overrightarrow{AB} = (b_1 - a_1,\ b_2 - a_2)$

❖確認問題

2つのベクトル $\vec{a} = (3,\ 4)$, $\vec{b} = (-1,\ 2)$ について，次の問いに答えよ。

(1) $\vec{a} + \vec{b}$ と $\vec{a} - \vec{b}$ を求めよ。また，それぞれの大きさを求めよ。

(2) $\vec{a} + \vec{b}$ と $\vec{a} - \vec{b}$ のなす角 θ を求めよ。

(3) $\vec{c} = (2x,\ 1-x)$ に対して，$\vec{a} \perp \vec{c}$ となるときの x の値と $\vec{b} /\!/ \vec{c}$ となるときの x の値を求めよ。〈福井工大〉

◇マスター問題

(1) xy 平面上に 3 点 A$(1,\ 2)$, B$(-2,\ 1)$, C$(3,\ -1)$ がある。$\overrightarrow{\mathrm{PA}} - \overrightarrow{\mathrm{BC}} = \overrightarrow{\mathrm{AB}} - 2\overrightarrow{\mathrm{CP}}$ を満たす点を P とするとき，点 P の座標を求めよ。　〈同志社女子大〉

(2) ベクトル $\vec{a} = (2,\ 1)$, $\vec{b} = (3,\ -1)$ に対して，$|\vec{a} + t\vec{b}|$ の最小値とそのときの t の値を求めよ。　〈大阪工大〉

◆チャレンジ問題

3 つのベクトルを $\vec{a} = (p,\ 2)$, $\vec{b} = (-1,\ 3)$, $\vec{c} = (1,\ q)$ とする。
$\sqrt{2}\,|\vec{a}| = |\vec{b}|$ が成立し，$\vec{a} - \vec{b}$ と $\vec{c}$ のなす角が $60°$ であるとき，$p,\ q$ の値を求めよ。　〈大分大〉

55 | 図形と内分点のベクトル

❖ 内分点のベクトルと垂直条件 ❖

AB = 6, BC = 7, CA = 5 となる △ABC について, 次の問いに答えよ.

(1) $\overrightarrow{AB} \cdot \overrightarrow{AC}$ の値を求めよ.

(2) A から辺 BC へ下ろした垂線を AD とする. $\overrightarrow{AD}$ を $\overrightarrow{AB}$, $\overrightarrow{AC}$ で表せ. 〈明治大〉

解 (1) $\overrightarrow{AB} \cdot \overrightarrow{AC} = |\overrightarrow{AB}||\overrightarrow{AC}|\cos\angle BAC$

$\cos\angle BAC = \dfrac{5^2 + 6^2 - 7^2}{2\cdot 5\cdot 6} = \dfrac{12}{60} = \dfrac{1}{5}$

> 図はできるだけ正確にかく

3辺がわかっているから余弦定理で $\cos A$ を求める →

よって, $\overrightarrow{AB} \cdot \overrightarrow{AC} = 6\cdot 5\cdot \dfrac{1}{5} = 6$ ———(答)

(2) BD : DC $= t : (1-t)$ とおくと

$\overrightarrow{AD} = (1-t)\overrightarrow{AB} + t\overrightarrow{AC}$

D は BC 上の点だから, BC の内分点の式で表す

内分点の表し方

$\overrightarrow{OP} = (1-t)\overrightarrow{OA} + t\overrightarrow{OB}$
$(0 < t < 1)$

$\overrightarrow{AD} \perp \overrightarrow{BC}$ だから $\overrightarrow{AD} \cdot \overrightarrow{BC} = 0$

(内積) = 0 ← A を始点として $\overrightarrow{BC} = \overrightarrow{AC} - \overrightarrow{AB}$ と表す

$\overrightarrow{AD} \cdot \overrightarrow{BC} = \{(1-t)\overrightarrow{AB} + t\overrightarrow{AC}\}\cdot(\overrightarrow{AC} - \overrightarrow{AB})$

$= (1-t)\overrightarrow{AB} \cdot \overrightarrow{AC} + t|\overrightarrow{AC}|^2 - (1-t)|\overrightarrow{AB}|^2 - t\overrightarrow{AC} \cdot \overrightarrow{AB}$

$\overrightarrow{AB} \cdot \overrightarrow{AC} = 6$, $|\overrightarrow{AB}| = 6$, $|\overrightarrow{AC}| = 5$ を代入

$= 6(1-t) + 25t - 36(1-t) - 6t = 49t - 30 = 0$

$t = \dfrac{30}{49}$ よって, $\overrightarrow{AD} = \dfrac{19}{49}\overrightarrow{AB} + \dfrac{30}{49}\overrightarrow{AC}$ ———(答)

❖確認問題

△OAB があり, OA = 1, OB = 2, ∠AOB = 120° である. 両端を除く辺 AB 上に点 P があり, OP = 1 である. このとき, $\overrightarrow{OP}$ を $\overrightarrow{OA} = \vec{a}$, $\overrightarrow{OB} = \vec{b}$ として, $\vec{a}$, $\vec{b}$ で表せ.

〈東京理科大〉

◇マスター問題────────────────────────────

OA = 4, AB = 5, OB = 6 の △OAB において，∠AOB = θ, $\overrightarrow{OA} = \vec{a}$, $\overrightarrow{OB} = \vec{b}$ とおく。また，頂点 O から辺 AB に下ろした垂線を OH とする。このとき，次の問いに答えよ。

(1) $\cos\theta$ を求めよ。

(2) 内積 $\vec{a}\cdot\vec{b}$ を求めよ。

(3) $\overrightarrow{OH}$ を $\vec{a}$, $\vec{b}$ で表せ。

(4) AH：HB を求めよ。　　　　　　　〈東京電機大〉

◆チャレンジ問題────────────────────────────

△OAB において，OA = 5, OB = 4, ∠AOB = 60° である。∠AOB の 2 等分線上に点 C をとるとき，$\overrightarrow{OA} = \vec{a}$, $\overrightarrow{OB} = \vec{b}$ として，次の問いに答えよ。

(1) $\overrightarrow{OA} \perp \overrightarrow{AC}$ となるとき，$\overrightarrow{OC}$ を $\vec{a}$, $\vec{b}$ で表せ。

(2) $\overrightarrow{OA} /\!/ \overrightarrow{BC}$ となるとき，$\overrightarrow{OC}$ を $\vec{a}$, $\vec{b}$ で表せ。　　　　　　　〈立教大〉

56 | 線分と線分の交点の求め方

❖ 線分と線分の交点 ❖

△OAB において，辺 AB を 1 : 2 に内分する点を P，辺 OB を 2 : 1 に内分する点を Q とし，OP と AQ の交点を R とする。$\overrightarrow{OR}$ を $\overrightarrow{OA}=\vec{a}$，$\overrightarrow{OB}=\vec{b}$ で表せ。

〈立教大〉

解

$$\overrightarrow{OP}=\frac{2\vec{a}+\vec{b}}{1+2}=\frac{2}{3}\vec{a}+\frac{1}{3}\vec{b}, \quad \overrightarrow{OQ}=\frac{2}{3}\vec{b}$$

内分点 $\dfrac{n\vec{a}+m\vec{b}}{m+n}$

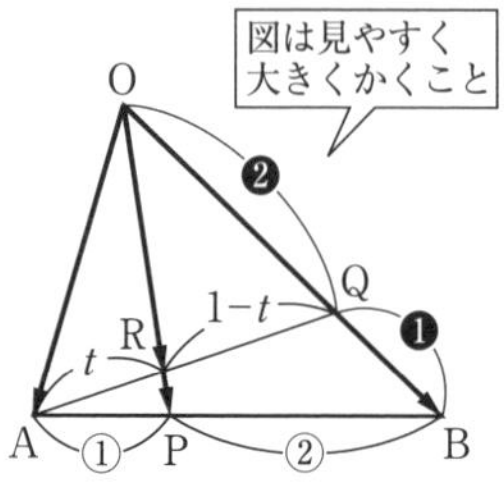

図は見やすく大きくかくこと

$$\overrightarrow{OR}=s\overrightarrow{OP}=\frac{2}{3}s\vec{a}+\frac{1}{3}s\vec{b} \quad \cdots\cdots① \quad と表せる。$$

└ R は OP 上の点だから $\overrightarrow{OP}$ の実数倍で表す

AR : RQ $= t:(1-t)$ とおくと

$$\overrightarrow{OR}=(1-t)\vec{a}+\frac{2}{3}t\vec{b} \quad \cdots\cdots②$$

└ R は AQ 上の点だから $t:(1-t)$ の内分点の式で表す

①と②は等しく，$\vec{a}$，$\vec{b}$ は 1 次独立だから

$$1-t=\frac{2}{3}s \quad \cdots\cdots③, \quad \frac{2}{3}t=\frac{1}{3}s \quad \cdots\cdots④$$

③，④を解いて　$t=\dfrac{3}{7}$，$s=\dfrac{6}{7}$

よって，$\overrightarrow{OR}=\dfrac{4}{7}\vec{a}+\dfrac{2}{7}\vec{b}$ ——（答）

┌ $\vec{a}$，$\vec{b}$ の1次独立 ─
$\vec{a}\neq\vec{0}$, $\vec{b}\neq\vec{0}$ かつ $\vec{a}\not\parallel\vec{b}$ のとき
$\vec{a}$ と $\vec{b}$ は 1 次独立になり
$$m\vec{a}+n\vec{b}=m'\vec{a}+n'\vec{b}$$
$$\Updownarrow$$
$$m=m',\ n=n'$$
が成り立つ

❖ 確認問題 ─

△OAB において，辺 OA を 1 : 2 に内分する点を M とし，辺 OB を 3 : 2 に内分する点を N とする。また，線分 AN と BM の交点を P とし，直線 OP と辺 AB の交点を Q とする。$\overrightarrow{OA}=\vec{a}$，$\overrightarrow{OB}=\vec{b}$ とおくとき，$\overrightarrow{OP}$ および $\overrightarrow{OQ}$ を $\vec{a}$，$\vec{b}$ で表せ。　〈長崎大〉

◇マスター問題

正三角形 ABC において，辺 AB の中点を M，辺 BC を 1：2 に内分する点を P とおく。また，辺 AC 上に点 Q を，線分 AP と MQ が垂直となるようにとり，AP と MQ の交点を R とおく。

(1) 長さの比 AQ：QC を求めよ。

(2) 長さの比 MR：RQ を求めよ。　　　　　〈福島大〉

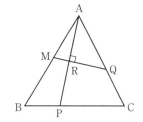

◆チャレンジ問題

右の図のような 1 辺の長さが 1 の正六角形 ABCDEF において，線分 DE を 2：1 に内分する点を P とし，直線 AP と BF の交点を Q とする。$\overrightarrow{AB} = \vec{a}$，$\overrightarrow{AF} = \vec{b}$ とおくとき，次の問いに答えよ。

(1) $\overrightarrow{AD}$，$\overrightarrow{AP}$ を $\vec{a}$，$\vec{b}$ を用いて表せ。　　　　　〈佐賀大〉

(2) $\overrightarrow{AQ}$ を $\vec{a}$，$\vec{b}$ を用いて表せ。また，$|\overrightarrow{AQ}|$ の値を求めよ。

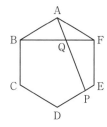

57 | 空間ベクトルと成分

❖ 空間ベクトルの成分による演算 ❖

空間に 3 点 A$(-1,\ 4,\ 3)$, B$(3,\ 3,\ 2)$, C$(1,\ 2,\ 3)$ がある。このとき，次を求めよ。

(1) $|\overrightarrow{AB}|$, $|\overrightarrow{AC}|$

(2) $\angle BAC = \theta$ とするとき，$\cos\theta$ の値

(3) $\triangle ABC$ の面積

(4) $\overrightarrow{AB}$, $\overrightarrow{AC}$ のどちらにも垂直な単位ベクトル

〈宮城教育大〉

解 (1) $\overrightarrow{AB} = (3,\ 3,\ 2) - (-1,\ 4,\ 3)$ ← $\boxed{\text{A}(a_1,\ a_2,\ a_3),\ \text{B}(b_1,\ b_2,\ b_3)}$

$\qquad = (4,\ -1,\ -1)$ $\qquad\qquad \overrightarrow{AB} = (b_1-a_1,\ b_2-a_2,\ b_3-a_3)$

$\qquad \overrightarrow{AC} = (1,\ 2,\ 3) - (-1,\ 4,\ 3)$ ←

$\qquad = (2,\ -2,\ 0)$

$\qquad |\overrightarrow{AB}| = \sqrt{4^2+(-1)^2+(-1)^2} = 3\sqrt{2}$ —(答)

$\qquad |\overrightarrow{AC}| = \sqrt{2^2+(-2)^2+0^2} = 2\sqrt{2}$ —(答)

$\boxed{\begin{array}{l} \vec{a}=(a_1,\ a_2,\ a_3),\ \vec{b}=(b_1,\ b_2,\ b_3) \\ |\vec{a}| = \sqrt{a_1{}^2+a_2{}^2+a_3{}^2} \quad \text{(大きさ)} \\ \vec{a}\cdot\vec{b} = a_1b_1+a_2b_2+a_3b_3 \text{ (内積)} \\ \cos\theta = \dfrac{\vec{a}\cdot\vec{b}}{|\vec{a}||\vec{b}|} \quad \text{(なす角)} \\ \qquad = \dfrac{a_1b_1+a_2b_2+a_3b_3}{\sqrt{a_1{}^2+a_2{}^2+a_3{}^2}\sqrt{b_1{}^2+b_2{}^2+b_3{}^2}} \\ S = \dfrac{1}{2}\sqrt{|\vec{a}|^2|\vec{b}|^2-(\vec{a}\cdot\vec{b})^2} \quad \text{(面積)} \\ \text{公式は平面と同じ。} z \text{ 成分が加わるだけ。} \end{array}}$

(2) $\cos\angle BAC = \dfrac{\overrightarrow{AB}\cdot\overrightarrow{AC}}{|\overrightarrow{AB}||\overrightarrow{AC}|}$

$\qquad = \dfrac{4\times2+(-1)\times(-2)+(-1)\times0}{3\sqrt{2}\cdot2\sqrt{2}} = \dfrac{5}{6}$ ←

(3) $\triangle ABC = \dfrac{1}{2}\sqrt{|\overrightarrow{AB}|^2|\overrightarrow{AC}|^2-(\overrightarrow{AB}\cdot\overrightarrow{AC})^2}$

$\qquad = \dfrac{1}{2}\sqrt{(3\sqrt{2})^2\cdot(2\sqrt{2})^2-10^2} = \dfrac{1}{2}\sqrt{44} = \sqrt{11}$ ——(答)

別解 $\sin\angle BAC = \sqrt{1-\cos^2\angle BAC} = \sqrt{1-\left(\dfrac{5}{6}\right)^2} = \dfrac{\sqrt{11}}{6}$

$\qquad$ よって $\triangle ABC = \dfrac{1}{2}\cdot3\sqrt{2}\cdot2\sqrt{2}\cdot\dfrac{\sqrt{11}}{6} = \sqrt{11}$ ——(答)

(4) 垂直な単位ベクトルを $\vec{e} = (x,\ y,\ z)$ とおくと

$\qquad \overrightarrow{AB}\cdot\vec{e} = 4x-y-z = 0$ ……① ← $\boxed{\overrightarrow{AB}\perp\vec{e} \text{ より } \overrightarrow{AB}\cdot\vec{e}=0}$

$\qquad \overrightarrow{AC}\cdot\vec{e} = 2x-2y = 0$ ……② ← $\boxed{\overrightarrow{AC}\perp\vec{e} \text{ より } \overrightarrow{AC}\cdot\vec{e}=0}$

$\qquad |\vec{e}|^2 = x^2+y^2+z^2 = 1$ ……③ ← $\boxed{\text{単位ベクトルは大きさ1}}$

$\qquad$ ②より $y = x$ ……④ ← $\boxed{\begin{array}{l} x,\ y,\ z \text{のどの文字でもよい} \\ \text{から，1つの文字で表す。} \end{array}}$

$\qquad$ ①に代入して，$z = 3x$ ……⑤ ←

$\qquad$ ④，⑤を③に代入して

$\qquad x^2+x^2+9x^2 = 1$

$\qquad 11x^2 = 1$ より $x = \pm\dfrac{1}{\sqrt{11}}$

$\qquad$ このとき，$y = \pm\dfrac{1}{\sqrt{11}}$，$z = \pm\dfrac{3}{\sqrt{11}}$

$\qquad$ よって，$\left(\pm\dfrac{1}{\sqrt{11}},\ \pm\dfrac{1}{\sqrt{11}},\ \pm\dfrac{3}{\sqrt{11}}\right)$

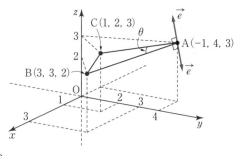

——(答)（複号同順）

◆マスター問題

空間に 3 点 A$(2, 2, 3)$, B$(3, 4, 0)$, C$(5, -1, 3)$ がある。このとき，次を求めよ。

(1) $|\overrightarrow{AB}|$, $|\overrightarrow{AC}|$ 　　　　　　　　　　(2) ∠BAC $= \theta$ とするとき，$\cos\theta$ の値

(3) △ABC の面積

(4) $\overrightarrow{AB}$, $\overrightarrow{AC}$ のどちらにも垂直な単位ベクトル　　　　　　　　　〈大分大〉

◆チャレンジ問題

空間に 4 点 A$(1, -3, 2)$, B$(2, -1, 2)$, C$(3, -3, 4)$, D$(-3, -1, 6)$ がある。

(1) AB ⊥ AD, AC ⊥ AD が成り立つことを示せ。

(2) ∠BAC $= \theta$ とするとき，$\cos\theta$, $\sin\theta$ の値を示せ。

(3) △ABC の面積 S を求めよ。

(4) 点 A, B, C, D を頂点とする四面体の体積 V を求めよ。　　　　　　〈徳島大〉

58 | 空間ベクトル

❖ ベクトルによる直線と平面の交点の求め方 ❖

四面体 OABC において，辺 AB の中点を D，線分 CD を $1:2$ に内分する点を E，
線分 OE の中点を F とする。また，直線 AF と平面 OBC の交点を G とする。
$\overrightarrow{OA} = \vec{a}$，$\overrightarrow{OB} = \vec{b}$，$\overrightarrow{OC} = \vec{c}$ として，次の問いに答えよ。
(1) $\overrightarrow{OF}$ を $\vec{a}$，$\vec{b}$，$\vec{c}$ で表せ。　　(2) $\overrightarrow{OG}$ を $\vec{a}$，$\vec{b}$，$\vec{c}$ で表せ。　　〈東京薬大〉

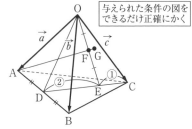

解 (1) $\overrightarrow{OD} = \dfrac{1}{2}(\vec{a} + \vec{b})$ ← D は平面 OAB 上

$\overrightarrow{OE} = \dfrac{2\overrightarrow{OC} + \overrightarrow{OD}}{1 + 2}$ ← E は平面 OCD 上

$= \dfrac{1}{3}\left\{2\vec{c} + \dfrac{1}{2}(\vec{a} + \vec{b})\right\} = \dfrac{1}{6}(\vec{a} + \vec{b} + 4\vec{c})$

$\overrightarrow{OF} = \dfrac{1}{2}\overrightarrow{OE} = \dfrac{1}{12}(\vec{a} + \vec{b} + 4\vec{c})$ ――――(答)

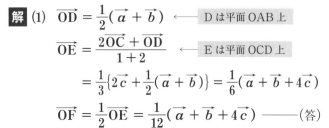

(2) G は直線 AF 上の点だから

$\overrightarrow{OG} = (1-t)\overrightarrow{OA} + t\overrightarrow{OF}$ ← 2 点 A，F を通る直線のベクトル方程式

$= (1-t)\vec{a} + t\cdot\dfrac{1}{12}(\vec{a} + \vec{b} + 4\vec{c})$

$= \left(1 - \dfrac{11}{12}t\right)\vec{a} + \dfrac{t}{12}\vec{b} + \dfrac{t}{3}\vec{c}$

G が平面 OBC 上の点のとき，$\vec{a}$ の係数は 0

G は平面 OBC 上の点で，$\vec{a}$，$\vec{b}$，$\vec{c}$ は 1 次独立だから

$1 - \dfrac{11}{12}t = 0$ より $t = \dfrac{12}{11}$　　よって，$\overrightarrow{OG} = \dfrac{1}{11}\vec{b} + \dfrac{4}{11}\vec{c}$ ――――(答)

❖確認問題

1 辺が 1 の正四面体 OABC があり，辺 OA の中点を D，辺 BC の中点を E とする。直線 DE 上に点 P があり $OP \perp OB$ であるとき，$\overrightarrow{OA} = \vec{a}$，$\overrightarrow{OB} = \vec{b}$，$\overrightarrow{OC} = \vec{c}$ として，$\overrightarrow{OP}$ を $\vec{a}$，$\vec{b}$，$\vec{c}$ で表せ。　　〈愛知工大〉

◇マスター問題

1辺の長さが1の正四面体 OABC において，辺 OA の中点を D，辺 OB を 1:3 に内分する点を E，辺 OC を 1:3 に内分する点を F とする。△DEF の重心を G とし，直線 OG と △ABC の交点を H とする。$\vec{a} = \overrightarrow{OA}$，$\vec{b} = \overrightarrow{OB}$，$\vec{c} = \overrightarrow{OC}$ として，次の問いに答えよ。

(1) ベクトル $\overrightarrow{OG}$ を，$\vec{a}$，$\vec{b}$，$\vec{c}$ を用いて表せ。

(2) 線分 AH の長さを求めよ。 〈岡山大〉

◆チャレンジ問題

図の平行六面体 BDGF − OCEA の辺 OC を 3:1 に内分する点を P，辺 BF を 2:1 に内分する点を Q，辺 EG の中点を R とする。$\vec{a} = \overrightarrow{OA}$，$\vec{b} = \overrightarrow{OB}$，$\vec{c} = \overrightarrow{OC}$，$\vec{p} = \overrightarrow{OP}$，$\vec{q} = \overrightarrow{OQ}$，$\vec{r} = \overrightarrow{OR}$ とおくとき，次の問いに答えよ。 〈日本女子大〉

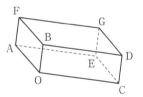

(1) $\vec{p}$，$\vec{q}$，$\vec{r}$ を $\vec{a}$，$\vec{b}$，$\vec{c}$ の式で表せ。

(2) 平面 PQR と辺 FG の交点を X とするとき，FX:XG を求めよ。

59 | 空間座標とベクトル

❖ 空間における直線のベクトル方程式 ❖

空間に 2 点 A(1, 1, 3), B(2, 2, −2) がある。線分 AB 上の点 C が
$\overrightarrow{OC} \perp \overrightarrow{AB}$ を満たすとき，点 C の座標を求めよ。 〈成蹊大〉

解 2 点 A, B を通る直線のベクトル方程式は

$$\vec{p} = \overrightarrow{OA} + t\overrightarrow{AB}$$

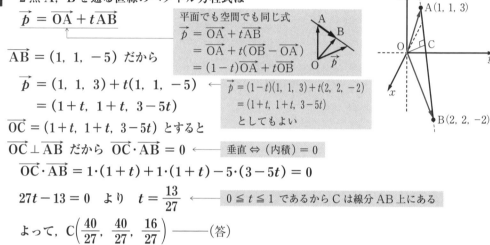

平面でも空間でも同じ式
$\vec{p} = \overrightarrow{OA} + t\overrightarrow{AB}$
$= \overrightarrow{OA} + t(\overrightarrow{OB} - \overrightarrow{OA})$
$= (1-t)\overrightarrow{OA} + t\overrightarrow{OB}$

$\overrightarrow{AB} = (1, 1, -5)$ だから

$$\vec{p} = (1, 1, 3) + t(1, 1, -5)$$
$$= (1+t, 1+t, 3-5t)$$

$\vec{p} = (1-t)(1, 1, 3) + t(2, 2, -2)$
$= (1+t, 1+t, 3-5t)$
としてもよい

$\overrightarrow{OC} = (1+t, 1+t, 3-5t)$ とすると

$\overrightarrow{OC} \perp \overrightarrow{AB}$ だから $\overrightarrow{OC} \cdot \overrightarrow{AB} = 0$ ← 垂直 ⇔ (内積) = 0

$$\overrightarrow{OC} \cdot \overrightarrow{AB} = 1 \cdot (1+t) + 1 \cdot (1+t) - 5 \cdot (3-5t) = 0$$

$27t - 13 = 0$ より $t = \dfrac{13}{27}$ ← $0 \leq t \leq 1$ であるから C は線分 AB 上にある

よって，$C\left(\dfrac{40}{27}, \dfrac{40}{27}, \dfrac{16}{27}\right)$ ──(答)

❖ 確認問題

空間において，2 点 A(1, 1, 1), B(2, −1, 4) がある。A, B を通る直線上の点 P について，次のような点 P の座標を求めよ。

(1) xy 平面上にある点 P

(2) $\overrightarrow{OP} \perp \overrightarrow{AB}$ となる点 P 〈関西大〉

◆マスター問題

　O を原点とする空間内に 3 点 A$(1,\ 0,\ 0)$, B$(-1,\ 1,\ 0)$, C$(1,\ -1,\ 1)$ がある。O から A, B, C を通る平面に下ろした垂線の足を H とする。このとき，$\overrightarrow{\mathrm{AH}}$ を $\overrightarrow{\mathrm{AB}}$, $\overrightarrow{\mathrm{AC}}$ を用いて表せ。　　　　　　　　　　　　　　　　　　　　　　　　　〈関西学院大〉

◆チャレンジ問題

　O を原点とする座標空間内の 3 点 A$(1,\ 1,\ 1)$, B$(2,\ -1,\ 2)$, C$(0,\ 1,\ 2)$ がある。点 P が四面体 OABC の辺 BC 上を動くとき，次の問いに答えよ。

(1)　内積 $\overrightarrow{\mathrm{OA}}\cdot\overrightarrow{\mathrm{OP}}$ は 3 であることを示せ。

(2)　∠AOP の大きさが最小になるときの点 P の座標を求めよ。　　　　　　　〈広島大〉

60 | 極形式とド・モアブルの定理

❖ 極形式と式の値 ❖

(1) $1+i$, $1+\sqrt{3}\,i$ を極形式で表せ。

(2) (1)の結果を利用して，$\dfrac{1+\sqrt{3}\,i}{1+i}$ を極形式で表せ。

(3) $\cos\dfrac{\pi}{12}$, $\sin\dfrac{\pi}{12}$ の値を求めよ。

(4) $\left(\dfrac{1+\sqrt{3}\,i}{1+i}\right)^{12}$ を求めよ。

〈九州産大〉

解 (1) $1+i=\sqrt{2}\left(\cos\dfrac{\pi}{4}+i\sin\dfrac{\pi}{4}\right)$ ——（答）

> 絶対値 $|1+i|=\sqrt{1^2+1^2}=\sqrt{2}$
> 偏角 $\arg(1+i)=\dfrac{\pi}{4}$

$1+\sqrt{3}\,i=2\left(\cos\dfrac{\pi}{3}+i\sin\dfrac{\pi}{3}\right)$ ——（答）

> 絶対値 $|1+\sqrt{3}\,i|=\sqrt{1^2+(\sqrt{3})^2}=2$
> 偏角 $\arg(1+\sqrt{3}\,i)=\dfrac{\pi}{3}$

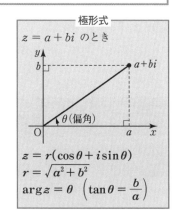

極形式
$z=a+bi$ のとき
$z=r(\cos\theta+i\sin\theta)$
$r=\sqrt{a^2+b^2}$
$\arg z=\theta\quad\left(\tan\theta=\dfrac{b}{a}\right)$

(2) $\dfrac{1+\sqrt{3}\,i}{1+i}=\dfrac{2\left(\cos\dfrac{\pi}{3}+i\sin\dfrac{\pi}{3}\right)}{\sqrt{2}\left(\cos\dfrac{\pi}{4}+i\sin\dfrac{\pi}{4}\right)}$

> $\dfrac{r_1(\cos\theta_1+i\sin\theta_1)}{r_2(\cos\theta_2+i\sin\theta_2)}$
> $=\dfrac{r_1}{r_2}\{\cos(\theta_1-\theta_2)+i\sin(\theta_1-\theta_2)\}$

$\phantom{\dfrac{1+\sqrt{3}\,i}{1+i}}=\sqrt{2}\left\{\cos\left(\dfrac{\pi}{3}-\dfrac{\pi}{4}\right)+i\sin\left(\dfrac{\pi}{3}-\dfrac{\pi}{4}\right)\right\}$

$\phantom{\dfrac{1+\sqrt{3}\,i}{1+i}}=\sqrt{2}\left(\cos\dfrac{\pi}{12}+i\sin\dfrac{\pi}{12}\right)$ ——（答）

(3) (2)より

$\sqrt{2}\left(\cos\dfrac{\pi}{12}+i\sin\dfrac{\pi}{12}\right)=\dfrac{1+\sqrt{3}\,i}{1+i}=\dfrac{(1+\sqrt{3}\,i)(1-i)}{(1+i)(1-i)}$

$\phantom{\sqrt{2}\left(\cos\dfrac{\pi}{12}+i\sin\dfrac{\pi}{12}\right)}=\dfrac{1+\sqrt{3}+(\sqrt{3}-1)i}{2}$

よって，$\cos\dfrac{\pi}{12}+i\sin\dfrac{\pi}{12}=\dfrac{\sqrt{6}+\sqrt{2}}{4}+\dfrac{\sqrt{6}-\sqrt{2}}{4}i$ ← 実数部分と虚数部分を比較して等しくおく

ゆえに，$\cos\dfrac{\pi}{12}=\dfrac{\sqrt{6}+\sqrt{2}}{4}$, $\sin\dfrac{\pi}{12}=\dfrac{\sqrt{6}-\sqrt{2}}{4}$ ——（答）

(4) $\left(\dfrac{1+\sqrt{3}\,i}{1+i}\right)^{12}=\left\{\sqrt{2}\left(\cos\dfrac{\pi}{12}+i\sin\dfrac{\pi}{12}\right)\right\}^{12}$

> ド・モアブルの定理
> $z=r(\cos\theta+i\sin\theta)$ のとき
> $z^n=r^n(\cos n\theta+i\sin n\theta)$

$\phantom{\left(\dfrac{1+\sqrt{3}\,i}{1+i}\right)^{12}}=(\sqrt{2})^{12}(\cos\pi+i\sin\pi)$

$\phantom{\left(\dfrac{1+\sqrt{3}\,i}{1+i}\right)^{12}}=2^6\cdot(-1+0)=-64$ ——（答）

◇マスター問題

(1) $z_1 = \sqrt{3} + i$, $z_2 = \sqrt{3} + 3i$ とする。次の問いに答えよ。

  (i) z_1, z_2 を極形式で表せ。

  (ii) $z = \dfrac{z_2}{z_1}$ とするとき，z^6 の値を求めよ。　　　　　〈東京農大〉

(2) $z = \cos\dfrac{\pi}{16} + i\sin\dfrac{\pi}{16}$ であるとき，$z^4 + \dfrac{1}{z^4}$ の値を求めよ。　　　　　〈関西大〉

◇チャレンジ問題

複素数 $z = \dfrac{1+i}{\sqrt{3}+i}$ について，z^n が正の実数となるような最小の正の整数 n を求めよ。

〈日本女子大〉

61 複素数の計算

❖ 絶対値と共役複素数 ❖

複素数 α, β が $|\alpha| = |\beta| = |\alpha - \beta| = 1$ を満たすとき，次の値を求めよ。

(1) $|2\beta - \alpha|$ (2) $\left(\dfrac{\beta}{\alpha}\right)^3$ 〈自治医大〉

解 条件より $|\alpha|^2 = \alpha\overline{\alpha} = 1$, $|\beta|^2 = \beta\overline{\beta} = 1$ ……①

$|\alpha - \beta|^2 = 1$ より

> 複素数の 2 乗は $|z|^2 = z\overline{z}$ ← $|z|^2 \neq z^2$ と誤らない

$|\alpha - \beta|^2 = (\alpha - \beta)(\overline{\alpha - \beta})$

> $|\alpha - \beta|^2 \neq \alpha^2 - 2\alpha\beta + \beta^2$ と誤らない

$= (\alpha - \beta)(\overline{\alpha} - \overline{\beta})$

> $\overline{\alpha - \beta} = \overline{\alpha} - \overline{\beta}$

$= \alpha\overline{\alpha} - \alpha\overline{\beta} - \overline{\alpha}\beta + \beta\overline{\beta} = 1$

よって，$\alpha\overline{\beta} + \overline{\alpha}\beta = 1$ ……②（①より）

(1) $|2\beta - \alpha|^2 = (2\beta - \alpha)(\overline{2\beta - \alpha})$
$= (2\beta - \alpha)(2\overline{\beta} - \overline{\alpha})$
$= 4\beta\overline{\beta} - 2\overline{\alpha}\beta - 2\alpha\overline{\beta} + \alpha\overline{\alpha}$
$= 4 - 2 + 1 = 3$（①，②より）

よって，$|2\beta - \alpha| = \sqrt{3}$ ──（答）

(2) ②の両辺に $\alpha\beta$ を掛けると

$\alpha\beta\alpha\overline{\beta} + \alpha\beta\overline{\alpha}\beta = \alpha\beta$

> $|\alpha| = 1$, $|\beta| = 1$ を利用して $\overline{\alpha}$, $\overline{\beta}$ を消去し，α, β の関係式にする

$\alpha^2|\beta|^2 + \beta^2|\alpha|^2 = \alpha\beta$
$\alpha^2 + \beta^2 = \alpha\beta$

よって，$\alpha^2 - \alpha\beta + \beta^2 = 0$

> α^2 で両辺を割って $\dfrac{\beta}{\alpha}$ を出す

$\left(\dfrac{\beta}{\alpha}\right)^2 - \dfrac{\beta}{\alpha} + 1 = 0$

> $\dfrac{\beta}{\alpha}$ の 2 次方程式として解く

$\dfrac{\beta}{\alpha} = \dfrac{1 \pm \sqrt{3}\,i}{2}$ よって $\left(\dfrac{\beta}{\alpha}\right)^3 = \left(\dfrac{1 \pm \sqrt{3}\,i}{2}\right)^3 = -1$ ──（答）

別解 $\alpha^2 - \alpha\beta + \beta^2 = 0$ より

> $\alpha^3 + \beta^3 = (\alpha + \beta)(\alpha^2 - \alpha\beta + \beta^2)$ となることを利用する

$(\alpha + \beta)(\alpha^2 - \alpha\beta + \beta^2) = 0$
$\alpha^3 + \beta^3 = 0$
$1 + \dfrac{\beta^3}{\alpha^3} = 0$ よって，$\dfrac{\beta^3}{\alpha^3} = \left(\dfrac{\beta}{\alpha}\right)^3 = -1$

複素数 α, β の計算
$|\alpha|^2 = \alpha\overline{\alpha}$, $|\beta|^2 = \beta\overline{\beta}$
$|\alpha + \beta|^2 = (\alpha + \beta)(\overline{\alpha + \beta})$
$= (\alpha + \beta)(\overline{\alpha} + \overline{\beta})$
$|\alpha - \beta|^2 = (\alpha - \beta)(\overline{\alpha - \beta})$
$= (\alpha - \beta)(\overline{\alpha} - \overline{\beta})$
を展開して計算する。
次の計算は誤り。
$|\alpha + \beta|^2 \neq \alpha^2 + 2\alpha\beta + \beta^2$
$|\alpha - \beta|^2 \neq \alpha^2 - 2\alpha\beta + \beta^2$

◆マスター問題

$|\alpha| = |\beta| = |\alpha - \beta| = 2$ を満たしているとき，次の値を求めよ。

(1) $|\alpha + \beta|$ (2) $\dfrac{\alpha^3}{\beta^3}$ (3) $|\alpha^2 + \beta^2|$

〈東北学院大〉

◆チャレンジ問題

z, w を $|z| = 2$, $|w| = 5$ を満たす複素数とする。$z\overline{w}$ の実部が 3 であるとき，$|z - w|$ の値を求めよ。 〈愛媛大〉

62 | $z^n = a + bi$ の解

❖ $z^n = a + bi$ の解法 ❖

$z^4 = 8(-1 + \sqrt{3}\,i)$ を満たす複素数 z は 4 つある。これら 4 つの複素数を求めよ。
また，4 つの複素数を複素数平面上に図示せよ。　　　　　　　　　　　〈琉球大〉

解　　$z = r(\cos\theta + i\sin\theta)$ とおくと ⟵ 　$z = a + bi$ を極形式で表す

$z^4 = r^4(\cos 4\theta + i\sin 4\theta)$ ……①

── ド・モアブルの定理 ──
$z = r(\cos\theta + i\sin\theta)$
$z^n = r^n(\cos n\theta + i\sin n\theta)$

$8(\underline{-1 + \sqrt{3}\,i}) = 8\cdot 2\left(\cos\dfrac{2}{3}\pi + i\sin\dfrac{2}{3}\pi\right)$

$|-1 + \sqrt{3}\,i| = \sqrt{(-1)^2 + (\sqrt{3})^2} = 2,\ \arg(-1 + \sqrt{3}\,i) = \dfrac{2}{3}\pi$

$= 16\left(\cos\dfrac{2}{3}\pi + i\sin\dfrac{2}{3}\pi\right)$ ……②

① ＝ ② だから

$r^4(\cos 4\theta + i\sin 4\theta) = 16\left(\cos\dfrac{2}{3}\pi + i\sin\dfrac{2}{3}\pi\right)$

$\underline{r^4 = 16},\ r > 0$ より $r = 2$

　　　　　　絶対値を等しくおく

$4\theta = \dfrac{2}{3}\pi + 2k\pi$ より $\theta = \dfrac{\pi}{6} + \dfrac{k}{2}\pi$

　　　　　　偏角を等しくおく

よって，

$$z_k = 2\left\{\cos\left(\dfrac{\pi}{6} + \dfrac{k}{2}\pi\right) + i\sin\left(\dfrac{\pi}{6} + \dfrac{k}{2}\pi\right)\right\}$$

①＝②で求めた r と θ を
$z = r(\cos\theta + i\sin\theta)$ に代入する

$k = 0,\ 1,\ 2,\ 3$ を代入して

$z_0 = 2\left(\cos\dfrac{\pi}{6} + i\sin\dfrac{\pi}{6}\right) = \sqrt{3} + i$

$z_1 = 2\left(\cos\dfrac{2}{3}\pi + i\sin\dfrac{2}{3}\pi\right) = -1 + \sqrt{3}\,i$

$z_2 = 2\left(\cos\dfrac{7}{6}\pi + i\sin\dfrac{7}{6}\pi\right) = -\sqrt{3} - i$

$z_3 = 2\left(\cos\dfrac{5}{3}\pi + i\sin\dfrac{5}{3}\pi\right) = 1 - \sqrt{3}\,i$

$k = 0,\ 1,\ 2,\ 3$ を代入し
z_k の値を求める
$z_0 = z_4,\ z_1 = z_5,\ \cdots\cdots,\ z_k = z_{k+4}$
が成り立つ

ゆえに，

$z = \sqrt{3} + i,\ -\sqrt{3} - i,\ -1 + \sqrt{3}\,i,\ 1 - \sqrt{3}\,i$ ──（答）

これを複素数平面上に図示すると，
右図のようになる。

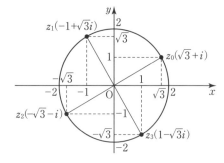

◇マスター問題─────────────────────────────
$z^6 + 27 = 0$ を満たす複素数 z をすべて求め，それらを表す点を複素数平面上に図示せよ。

〈金沢大〉

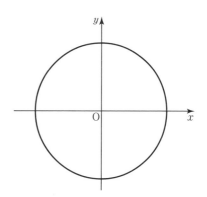

63 | 回転移動

❖ 原点の回りの回転と点 α を中心とする回転 ❖

(1) 点 $\alpha = 2 + 4i$ について，この点を原点の回りに $\dfrac{\pi}{6}$ だけ回転させた点の表す複素数 β を求めよ。 〈成蹊大〉

(2) 複素数平面上で，3 点 z，$1 + 3i$，$3 - 5i$ を頂点とする三角形が，正三角形であるとき，z を求めよ。ただし z の虚部は正とする。 〈日本大〉

解 (1) $\beta = (2 + 4i)\left(\cos\dfrac{\pi}{6} + i\sin\dfrac{\pi}{6} \right)$

点 $2 + 4i$ を原点の回りに $\dfrac{\pi}{6}$ だけ回転させる

$= (2 + 4i)\left(\dfrac{\sqrt{3}}{2} + \dfrac{1}{2}i \right)$

$= (\sqrt{3} - 2) + (2\sqrt{3} + 1)i$ ——（答）

(2) z の虚部が正だから，下図より

z は，点 $1 + 3i$ を中心に，点 $3 - 5i$

を $\dfrac{\pi}{3}$ 回転した点である。

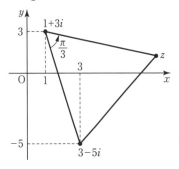

よって，

$\underline{z - (1 + 3i)} = \{(3 - 5i) - (1 + 3i)\}\left(\cos\dfrac{\pi}{3} + i\sin\dfrac{\pi}{3} \right)$

回転の中心 $1 + 3i$ が原点にくるように平行移動してから回転する

原点の回り $\dfrac{\pi}{3}$ の回転

$z = (2 - 8i)\left(\dfrac{1}{2} + \dfrac{\sqrt{3}}{2}i \right) + 1 + 3i$

$= (1 + 4\sqrt{3}) + (\sqrt{3} - 4)i + (1 + 3i)$

ゆえに，

$z = (2 + 4\sqrt{3}) + (\sqrt{3} - 1)i$ ——（答）

原点の回りの回転

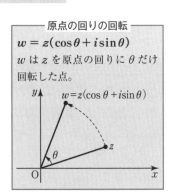

$w = z(\cos\theta + i\sin\theta)$

w は z を原点の回りに θ だけ回転した点。

点 α の回りの回転

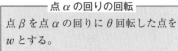

点 β を点 α の回りに θ 回転した点を w とする。

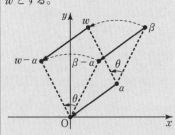

α が原点にくるように β，w を平行移動すると，$\beta - \alpha$ を原点の回りに θ だけ回転した点が $w - \alpha$ となるから

$w - \alpha = (\beta - \alpha)(\cos\theta + i\sin\theta)$

が得られる。

113

◇マスター問題

複素数平面上の点 $2+4\sqrt{3}\,i$ を原点の回りに $\dfrac{\pi}{3}$ だけ回転して得られる点を求めよ。

〈千葉工大〉

◆チャレンジ問題

複素数平面上の 3 点 $A(-2)$, $B(2+3i)$, $C(a+bi)$ が正三角形の頂点をなし，かつ $b<0$ であるとき，a, b の値を求めよ。

〈立教大〉

64 | 複素数 z の表す図形

❖ z の方程式が表す図形 ❖

複素数平面上で，次の方程式を満たす点 z の全体はどのような図形を描くか図示せよ。

(1) $|z+3| = |z+1|$ (2) $|z-2i| = 2$ (3) $|z-2| = 2|z+1|$

〈香川大〉   〈慈恵医大〉   〈北海道工大〉

解 (1) $\underline{|z+3| = |z+1|}$ より

> | $|z-\alpha|$ は点 α から点 z までの距離を表す

A(α)，B(β) 間の距離
$$AB = |\alpha - \beta|$$

点 z は点 -3 と点 -1 から

の距離が等しい点だから

右図の垂直二等分線を描く。

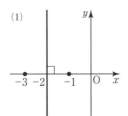

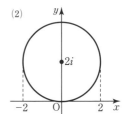

(2) $|z-2i| = 2$ より

点 $2i$ を中心とする半径 2 の円を描く。

(3) $|z-2| = 2|z+1|$ より   ← 『共役な複素数を利用した解法』

    $|z-2|^2 = 4|z+1|^2$ ← 『両辺を 2 乗する』

    $(z-2)(\overline{z-2}) = 4(z+1)(\overline{z+1})$ ← 『$|z-2|^2 = z^2$ ✕ $4z+4$ と誤らない』

    $(z-2)(\bar{z}-2) = 4(z+1)(\bar{z}+1)$

    $z\bar{z} - 2z - 2\bar{z} + 4 = 4(z\bar{z} + z + \bar{z} + 1)$ ← 『計算して整理する』

    $z\bar{z} + 2z + 2\bar{z} = 0$

    $(z+2)(\bar{z}+2) = 4$

    $(z+2)(\overline{z+2}) = 4$

    $|z+2|^2 = 4$

よって，$|z+2| = 2$

ゆえに，点 -2 を中心とする半径 2 の円を描く。

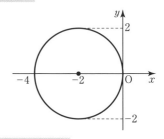

別解 $z = x+yi$ とおくと   ← 『x, y 座標に直しての解法』

    $|x+yi-2| = 2|x+yi+1|$ ← 『$|z-2| = 2|z+1|$ に代入』

    $\sqrt{(x-2)^2 + y^2} = 2\sqrt{(x+1)^2 + y^2}$ ← 『$\alpha = a+bi$ のとき $|\alpha| = \sqrt{a^2 + b^2}$』

    $x^2 - 4x + 4 + y^2 = 4(x^2 + 2x + 1 + y^2)$ ← 『両辺を 2 乗して整理する』

    $x^2 + y^2 + 4x = 0$

    $(x+2)^2 + y^2 = 4$

よって，点 -2 を中心とする半径 2 の円を描く。

> └─ 複素数平面上の点で示す。$(-2, 0)$ としない

◆**マスター問題**────────────────────────────────

　複素数平面上で次の方程式を満たす点 z の全体は，どのような図形を描くか，図示せよ。

(1)　$|z-2| = |z-i|$ 〈大阪薬大〉　　(2)　$|z-1+i| = 2$ 〈日本女子大〉

◆**チャレンジ問題**────────────────────────────────

　複素数 z が等式 $|iz+3| = |2z-6|$ を満たすとき，点 z はどのような図形を表すか。

〈秋田大〉

65 | $w = f(z)$ の描く図形

❖ z の条件と $w = f(z)$ の描く図形 ❖

-1 と異なる複素数に対し、複素数 w を $w = \dfrac{z}{z+1}$ で定める。

z が複素数平面上の虚軸上を動くとき、w が描く図形を求めよ。　　　　〈新潟大〉

解 $\underline{z \text{ が虚軸上を動くとき } z = 0 \text{ または } z \text{ は純虚数}}$

└──── 初めに z の条件を確認する

したがって、$\underline{z + \overline{z} = 0}$ ……①

└──── $z (\neq 0)$ が純虚数であるための条件

$w = \dfrac{z}{z+1}$　より　$w(z+1) = z$ ←──── 分母を払って z について解く

$z(1-w) = w$　よって、$z = \dfrac{w}{1-w}$　$(w \neq 1)$ ←──── $w = 1$ のとき、この式は成り立たない

> **複素数 z $(z \neq 0)$**
> z が実数のとき
> $z - \overline{z} = 0$
> z が純虚数のとき
> $z + \overline{z} = 0$

①に代入して

$\dfrac{w}{1-w} + \overline{\left(\dfrac{w}{1-w}\right)} = 0,\quad \dfrac{w}{1-w} + \dfrac{\overline{w}}{1-\overline{w}} = 0$ ←──── $\overline{\left(\dfrac{w}{1-w}\right)} = \dfrac{\overline{w}}{\overline{1-w}} = \dfrac{\overline{w}}{1-\overline{w}}$

$w(1-\overline{w}) + \overline{w}(1-w) = 0$

$2w\overline{w} - w - \overline{w} = 0$

$w\overline{w} - \dfrac{1}{2}w - \dfrac{1}{2}\overline{w} = 0,\quad \left(w - \dfrac{1}{2}\right)\left(\overline{w} - \dfrac{1}{2}\right) = \dfrac{1}{4}$ ←──── 円になることを予想して $(w - \bigcirc)(\overline{w} - \bigcirc) = \square$ の形に変形する

$\left(w - \dfrac{1}{2}\right)\overline{\left(w - \dfrac{1}{2}\right)} = \dfrac{1}{4},\quad \left|w - \dfrac{1}{2}\right|^2 = \dfrac{1}{4}$

ゆえに $\left|w - \dfrac{1}{2}\right| = \dfrac{1}{2}$

したがって、点 $\dfrac{1}{2}$ を中心とする半径 $\dfrac{1}{2}$ の円を描く。

ただし、点 1 を除く。

別解 $w = x + yi$ とおくと　$\overline{w} = x - yi$ ←──── $w = x + yi$ とおいた方がわかりやすく、計算が簡単なことがある

(ただし、$w \neq 1$ より $x = 1,\ y = 0$ は除く。)

$2w\overline{w} - w - \overline{w} = 0$

にこれを代入して

$2(x+yi)(x-yi) - (x+yi) - (x-yi) = 0$

$2(x^2 + y^2) - 2x = 0$

$\left(x - \dfrac{1}{2}\right)^2 + y^2 = \dfrac{1}{4}$

よって、点 $\dfrac{1}{2}$ を中心とする半径 $\dfrac{1}{2}$ の円を描く。

ただし、点 1 を除く。

◇マスター問題————————————————————————————

複素数平面上において，複素数 z の表す点が点 $2i$ を中心とする半径 1 の円を描くとき，$w = (3-4i)z + 1$ を満たす点 w の描く図形を求めよ。　　　　　　　　　　　　〈大阪電通大〉

◆チャレンジ問題————————————————————————————

複素数平面上において，点 z が虚軸上を動くとき，$w = \dfrac{2}{z+1}$ を満たす点 w の描く図形を求めよ。　　　　　　　　　　　　〈上智大〉

66 | 複素数と図形

❖ 三角形の形状 ❖

(1) 複素数平面上で，0 でない 2 つの複素数 α，β があり，$\alpha^2 - \alpha\beta + \beta^2 = 0$，$|\alpha - \beta| = 2$ を満たす。このとき $\dfrac{\alpha}{\beta}$ を極形式で表せ。また，O(0)，A(α)，B(β) とするとき，△OAB の面積を求めよ。　　〈順天堂大〉

(2) 異なる複素数 α，β，γ が $2\alpha^2 + \beta^2 + \gamma^2 - 2\alpha\beta - 2\alpha\gamma = 0$ を満たすとき，$\dfrac{\gamma - \alpha}{\beta - \alpha}$ の値を求めよ。また 3 点 A(α)，B(β)，C(γ) を頂点とする △ABC はどのような三角形か。　　〈横浜国大〉

解 (1) $\alpha^2 - \alpha\beta + \beta^2 = 0$ より

> $\beta \neq 0$ だから，β^2 で両辺を割り，$\dfrac{\alpha}{\beta}$ についての 2 次方程式をつくる

$$\left(\frac{\alpha}{\beta}\right)^2 - \frac{\alpha}{\beta} + 1 = 0$$

$$\frac{\alpha}{\beta} = \frac{1 \pm \sqrt{3}\,i}{2} = \cos\left(\pm\frac{\pi}{3}\right) + i\sin\left(\pm\frac{\pi}{3}\right)$$

$$\alpha = \beta\left\{\cos\left(\pm\frac{\pi}{3}\right) + i\sin\left(\pm\frac{\pi}{3}\right)\right\} \quad \text{より}$$

点 A は点 B を原点の回りに $\pm\dfrac{\pi}{3}$ 回転した点だから，

△OAB は正三角形で，$|\alpha - \beta| = 2$ より AB $= 2$

よって，面積は $\dfrac{1}{2} \cdot 2 \cdot 2 \sin\dfrac{\pi}{3} = \sqrt{3}$ ———（答）

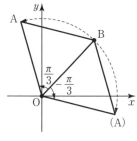

(2) $2\alpha^2 + \beta^2 + \gamma^2 - 2\alpha\beta - 2\alpha\gamma = 0$

> $\dfrac{\gamma - \alpha}{\beta - \alpha}$ から $\gamma - \alpha$，$\beta - \alpha$ が出てくるような変形を考える

$$(\alpha^2 - 2\alpha\gamma + \gamma^2) + (\alpha^2 - 2\alpha\beta + \beta^2) = 0$$

$$(\gamma - \alpha)^2 + (\beta - \alpha)^2 = 0$$

> $(\beta - \alpha)^2$ で両辺を割る

$$\left(\frac{\gamma - \alpha}{\beta - \alpha}\right)^2 = -1 \quad \text{ゆえに} \quad \frac{\gamma - \alpha}{\beta - \alpha} = \pm i$$

$$\left|\frac{\gamma - \alpha}{\beta - \alpha}\right| = |\pm i| = 1 \quad \text{より} \quad |\gamma - \alpha| = |\beta - \alpha|$$

> 絶対値で 2 辺の比を求める

すなわち　AC $=$ AB

$$\arg\left(\frac{\gamma - \alpha}{\beta - \alpha}\right) = \arg(\pm i) = \pm\frac{\pi}{2}$$

> 偏角で 2 辺のなす角を求める

よって，$\angle\mathrm{BAC} = \dfrac{\pi}{2}$

ゆえに，$\angle\mathrm{A} = \dfrac{\pi}{2}$ の直角二等辺三角形 ———（答）

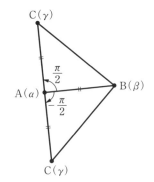

◇マスター問題

2つの複素数 α, β が関係式 $|\alpha| = 2$, $\dfrac{\beta}{\alpha} = 1 + \sqrt{3}\,i$ を満たしているとき，複素数平面上で，原点 O，点 A(α)，点 B(β) を頂点とする $\triangle$OAB を考える。このとき，$\angle$AOB の大きさと $\triangle$OAB の面積を求めよ。

〈北海道工大〉

◆チャレンジ問題

α, β は，等式 $3\alpha^2 - 6\alpha\beta + 4\beta^2 = 0$ を満たす 0 でない複素数とする。

(1) 複素数 $\dfrac{\alpha}{\beta}$ を極形式で表せ。ただし，偏角 θ の範囲は $0 \leqq \theta \leqq 2\pi$ とする。

(2) 複素数平面上で複素数 0, α, β の表す点をそれぞれ O, A, B とするとき，$\triangle$OAB はどのような三角形か。

〈岐阜大〉

67 | 2次曲線

❖ 放物線，楕円，双曲線の方程式 ❖

次の曲線の方程式を求めよ。

(1) 焦点が $(1, 3)$ で，準線が $x = -3$ である放物線。

(2) 焦点が $(2, 4)$，$(10, 4)$ で，長軸の長さが 10 である楕円。

(3) 焦点が $(-5, -3)$，$(5, -3)$ で，2焦点からの距離の差が 6 である双曲線。

解 (1) 頂点の x 座標は $\dfrac{1-3}{2} = -1$ だから

頂点は $(-1, 3)$ で，頂点が原点にくるように

x 軸方向に 1，y 軸方向に -3 だけ平行移動すると

頂点 $(0, 0)$，準線 $x = -2$ となる。

よって，$y^2 = 4 \cdot 2 \cdot x$ ← 平行移動して戻す

ゆえに，$(y-3)^2 = 8(x+1)$ ——（答）

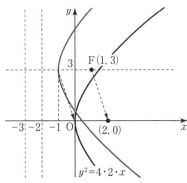

(2) 中心の x 座標は $\dfrac{2+10}{2} = 6$ だから

x 軸方向に -6，y 軸方向に -4 だけ平行移動

すると焦点は $(4, 0)$，$(-4, 0)$ となる。

$\dfrac{x^2}{a^2} + \dfrac{y^2}{b^2} = 1 \ (a > b > 0)$ とおくと

$2a = 10$, $\sqrt{a^2 - b^2} = 4$ より

（長軸の長さ）（焦点の座標）

$a = 5$, $b = 3$ ゆえに $\dfrac{x^2}{5^2} + \dfrac{y^2}{3^2} = 1$ ←

平行移動して戻す

よって，$\dfrac{(x-6)^2}{25} + \dfrac{(y-4)^2}{9} = 1$ ——（答）

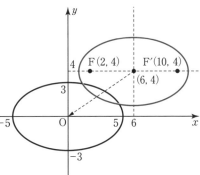

(3) 中心の x 座標は $\dfrac{-5+5}{2} = 0$ だから

中心は $(0, -3)$，中心が原点にくるように

y 軸方向に 3 だけ平行移動すると ←

焦点は $(5, 0)$，$(-5, 0)$ となる。

$\dfrac{x^2}{a^2} - \dfrac{y^2}{b^2} = 1 \ (a > 0, \ b > 0)$ とおくと

$2a = 6$, $\sqrt{a^2 + b^2} = 5$ より

（距離の差）（焦点の座標）

$a = 3$, $b = 4$ ゆえに $\dfrac{x^2}{3^2} - \dfrac{y^2}{4^2} = 1$ ←

平行移動して戻す

よって，$\dfrac{x^2}{9} - \dfrac{(y+3)^2}{16} = 1$ ——（答）

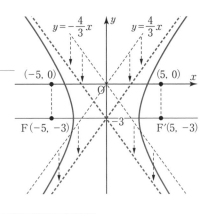

◆マスター問題────────────────────

(1) 次の3条件を満たす楕円の短軸の長さを求めよ。ただし, $c > 0$ とする。

(A) 焦点は $(0, c)$, $(0, -c)$ にある。　　(B) 長軸の長さは $4c$ である。

(C) $(3, 2)$ を通る。　　　　　　　　　　　　　　　　　　〈防衛医大〉

(2) 2直線 $y = 2(x+2)$, $y = -2(x+2)$ を漸近線とし, 原点を通る双曲線の方程式を求めよ。　　　　　　　　　　　　　　　　　　〈鹿児島大〉

■チャレンジ問題────────────────────

焦点が $(0, 0)$, 準線が $y = -2$ の放物線と直線 $y = 2$ の交点をPとする。

(1) Pの座標を求めよ。

(2) (1)とは別の方法でPの座標を求めよ。　　　　　　　　　〈浜松医大〉

68 | 2次曲線と直線

❖ 弦の中点の軌跡 ❖

直線 $y = 3x + k$ ……①，楕円 $4x^2 + y^2 = 4$ ……②について

(1) ①と②が異なる2点P，Qで交わるとき，定数 k の値の範囲を求めよ。
また，線分PQの中点Rの座標を求めよ。

(2) k が(1)で求めた範囲を動くとき，点Rの軌跡を求めよ。　　　　　〈佐賀大〉

解 (1) $4x^2 + y^2 = 4$ に $y = 3x + k$ を代入して　←── ①と②の連立方程式と考える

$$4x^2 + (3x + k)^2 = 4$$

$$\underline{13x^2 + 6kx + k^2 - 4 = 0} \text{ ……③}$$

↑ 直線と楕円が交わる条件は $D > 0$

①，②が交わるから

$$\frac{D}{4} = (3k)^2 - 13(k^2 - 4)$$

$$= -4k^2 + 52 = \underline{-4(k + \sqrt{13})(k - \sqrt{13})} > 0$$

↑ $(k + \sqrt{13})(k - \sqrt{13}) < 0$ となる

よって，$-\sqrt{13} < k < \sqrt{13}$ ───(答)

中点Rの座標を $R(x, y)$，点P，Qの x 座標
をそれぞれ α, β とすると

③の解と係数の関係より

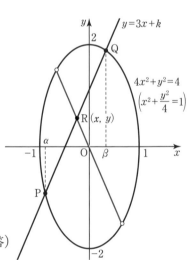

$$\alpha + \beta = -\frac{6k}{13}$$

$$x = \frac{\alpha + \beta}{2} = -\frac{3}{13}k \text{ ……④}$$

↑ 点Rは，線分PQの中点

$$y = 3 \cdot \left(-\frac{3}{13}k\right) + k = \frac{4}{13}k \text{ ……⑤}$$

↑ Rは直線 $y = 3x + k$ 上にある

よって，中点の座標は，$R\left(-\frac{3}{13}k, \frac{4}{13}k\right)$ ───(答)

(2) ④，⑤より k を消去して

$$y = -\frac{4}{3}x \quad \leftarrow k = -\frac{13}{3}x \text{ を } y = \frac{4}{13}k \text{ に代入}$$

ただし，(1)より $-\sqrt{13} < k < \sqrt{13}$ だから④より $-\dfrac{3}{\sqrt{13}} < x < \dfrac{3}{\sqrt{13}}$

よって，直線 $y = -\dfrac{4}{3}x \left(-\dfrac{3}{\sqrt{13}} < x < \dfrac{3}{\sqrt{13}}\right)$ ───(答)

◇マスター問題

放物線 $y^2 = 4px$ $(p \neq 0)$ と直線 $y = -x - 3$ が点 A で接している。このとき，p の値と，点 A の座標を求めよ。　　　　　　　　　　　　　　　〈芝浦工大〉

◆チャレンジ問題

直線 $y = 2x + k$ が双曲線 $\dfrac{x^2}{4} - \dfrac{y^2}{9} = 1$ と異なる 2 点 A，A′ で交わるとき，次の問いに答えよ。

(1) k の値の範囲を求めよ。

(2) 線分 AA′ の中点 P(x, y) の軌跡を求めよ。　　　　　　　　　　〈福岡大〉

69 | 楕円上の点の表し方

xy 平面上の点 P(x, y) は楕円 $C : \dfrac{x^2}{25} + \dfrac{y^2}{9} = 1$ 上の動点で，x 軸，y 軸上にないとする。点 P における楕円 C との接線と x 軸，y 軸とで囲まれた三角形の面積の最小値を求めよ。

〈東京医大〉

解 P(x, y) を $\underline{\text{P}(5\cos\theta, \ 3\sin\theta)}$ とする。

> $\dfrac{x^2}{a^2} + \dfrac{y^2}{b^2} = 1$ の媒介変数表示は
> $x = a\cos\theta, \ y = b\sin\theta$

ただし，点 P が第 1 象限にあるときで考えればよいから，$0 < \theta < \dfrac{\pi}{2}$ とする。

C の点 P における接線の方程式は

$$\dfrac{(5\cos\theta)x}{25} + \dfrac{(3\sin\theta)y}{9} = 1$$

$$\underline{3x\cos\theta + 5y\sin\theta = 15}$$

> 分母を払って整理する

> **接線の方程式**
> $\dfrac{x^2}{a^2} + \dfrac{y^2}{b^2} = 1$ 上の点 (x_1, y_1) における接線の方程式は
> $\dfrac{x_1 x}{a^2} + \dfrac{y_1 y}{b^2} = 1$

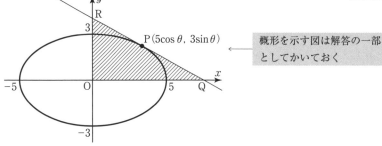

> 概形を示す図は解答の一部としてかいておく

接線と x 軸，y 軸の交点をそれぞれ Q，R とすると
x 軸との交点は，$y = 0$ とおいて

$$3x\cos\theta = 15 \quad \text{より} \quad x = \dfrac{5}{\cos\theta} \quad \text{ゆえに} \quad \text{Q}\left(\dfrac{5}{\cos\theta}, \ 0\right)$$

y 軸との交点は，$x = 0$ とおいて

$$5y\sin\theta = 15 \quad \text{より} \quad y = \dfrac{3}{\sin\theta} \quad \text{ゆえに} \quad \text{R}\left(0, \ \dfrac{3}{\sin\theta}\right)$$

求める面積を S とすると

$$S = \dfrac{1}{2}\text{OQ}\cdot\text{OR} = \dfrac{1}{2}\cdot\dfrac{5}{\cos\theta}\cdot\dfrac{3}{\sin\theta} = \dfrac{15}{\sin 2\theta} \quad \longleftarrow \quad \sin 2\theta = 2\sin\theta\cos\theta$$

$0 < 2\theta < \pi$ だから $0 < \sin 2\theta \leqq 1$

よって，最小値は $\underline{\sin 2\theta = 1}$ のとき **15** ———(答)

> $S = \dfrac{15}{\sin 2\theta}$ の分母が最大になるとき，S は最小になる

◇マスター問題

楕円 $\dfrac{x^2}{4}+y^2=1$ 上の点 P における接線と x 軸, y 軸との交点をそれぞれ Q, R とするとき, $\triangle$OQR の面積の最小値を求めよ。　　　　　　　　　　　　　　〈千葉工大〉

◆チャレンジ問題

楕円 $C : \dfrac{x^2}{9}+\dfrac{y^2}{4}=1$ と直線 $l : x+2y=10$ がある。C 上の点 P と l との距離の最小値を求めよ。　　　　　　　　　　　　　　〈東洋大〉

70 | 媒介変数・極方程式

❖ 媒介変数表示／極座標と極方程式 ❖

(1) 媒介変数 θ を用いて $x = 4\cos\theta,\ y = 2\sin\theta$ で表される曲線の方程式を求め, その概形をかけ。 〈福岡大〉

(2) 極方程式 $r = \dfrac{1}{\sqrt{2} - \cos\theta}$ はどのような曲線を表すか。 〈鹿児島大〉

(3) 曲線 $(x-1)^2 + y^2 = 1$ を極方程式で表せ。 〈防衛大〉

解 (1) $\underline{x = 4\cos\theta,\ y = 2\sin\theta}$ より

> 三角関数の媒介変数表示は $\sin^2\theta + \cos^2\theta = 1$ に代入して θ を消去するのが基本

$$\cos\theta = \frac{x}{4},\ \sin\theta = \frac{y}{2}$$

$$\cos^2\theta + \sin^2\theta = \left(\frac{x}{4}\right)^2 + \left(\frac{y}{2}\right)^2 = 1$$

よって, 楕円 $\dfrac{x^2}{16} + \dfrac{y^2}{4} = 1$

曲線の概形は右図のようになる。

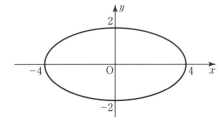

(2) $r = \dfrac{1}{\sqrt{2} - \cos\theta}$ より

$$r(\sqrt{2} - \cos\theta) = 1$$

$$\sqrt{2}\,r - r\cos\theta = 1$$

$r = \sqrt{x^2 + y^2},\ x = r\cos\theta$ を代入して

> **極座標と直交座標**
> $x = r\cos\theta \quad r = \sqrt{x^2 + y^2}$
> $y = r\sin\theta \quad r^2 = x^2 + y^2$
> を代入する。

$$\sqrt{2(x^2 + y^2)} - x = 1$$

$\sqrt{2(x^2 + y^2)} = x + 1$ として両辺を2乗すると

> 左辺を $\sqrt{}$ だけの式 にして, 2乗する

$$(\sqrt{2(x^2 + y^2)}\,)^2 = (x+1)^2$$

$$2x^2 + 2y^2 = x^2 + 2x + 1$$

$(x-1)^2 + 2y^2 = 2$ よって, 楕円 $\dfrac{(x-1)^2}{2} + y^2 = 1$ ———(答)

(3) $(x-1)^2 + y^2 = 1$ に $\underline{x = r\cos\theta,\ y = r\sin\theta}$ を代入して

> 直交座標を極方程式に直すには $x = r\cos\theta,\ y = r\sin\theta$ を代入する

$$(r\cos\theta - 1)^2 + (r\sin\theta)^2 = 1$$

$$r^2\cos^2\theta - 2r\cos\theta + 1 + r^2\sin^2\theta = 1$$

$$r^2 - 2r\cos\theta = 0$$

$$r(r - 2\cos\theta) = 0$$

$$r = 0,\ r = 2\cos\theta$$

$r = 0$ のときは, $r = 2\cos\theta$ に含まれる。

> $\theta = \dfrac{\pi}{2}$ のとき, $r = 2\cos\dfrac{\pi}{2} = 0$ となり, 含まれる

よって, $r = 2\cos\theta$ ———(答)

◆マスター問題

(1) 媒介変数表示 $x = 6\cos^2\theta + 1$, $y = 4\sin\theta\cos\theta$ で表される図形を，x, y の方程式で表し，その概形をかけ。 〈関西大〉

(2) 極方程式 $r = \cos\left(\theta + \dfrac{\pi}{6}\right)$ が表す図形を求め，xy 平面上に図示せよ。 〈弘前大〉

◆チャレンジ問題

曲線 $(x^2 + y^2)^2 = 5(x^2 - y^2)$ を極方程式で表せ。 〈東京薬大〉

こたえ

1 二項定理・多項定理

●マスター問題

(1) 760 　(2) 810

2 分数式の計算

●マスター問題

$R = \dfrac{4}{x+1}$, $S = \dfrac{x-2}{x^2+1}$, $T = \dfrac{1}{x+1}$

3 解と係数の関係

●確認問題

(1) -1, 2, 5 　(2) $2x^2 + 9x + 10 = 0$

●マスター問題

(1) $a = 18$, $b = 3$, $c = 6$

(2) $(a, b) = (-1, 1)$, $\left(\dfrac{3}{2}, -4\right)$

●チャレンジ問題

$\alpha^3 + \beta^3 = -2$, $\alpha^{49} + \beta^{49} = 1$, $\alpha^{50} + \beta^{50} = -1$

4 剰余の定理・因数定理

●確認問題

$a = -4$, $b = 1$

●マスター問題

$a = 13$, $b = -21$

●チャレンジ問題

$a = -8$, 他の解は 3, 4

5 剰余の定理の応用

●確認問題

$2x - 5$

●マスター問題

$-3x - 8$

●チャレンジ問題

$-2x^2 + 2x + 3$

6 高次方程式と $p + qi$ の解

●マスター問題

$a = -1$, $b = 0$, 他の解は -1, $1 - i$

7 3次方程式の解

●マスター問題

(1) $b = a - 1$

(2) $a < -3$, $1 < a < \dfrac{3}{2}$, $\dfrac{3}{2} < a$

8 恒等式

●確認問題

(1) $a = 1$, $b = 2$, $c = 2$

(2) $a = -2$, $b = 3$

●マスター問題

$a = 1$, $b = 3$, $c = 0$, $d = 3$

●チャレンジ問題

$a = 12$, $b = 4$, $c = -3$

9 $\left(\text{相加平均 } \dfrac{a+b}{2}\right) \geqq \left(\text{相乗平均 } \sqrt{ab}\right)$ の利用

●確認問題

(1) $\dfrac{3}{2}$, -4 　(2) 13

●マスター問題

(1) $\dfrac{7\sqrt{2}}{4}$ 　(2) $x = \dfrac{\sqrt{6}}{2}$ のとき, 最小値 8

●チャレンジ問題

(略)

10 条件式がある場合の式の値

●確認問題

(1) 6 (2) 0

●マスター問題

(1) $(a + b + c)(ab + bc + ca)$ (2) 6

●チャレンジ問題

$\dfrac{1}{a+1} + \dfrac{1}{b+1} + \dfrac{1}{c+1} = 0$, $\dfrac{a}{a+1} + \dfrac{b}{b+1} + \dfrac{c}{c+1} = 3$

11 直線の方程式

●確認問題

(1) $y = 3x - 10$ 　(2) $y = \dfrac{5}{2}x - 3$

●マスター問題

(1) $y = -2x + 4$ 　(2) $y = x - 1$

●チャレンジ問題

(1) -1, 4 　(2) 1, -6

12 点と直線の距離

●確認問題

(1) $2\sqrt{10}$ 　(2) $y = 2x - 1$, $y = 2x + 9$

●マスター問題

P の座標は $(3, 3)$, P と l の距離は $\dfrac{3\sqrt{5}}{5}$, $\triangle$ABP の面積の最小値は 3

●チャレンジ問題

$y = -3x$, $y = \dfrac{3}{4}x$

13 円と直線の関係

●確認問題

$-2 \leqq a \leqq 8$

●マスター問題

(1) 中心 $(0,\ 1)$, 半径 1

(2) $0 < a < \dfrac{4}{3}$　(3) $\dfrac{1}{7}$, 1

●チャレンジ問題

$3 - 2\sqrt{2} < a < 3 + 2\sqrt{2}$, 最大値は 2

14 定点を通る直線・円

●マスター問題

(1) $(1,\ 1)$　　(2) $(2,\ 4)$, $(-3,\ -1)$

15 $f(x,\ y) = 0$ と $g(x,\ y) = 0$ の交点を通る曲線

●マスター問題

(1) $4x + 3y - 24 = 0$

(2) $x^2 + y^2 - \dfrac{20}{3}x - 5y + 15 = 0$

16 線対称

●マスター問題

$(x-4)^2 + y^2 = 4$

17 軌跡(1)

●マスター問題

$(x-1)^2 + y^2 = 8$

18 軌跡(2)

●確認問題

(1) 放物線 $y = 2x^2 + 2x + 1$

(2) $y = -x$

●マスター問題

円 $x^2 + \left(y - \dfrac{1}{2}\right)^2 = 9$

●チャレンジ問題

(1) $-\dfrac{1}{2} \leqq m \leqq \dfrac{1}{2}$　(2) $\mathrm{M}\left(\dfrac{5}{m^2+1},\ \dfrac{5m}{m^2+1}\right)$

(3) 円 $\left(x - \dfrac{5}{2}\right)^2 + y^2 = \dfrac{25}{4}$　ただし

$-\dfrac{1}{2}x \leqq y \leqq \dfrac{1}{2}x$　次図のとおり。

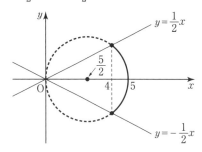

19 領域と最大・最小

●確認問題

$x = 1$, $y = 4$ のとき最大値 5, $x = -2$, $y = 1$ のとき最小値 -1

●マスター問題

$x = 2$, $y = 2$ のとき最大値 8, $x = \dfrac{4}{5}$, $y = \dfrac{2}{5}$ のとき最小値 $\dfrac{4}{5}$

●チャレンジ問題

(1) $y = 2x \pm \sqrt{5}$　　(2) $k = 1$, 2

20 加法定理

●確認問題

(1) $\dfrac{\sqrt{6} + \sqrt{2}}{4}$　(2) $\dfrac{3\sqrt{10}}{10}$　(3) $\dfrac{24}{25}$

●マスター問題

$\sin(\alpha + \beta) = \dfrac{33}{65}$, $\cos(\alpha + \beta) = -\dfrac{56}{65}$

$\tan(\alpha - \beta) = -\dfrac{63}{16}$

●チャレンジ問題

(1) $\dfrac{1}{5}$　(2) $\dfrac{6\sqrt{6} - 4}{25}$

21 三角方程式・不等式

●確認問題

(1) $\theta = 0$, $\dfrac{\pi}{3}$, $\dfrac{2}{3}\pi$, π

(2) $\dfrac{4}{3}\pi < \theta < \dfrac{5}{3}\pi$

●マスター問題

$0 \leqq x \leqq \dfrac{\pi}{2}$, $\pi \leqq x \leqq \dfrac{11}{6}\pi$

●チャレンジ問題

$x = \dfrac{\pi}{10}$, $\sin x = \dfrac{-1 + \sqrt{5}}{4}$

22 三角関数の合成公式

●確認問題

$\theta = \frac{5}{12}\pi$ のとき最大値 2, $\theta = \frac{7}{12}\pi$ のとき最小値 1

●マスター問題

$\theta = 0$ のとき最大値 2, $\theta = \frac{\pi}{6}$ のとき最小値 1

●チャレンジ問題

(1) 最大値 $\sqrt{7}$, 最小値 $-\frac{\sqrt{3}}{2}$ (2) $\frac{5\sqrt{7}}{14}$

23 三角関数の最大・最小

●マスター問題

(1) $y = t^2 - 2t$ (2) $-\sqrt{2} \leqq t \leqq \sqrt{2}$

(3) $\theta = \frac{7}{4}\pi$ のとき最大値 $2 + 2\sqrt{2}$

$\theta = \frac{\pi}{2},\ \pi$ のとき最小値 -1

●チャレンジ問題

(1) $1 \leqq t \leqq \sqrt{2}$ (2) $y = t^2 + 2at - 1$

(3) $\begin{cases} 2a \quad (a > -1) \\ -a^2 - 1 \quad (-\sqrt{2} \leqq a \leqq -1) \\ 2\sqrt{2}\,a + 1 \quad (a < -\sqrt{2}) \end{cases}$

24 指数関数

●確認問題

(1) $x = 3,\ -1$ (2) $1 < x < 2$

●マスター問題

(1) $x = 2$ のとき最大値 48, $x = -1$ のとき最小値

-1 (2) $x = 2,\ y = \frac{1}{2}$ のとき最小値 8

●チャレンジ問題

$x = \log_2 3$ のとき 最小値 -9,

$a = -9$ または $a \geqq 0$

25 指数関数 $a^x + a^{-x} = t$ の置きかえ

●マスター問題

$\frac{1}{3}$

●チャレンジ問題

(1) $y = t^2 - 2t + 3$ (2) $t \geqq 2$

(3) $x = 0$ のとき y の最小値 3

26 対数方程式・不等式

●マスター問題

(1) $x = 7$ (2) $2 < x \leqq 1 + \sqrt{3}$

●チャレンジ問題

$\begin{cases} a > 1 \text{ のとき, } \dfrac{a}{2} < x \leqq a \\ 0 < a < 1 \text{ のとき, } a \leqq x < \sqrt{2}\,a \end{cases}$

27 対数関数

●確認問題

$x = 9$ のとき最大値 4

●マスター問題

$x = 1$ のとき最大値 1, $x = 4$ のとき最小値 -3

●チャレンジ問題

$1 < a < 4$ のとき

$x = a$ で最小値 $(\log_2 a)^2 - 4\log_2 a + 1$,

$a \geqq 4$ のとき $x = 4$ で最小値 -3

28 指数，対数と式の値

●マスター問題

(1) $-\frac{1}{4}$ (2) -2

29 常用対数と桁数

●マスター問題

(1) 15^{10} は 12 桁の数 (2) 小数第 23 位

30 接線の方程式

●確認問題

(1) $y = 3x - 3$ (2) $y = -3x + 7$

●マスター問題

$y = x + 2$

●チャレンジ問題

(1) $y = (3a^2 - 3)x - 2a^3$ (2) $-6 < t < 2$

31 関数の増減と極値

●確認問題

(1) $-6 \leqq k \leqq 0$

(2) $a = 5$, 極小値 18

●マスター問題

$a = 0,\ b = -3,\ c = 2$

●チャレンジ問題

$a = 3,\ b = 5$ または $a = -3,\ b = 1$

32 関数の最大・最小

●確認問題

$x = \frac{1}{\sqrt{6}}$ で最大値 $\frac{\sqrt{6}}{9}$, $x = 1$ で最小値 -1

●マスター問題

(1) $0 < a < 2$ のとき $x = a$ で

最小値 $f(a) = a^3 - 3a^2 + 2$,

$a \geqq 2$ のとき $x = 2$ で 最小値 $f(2) = -2$

(2) $0 < a < 3$ のとき $x = 0$ で最大値 $f(0) = 2$,
$a = 3$ のとき $x = 0$, a で最大値 $f(0) = f(3) = 2$
$a > 3$ のとき $x = a$ で最大値 $f(a) = a^3 - 3a^2 + 2$
●チャレンジ問題
(1) $f(1) = 3a - 1$, $f(a) = -a^3 + 3a^2$
(2) $a > 3$ のとき $x = 1$ で最大値 $f(1) = 3a - 1$,
$a = 3$ のとき $x = 1$, 4 で最大値 $f(1) = f(4) = 8$,
$1 < a < 3$ のとき $x = 4$ で最大値 $f(4) = 80 - 24a$

33 3次方程式の解
●確認問題
$-27 < k < 5$, 31(個)
●マスター問題
$-4 \leqq k < 7$
●チャレンジ問題
$a > 0$, $b > -a$, $b < 4a^3 - a$

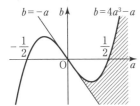

境界は含まない。

34 定積分の計算
●確認問題
(1) $a = -3$, $b = 4$ (2) $p = 3$, $q = -2$
●マスター問題
(1) $a = \dfrac{1}{2}$, $b = -1$, $c = \dfrac{2}{3}$ (2) (略)
●チャレンジ問題
$a = 0$, $b = -\dfrac{1}{3}$

35 定積分で表された関数
●確認問題
(1) $f(x) = 4x^3 - \dfrac{3}{2}x^2$
(2) $a = -2$ のとき $f(x) = 3x^2 - 8x - 4$
$a = 4$ のとき $f(x) = 3x^2 + 16x - 16$
●マスター問題
$f(x) = 3x^2 - 6x + 1$, $a = 1$
●チャレンジ問題
$a = 1$, $f(x) = 3x^2 + 4x - 5$

36 絶対値を含む関数の定積分
●確認問題
(1) $t - \dfrac{1}{2}t^2$ (2) $\dfrac{1}{2}t^2 - t + 1$

●マスター問題
$$f(t) = \begin{cases} 3t - \dfrac{9}{2} & (t \geqq 3) \\ t^2 - 3t + \dfrac{9}{2} & (0 \leqq t \leqq 3) \\ -3t + \dfrac{9}{2} & (t \leqq 0) \end{cases}$$
●チャレンジ問題
(1) $$I(m) = \begin{cases} -\dfrac{m}{2} + \dfrac{1}{3} & (m \leqq 0) \\ \dfrac{m^3}{3} - \dfrac{m}{2} + \dfrac{1}{3} & (0 \leqq m \leqq 1) \\ \dfrac{m}{2} - \dfrac{1}{3} & (1 \leqq m) \end{cases}$$
(2) $m = \dfrac{\sqrt{2}}{2}$ のとき 最小値 $\dfrac{2 - \sqrt{2}}{6}$

37 面積（放物線と直線）
●確認問題
(1) $\dfrac{32}{3}$ (2) $\sqrt{3}$
●マスター問題
$a = 2$
●チャレンジ問題
(1)

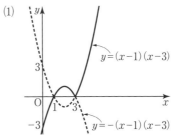

(2) 8

38 面積（放物線と接線）
●確認問題
$\dfrac{4}{3}$
●マスター問題
(1) $y = 8x - 8$, $y = -4x + 4$ (2) 18
●チャレンジ問題
(1) $P_1(1, 1)$, $P_2(3, 5)$ (2) $\dfrac{2}{3}$

39 等差数列
●確認問題
(1) $a_n = -7n + 107$ (2) 第16項
(3) 第15項までの和 765

●マスター問題
第 9 項目，416
●チャレンジ問題
(1) $a_1 = 30,\ d = -4$ (2) $n = 8$, 最大値は 128
(3) n の最小値は 22

40 等比数列
●確認問題
(1) $a_n = 3\cdot(\sqrt{2})^{n-1}$ または $a_n = 3\cdot(-\sqrt{2})^{n-1}$
(2) $a_n = 6\cdot2^{n-1}$
●マスター問題
(1) $a_n = \dfrac{3}{2}\cdot2^{n-1}\ (= 3\cdot2^{n-2})$ (2) 略
●チャレンジ問題
(1) $a_n = 2\cdot4^{n-1}$ (2) 初項 1，公差 2
(3) $\log_2 C_n = n^2$

41 $S_n = f(n)$ で表される数列
●確認問題
(1) $a_n = 4n - 3$ (2) $a_n = \dfrac{1}{4}\cdot\left(\dfrac{5}{4}\right)^{n-1}$
●マスター問題
(1) $\begin{cases} a_1 = -7 \\ a_n = -6n+7\ (n \geq 2) \end{cases}$
(2) $-6n^2 + 7n - 8$
●チャレンジ問題
(1) $a_n = 6n^2 + 6n$ (2) $\dfrac{n}{6(n+1)}$

42 階差数列と階差数列の漸化式
●確認問題
(1) $a_n = 3n^2 - 2n + 3$ (2) $a_n = 2n^2 - 3n + 3$
●マスター問題
(1) $b_n = 4n - 23$ (2) $a_n = 2n^2 - 25n - 12$
(3) 2012
●チャレンジ問題
(1) $b_{n+1} - b_n = \dfrac{2}{3}n$ (2) 最小の n は 13

43 2 項間の漸化式
●確認問題
$a_n = 4\cdot2^{n-1} - 3$
●マスター問題
$a_n = \dfrac{6}{5\cdot3^{n-1} - 3}$
●チャレンジ問題
(1) $b_{n+1} = \dfrac{1}{5}b_n$ (2) $a_n = \dfrac{3\cdot5^n + 1}{5^n - 1}$

44 群数列
●確認問題
(1) 110（個）   (2) 221
●マスター問題
(1) 最初の数は $n^2 - n + 1$，最後の数は $n^2 + n - 1$，総和は n^3
(2) 第 32 群の 5 番目の数
●チャレンジ問題
(1) 第 5049 項   (2) $\dfrac{52}{63}$

45 確率変数の期待値，分散
●マスター問題
(1) $E(X) = \dfrac{14}{3},\ V(X) = \dfrac{14}{9}$
(2) $E(Y) = 15,\ V(Y) = 14$

46 確率密度関数
●マスター問題
(1) $a = \dfrac{1}{2},\ b = -\dfrac{1}{6}$ (2) $V(X) = \dfrac{13}{18}$

47 正規分布
●確認問題
1 (1) 0.3811   (2) 0.7811
2 0.8185
●マスター問題
(1) $E(X) = n,\ \sigma(X) = \dfrac{\sqrt{2n}}{2}$
(2) 0.682
●チャレンジ問題
(1) 544 番ぐらい   (2) 166 点ぐらい

48 母平均の推定
●マスター問題
(1) $86.68 \leq \mu \leq 94.52$
(2) n を 62 以上にすればよい。

49 母比率の推定
●マスター問題
(1) $P(X=k) = {}_{100}\mathrm{C}_k\, p^k(1-p)^{100-k}$
(2) $0.7216 \leq p \leq 0.8784$

50 母平均の検定
●マスター問題
平均的でないとはいえない。

51 母比率の検定

●マスター問題

高いといえる。

52 ベクトルの表し方

●確認問題

(1) $\overrightarrow{OC} = \frac{2}{3}\vec{a} + \frac{1}{3}\vec{b}$, $\overrightarrow{OD} = \frac{1}{2}\vec{a} + \frac{1}{4}\vec{b}$, $\overrightarrow{OE} = \frac{1}{2}\vec{b}$ (2) (略)

●マスター問題

(1) $\overrightarrow{OR} = \frac{1}{4}\vec{a} + \frac{5}{4}\vec{b}$ (2) $\overrightarrow{AD} = -\vec{a} + \frac{5}{3}\vec{b}$

(3) (略)

●チャレンジ問題

$t = \frac{4}{7}$

53 ベクトルの内積

●確認問題

(1) $\theta = 120°$ (2) 7   (3) -1

●マスター問題

(1) $|\overrightarrow{AB}| = \sqrt{7}$ (2) $\vec{a} \cdot \vec{b} = \frac{9}{2}$, $\triangle OAB = \frac{3\sqrt{7}}{4}$

●チャレンジ問題

$\vec{a} \cdot \vec{b} = 2$, $t = -2$ のとき最小値は $\sqrt{5}$

54 成分によるベクトルの演算

●確認問題

(1) $\vec{a} + \vec{b} = (2, \ 6)$, $\vec{a} - \vec{b} = (4, \ 2)$, $|\vec{a} + \vec{b}| = 2\sqrt{10}$, $|\vec{a} - \vec{b}| = 2\sqrt{5}$

(2) $\theta = 45°$

(3) $\vec{a} \perp \vec{c}$ のとき $x = -2$, $\vec{b} /\!/ \vec{c}$ のとき $x = -\frac{1}{3}$

●マスター問題

(1) $P(7, \ -7)$

(2) $t = -\frac{1}{2}$ のとき 最小値 $\frac{\sqrt{10}}{2}$

●チャレンジ問題

$p = 1$, $q = -8 \pm 5\sqrt{3}$ または $p = -1$, $q = -\frac{\sqrt{3}}{3}$

55 図形と内分点のベクトル

●確認問題

$\overrightarrow{OP} = \frac{3}{7}\vec{a} + \frac{4}{7}\vec{b}$

●マスター問題

(1) $\frac{9}{16}$ (2) $\frac{27}{2}$ (3) $\overrightarrow{OH} = \frac{9}{10}\vec{a} + \frac{1}{10}\vec{b}$

(4) $1 : 9$

●チャレンジ問題

(1) $\overrightarrow{OC} = \frac{2}{3}\vec{a} + \frac{5}{6}\vec{b}$ (2) $\overrightarrow{OC} = \frac{4}{5}\vec{a} + \vec{b}$

56 線分と線分の交点の求め方

●確認問題

$\overrightarrow{OP} = \frac{1}{6}\vec{a} + \frac{1}{2}\vec{b}$, $\overrightarrow{OQ} = \frac{1}{4}\vec{a} + \frac{3}{4}\vec{b}$

●マスター問題

(1) $AQ : QC = 5 : 3$ (2) $MR : RQ = 2 : 5$

●チャレンジ問題

(1) $\overrightarrow{AD} = 2\vec{a} + 2\vec{b}$, $\overrightarrow{AP} = \frac{4}{3}\vec{a} + 2\vec{b}$

(2) $\overrightarrow{AQ} = \frac{2}{5}\vec{a} + \frac{3}{5}\vec{b}$, $|\overrightarrow{AQ}| = \frac{\sqrt{7}}{5}$

57 空間ベクトルと成分

●マスター問題

(1) $|\overrightarrow{AB}| = \sqrt{14}$, $|\overrightarrow{AC}| = 3\sqrt{2}$ (2) $-\frac{\sqrt{7}}{14}$

(3) $\frac{9\sqrt{3}}{2}$

(4) $\left(\pm\frac{\sqrt{3}}{3}, \ \pm\frac{\sqrt{3}}{3}, \ \pm\frac{\sqrt{3}}{3} \right)$ (複号同順)

●チャレンジ問題

(1) (略)   (2) $\cos\theta = \frac{\sqrt{10}}{10}$, $\sin\theta = \frac{3\sqrt{10}}{10}$

(3) 3   (4) 6

58 空間ベクトル

●確認問題

$\overrightarrow{OP} = \frac{3}{4}\vec{a} - \frac{1}{4}\vec{b} - \frac{1}{4}\vec{c}$

●マスター問題

(1) $\overrightarrow{OG} = \frac{1}{6}\vec{a} + \frac{1}{12}\vec{b} + \frac{1}{12}\vec{c}$

(2) $AH = |\overrightarrow{AH}| = \frac{\sqrt{3}}{4}$

●チャレンジ問題

(1) $\vec{p} = \frac{3}{4}\vec{c}$, $\vec{q} = \frac{2}{3}\vec{a} + \vec{b}$, $\vec{r} = \vec{a} + \frac{1}{2}\vec{b} + \vec{c}$

(2) $FX : XG = 5 : 11$

59 空間座標とベクトル

●確認問題

(1) $P\left(\dfrac{2}{3},\ \dfrac{5}{3},\ 0\right)$　(2) $P\left(\dfrac{6}{7},\ \dfrac{9}{7},\ \dfrac{4}{7}\right)$

●マスター問題

$\overrightarrow{AH} = \dfrac{4}{9}\overrightarrow{AB} + \dfrac{2}{9}\overrightarrow{AC}$

●チャレンジ問題

(1)　(略)　(2) $P\left(\dfrac{1}{2},\ \dfrac{1}{2},\ 2\right)$

60 極形式とド・モアブルの定理

●マスター問題

(1) (i) $z_1 = 2\left(\cos\dfrac{\pi}{6} + i\sin\dfrac{\pi}{6}\right),$

$z_2 = 2\sqrt{3}\left(\cos\dfrac{\pi}{3} + i\sin\dfrac{\pi}{3}\right)$

(ii) $z^6 = -27$

(2) $z^4 + \dfrac{1}{z^4} = \sqrt{2}$

●チャレンジ問題
24

61 複素数の計算

●マスター問題

(1) $|\alpha + \beta| = 2\sqrt{3}$　(2) $\dfrac{\alpha^3}{\beta^3} = -1$

(3) $|\alpha^2 + \beta^2| = 4$

●チャレンジ問題

$\sqrt{23}$

62 $z^n = a + bi$ の解

$z = \pm\left(\dfrac{3}{2} + \dfrac{\sqrt{3}}{2}i\right),\ \pm\left(-\dfrac{3}{2} + \dfrac{\sqrt{3}}{2}i\right),\ \pm\sqrt{3}\,i$

図省略

63 回転移動

●マスター問題
$-5 + 3\sqrt{3}\,i$

●チャレンジ問題

$a = \dfrac{3\sqrt{3}}{2},\ b = \dfrac{3}{2} - 2\sqrt{3}$

64 複素数 z の表す図形

●マスター問題

図省略

(1) 点 i と点 2 を結ぶ線分の垂直二等分線

(2) 点 $1 - i$ を中心とする半径 2 の円

●チャレンジ問題

点 $4 - i$ を中心とする半径 $2\sqrt{2}$ の円

65 $w = f(z)$ の描く図形

●マスター問題

$9 + 6i$ を中心とする半径 5 の円

●チャレンジ問題

点 1 を中心とする半径 1 の円。ただし，原点は除く。

66 複素数と図形

●マスター問題

$\angle AOB = \dfrac{\pi}{3},\ \triangle OAB = 2\sqrt{3}$

●チャレンジ問題

(1) $\dfrac{\alpha}{\beta} = \dfrac{2\sqrt{3}}{3}\left(\cos\dfrac{\pi}{6} + i\sin\dfrac{\pi}{6}\right)$ または

$\dfrac{\alpha}{\beta} = \dfrac{2\sqrt{3}}{3}\left(\cos\dfrac{11}{6}\pi + i\sin\dfrac{11}{6}\pi\right)$

(2) $\angle B = \dfrac{\pi}{2},\ \angle AOB = \dfrac{\pi}{6},\ \angle BAO = \dfrac{\pi}{3}$

　　の直角三角形

67 2次曲線

●マスター問題

(1) $4\sqrt{3}$

(2) $\dfrac{(x+2)^2}{4} - \dfrac{y^2}{16} = 1$

●チャレンジ問題

(1) $(\pm 2\sqrt{3},\ 2)$　(2)　略

68 2次曲線と直線

●マスター問題

$p = 3,\ A(3,\ -6)$

●チャレンジ問題

(1) $k < -\sqrt{7},\ \sqrt{7} < k$

(2) 直線 $y = \dfrac{9}{8}x\ \left(x < -\dfrac{8}{\sqrt{7}},\ \dfrac{8}{\sqrt{7}} < x\right)$

69 楕円上の点の表し方

●マスター問題

2

●チャレンジ問題

$\sqrt{5}$

70 媒介変数・極方程式

●マスター問題

図省略

(1) 楕円 $\dfrac{(x-4)^2}{9}+\dfrac{y^2}{4}=1$

(2) 中心 $\left(\dfrac{\sqrt{3}}{4},\ -\dfrac{1}{4}\right)$, 半径 $\dfrac{1}{2}$ の円

●チャレンジ問題

$r^2=5\cos 2\theta$

編修：福島 國光
ふくしま くにみつ

福島 聡
ふくしま さとる

大学入試 短期集中ゼミノート
数学 II+B+C

2023年 10月10日 初版第1刷発行

●著作者――――福島 國光
●発行者――――小田 良次
●印刷所――――株式会社 太洋社

●発行所――――実教出版株式会社

〒102-8377
東京都千代田区五番町5
電話〈営業〉03-3238-7777
　　〈編修〉03-3238-7785
　　〈総務〉03-3238-7700
https://www.jikkyo.co.jp/

002310023　　ISBN 978-4-407-36377-7

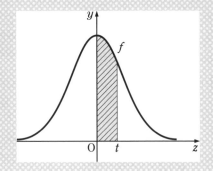

正規分布表

t	.00	.01	.02	.03	.04	.05	.06	.07	.08	.09
0.0	0.0000	0.0040	0.0080	0.0120	0.0160	0.0199	0.0239	0.0279	0.0319	0.035
0.1	0.0398	0.0438	0.0478	0.0517	0.0557	0.0596	0.0636	0.0675	0.0714	0.075
0.2	0.0793	0.0832	0.0871	0.0910	0.0948	0.0987	0.1026	0.1064	0.1103	0.114
0.3	0.1179	0.1217	0.1255	0.1293	0.1331	0.1368	0.1406	0.1443	0.1480	0.151
0.4	0.1554	0.1591	0.1628	0.1664	0.1700	0.1736	0.1772	0.1808	0.1844	0.187
0.5	0.1915	0.1950	0.1985	0.2019	0.2054	0.2088	0.2123	0.2157	0.2190	0.222
0.6	0.2257	0.2291	0.2324	0.2357	0.2389	0.2422	0.2454	0.2486	0.2517	0.254
0.7	0.2580	0.2611	0.2642	0.2673	0.2704	0.2734	0.2764	0.2794	0.2823	0.285
0.8	0.2881	0.2910	0.2939	0.2967	0.2995	0.3023	0.3051	0.3078	0.3106	0.313
0.9	0.3159	0.3186	0.3212	0.3238	0.3264	0.3289	0.3315	0.3340	0.3365	0.338
1.0	0.3413	0.3438	0.3461	0.3485	0.3508	0.3531	0.3554	0.3577	0.3599	0.362
1.1	0.3643	0.3665	0.3686	0.3708	0.3729	0.3749	0.3770	0.3790	0.3810	0.383
1.2	0.3849	0.3869	0.3888	0.3907	0.3925	0.3944	0.3962	0.3980	0.3997	0.401
1.3	0.4032	0.4049	0.4066	0.4082	0.4099	0.4115	0.4131	0.4147	0.4162	0.417
1.4	0.4192	0.4207	0.4222	0.4236	0.4251	0.4265	0.4279	0.4292	0.4306	0.431
1.5	0.4332	0.4345	0.4357	0.4370	0.4382	0.4394	0.4406	0.4418	0.4429	0.444
1.6	0.4452	0.4463	0.4474	0.4484	0.4495	0.4505	0.4515	0.4525	0.4535	0.454
1.7	0.4554	0.4564	0.4573	0.4582	0.4591	0.4599	0.4608	0.4616	0.4625	0.463
1.8	0.4641	0.4649	0.4656	0.4664	0.4671	0.4678	0.4686	0.4693	0.4699	0.470
1.9	0.4713	0.4719	0.4726	0.4732	0.4738	0.4744	0.4750	0.4756	0.4761	0.476
2.0	0.4772	0.4778	0.4783	0.4788	0.4793	0.4798	0.4803	0.4808	0.4812	0.481
2.1	0.4821	0.4826	0.4830	0.4834	0.4838	0.4842	0.4846	0.4850	0.4854	0.485
2.2	0.4861	0.4864	0.4868	0.4871	0.4875	0.4878	0.4881	0.4884	0.4887	0.489
2.3	0.4893	0.4896	0.4898	0.4901	0.4904	0.4906	0.4909	0.4911	0.4913	0.491
2.4	0.4918	0.4920	0.4922	0.4925	0.4927	0.4929	0.4931	0.4932	0.4934	0.493
2.5	0.4938	0.4940	0.4941	0.4943	0.4945	0.4946	0.4948	0.4949	0.4951	0.495
2.6	0.4953	0.4955	0.4956	0.4957	0.4959	0.4960	0.4961	0.4962	0.4963	0.496
2.7	0.4965	0.4966	0.4967	0.4968	0.4969	0.4970	0.4971	0.4972	0.4973	0.497
2.8	0.4974	0.4975	0.4976	0.4977	0.4977	0.4978	0.4979	0.4979	0.4980	0.498
2.9	0.4981	0.4982	0.4982	0.4983	0.4984	0.4984	0.4985	0.4985	0.4986	0.498
3.0	0.4987	0.4987	0.4987	0.4988	0.4988	0.4989	0.4989	0.4989	0.4990	0.499
3.1	0.4990	0.4991	0.4991	0.4991	0.4992	0.4992	0.4992	0.4992	0.4993	0.499
3.2	0.4993	0.4993	0.4994	0.4994	0.4994	0.4994	0.4994	0.4995	0.4995	0.499
3.3	0.4995	0.4995	0.4995	0.4996	0.4996	0.4996	0.4996	0.4996	0.4996	0.499
3.4	0.4997	0.4997	0.4997	0.4997	0.4997	0.4997	0.4997	0.4997	0.4997	0.499
3.5	0.4998	0.4998	0.4998	0.4998	0.4998	0.4998	0.4998	0.4998	0.4998	0.499

短期集中ゼミノート数学Ⅱ＋B＋C　　解答　実教出版

1 二項定理・多項定理

●マスター問題

(1) 一般項は $_{20}\mathrm{C}_r\,(2x^2)^{20-r}\left(-\dfrac{1}{x}\right)^r$

$\qquad = _{20}\mathrm{C}_r\,2^{20-r}(-1)^r x^{40-3r}$

$\dfrac{1}{x^{14}} = x^{-14}$ だから

$40 - 3r = -14$ より $r = 18$

よって，$_{20}\mathrm{C}_{18}\,2^{20-18}(-1)^{18} = \dfrac{20\cdot 19}{2\cdot 1}\cdot 2^2 = \boldsymbol{760}$

(2) 一般項は $\dfrac{6!}{p!\,q!\,r!}x^p(-3y)^q z^r$

$\qquad = \dfrac{6!}{p!\,q!\,r!}(-3)^q x^p y^q z^r$

ただし，$p + q + r = 6$, $p \geqq 0$, $q \geqq 0$, $r \geqq 0$

$x^2 y^2 z^2$ は $p = 2$, $q = 2$, $r = 2$ のとき

よって，$\dfrac{6!}{2!\,2!\,2!}(-3)^2 = \dfrac{6\cdot 5\cdot 4\cdot 3}{2\cdot 1\cdot 2\cdot 1}\cdot 9 = \boldsymbol{810}$

2 分数式の計算

●マスター問題

$R = \dfrac{x-1}{x} \times \left(\dfrac{x+1}{x-1} - \dfrac{x-1}{x+1}\right)$

$\quad = \dfrac{x-1}{x} \times \dfrac{(x+1)^2 - (x-1)^2}{(x-1)(x+1)}$

$\quad = \dfrac{x-1}{x} \times \dfrac{(x^2+2x+1)-(x^2-2x+1)}{(x-1)(x+1)}$

$\quad = \dfrac{x-1}{x} \times \dfrac{4x}{(x-1)(x+1)} = \dfrac{4}{x+1}$

$S = \dfrac{x^3 - x^2 - 4x + 4}{x^4 - 1} \times \dfrac{x+1}{x+2}$

$\quad = \dfrac{x^2(x-1) - 4(x-1)}{(x^2+1)(x^2-1)} \times \dfrac{x+1}{x+2}$

$\quad = \dfrac{(x-1)(x+2)(x-2)}{(x^2+1)(x+1)(x-1)} \times \dfrac{x+1}{x+2}$

$\quad = \dfrac{x-2}{x^2+1}$

$T = \dfrac{3}{x^3+1} + \dfrac{x-2}{x^2-x+1}$

$\quad = \dfrac{3}{(x+1)(x^2-x+1)} + \dfrac{x-2}{x^2-x+1}$

$\quad = \dfrac{3 + (x-2)(x+1)}{(x+1)(x^2-x+1)}$

$\quad = \dfrac{x^2 - x + 1}{(x+1)(x^2-x+1)} = \dfrac{1}{x+1}$

3 解と係数の関係

●確認問題

(1) 解と係数の関係より

$\alpha + \beta = \boxed{-1}$, $\alpha\beta = \boxed{2}$

$\alpha^3 + \beta^3 = (\alpha+\beta)^3 - 3\alpha\beta(\alpha+\beta)$

$\qquad = (-1)^3 - 3\cdot 2\cdot(-1) = \boxed{5}$

(2) 解と係数の関係より

$\alpha + \beta = -\dfrac{3}{2}$, $\alpha\beta = \dfrac{1}{2}$

（解の和）$= (2\alpha + \beta) + (\alpha + 2\beta)$

$\qquad = 3(\alpha+\beta) = 3\cdot\left(-\dfrac{3}{2}\right) = -\dfrac{9}{2}$

（解の積）$= (2\alpha + \beta)(\alpha + 2\beta)$

$\qquad = 2\alpha^2 + 5\alpha\beta + 2\beta^2$

$\qquad = 2(\alpha+\beta)^2 + \alpha\beta$

$\qquad = 2\left(-\dfrac{3}{2}\right)^2 + \dfrac{1}{2} = 5$

よって，$x^2 - \left(-\dfrac{9}{2}\right)x + 5 = 0$ より

$\boldsymbol{2x^2 + 9x + 10 = 0}$

●マスター問題

(1) $b : c = 1 : 2$ だから $b = \alpha$, $c = 2\alpha$ とおくと
解と係数の関係より

$\alpha + 2\alpha = 9$ ……①, $\alpha\cdot 2\alpha = a$ ……②

①より $\alpha = 3$, このとき $b = 3$, $c = 6$

②に代入して，$a = 2\cdot 3^2 = 18$

よって，$\boldsymbol{a = 18}$, $\boldsymbol{b = 3}$, $\boldsymbol{c = 6}$

(2) $x^2 + (a+1)x + b - 2 = 0$ の2つの解が a, b
だから，解と係数の関係より

$a + b = -(a+1)$ より $b = -2a - 1$ ……①

$ab = b - 2$ ……②

①を②に代入して

$\quad a(-2a-1) = -2a - 1 - 2$

$\quad 2a^2 - a - 3 = 0$

$\quad (a+1)(2a-3) = 0$

$a = -1$, このとき $b = 1$

$a = \dfrac{3}{2}$, このとき $b = -4$

よって，$(\boldsymbol{a}, \boldsymbol{b}) = (\boldsymbol{-1}, \boldsymbol{1})$, $\left(\dfrac{3}{2}, \boldsymbol{-4}\right)$

●チャレンジ問題

解と係数の関係より

$\alpha + \beta = 1, \ \alpha\beta = 1$

$\alpha^3 + \beta^3 = (\alpha + \beta)^3 - 3\alpha\beta(\alpha + \beta)$

$\qquad = 1^3 - 3 \cdot 1 \cdot 1 = \boxed{-2}$

$\alpha^2 - \alpha + 1 = 0$ だから $\alpha^2 = \alpha - 1$ ……①

①の両辺に $\alpha \ (\neq 0)$ を掛けて

$\quad \alpha^3 = \alpha^2 - \alpha$ ①より $\alpha^2 = \alpha - 1$ を代入して

$\qquad = (\alpha - 1) - \alpha = -1$

β についても同様だから

$\quad \alpha^3 = -1, \ \beta^3 = -1$

$\alpha^{49} + \beta^{49} = \alpha^{48} \cdot \alpha + \beta^{48} \cdot \beta$

$\qquad = (\alpha^3)^{16} \cdot \alpha + (\beta^3)^{16} \cdot \beta$

$\qquad = (-1)^{16}\alpha + (-1)^{16}\beta$

$\qquad = \alpha + \beta = \boxed{1}$

$\alpha^{50} + \beta^{50} = \alpha^{48} \cdot \alpha^2 + \beta^{48} \cdot \beta^2$

$\qquad = (\alpha^3)^{16} \cdot \alpha^2 + (\beta^3)^{16} \cdot \beta^2$

$\qquad = (-1)^{16}\alpha^2 + (-1)^{16}\beta^2$

$\qquad = (\alpha + \beta)^2 - 2\alpha\beta$

$\qquad = 1^2 - 2 \cdot 1 = \boxed{-1}$

別解 $\alpha^3 + 1 = (\alpha + 1)(\alpha^2 - \alpha + 1)$ より

$\quad \alpha^2 - \alpha + 1 = 0$ のとき $\alpha^3 + 1 = 0$

$\quad$ すなわち $\alpha^3 = -1$ である。

$\quad$ としてもよい。

4 剰余の定理・因数定理

●確認問題

$P(x) = x^3 + ax^2 + bx + 6$ とおくと

$x - 1$ で割ると4余るから

$P(1) = 1 + a + b + 6 = 4$ より

$\quad a + b = -3$ ……①

$x + 2$ で割ると -20 余るから

$P(-2) = -8 + 4a - 2b + 6 = -20$ より

$\quad 2a - b = -9$ ……②

①, ②を解いて $\boldsymbol{a = -4, \ b = 1}$

●マスター問題

$P(x) = 3x^3 + ax^2 + 5x + b$ とおくと

$P(x)$ が $x^2 + 2x - 3 = (x + 3)(x - 1)$ で割り切れるから $x + 3, \ x - 1$ で割り切れる。

$\quad P(-3) = -81 + 9a - 15 + b = 0$

$\quad 9a + b = 96$ ……①

$\quad P(1) = 3 + a + 5 + b = 0$

$\quad a + b = -8$ ……②

①, ②を解いて $\boldsymbol{a = 13}, \ \boldsymbol{b = -21}$

別解 実際に割り算すると

$$\begin{array}{r} 3x + (a - 6) \\ x^2 + 2x - 3 \overline{\smash{\big)}\ 3x^3 + ax^2 \quad\quad + 5x + b} \\ \underline{3x^3 + 6x^2 \quad - 9x} \\ (a - 6)x^2 \quad + 14x + b \\ \underline{(a - 6)x^2 + 2(a - 6)x - 3(a - 6)} \\ (-2a + 26)x + 3a + b - 18 \end{array}$$

余りが0だから

$\quad (-2a + 26)x + 3a + b - 18 = 0$

$\quad$ このとき $-2a + 26 = 0, \ 3a + b - 18 = 0$

これより $\boldsymbol{a = 13}, \ \boldsymbol{b = -21}$

別解

$\quad 3x^3 + ax^2 + 5x + b$

$= (x^2 + 2x - 3)(3x + c)$

とおけるから展開して

$(右辺) = 3x^3 + (c + 6)x^2 + (2c - 9)x - 3c$

係数を比較して

$\quad a = c + 6, \ 5 = 2c - 9, \ b = -3c$

これより $c = 7, \ \boldsymbol{a = 13}, \ \boldsymbol{b = -21}$

●チャレンジ問題

$\quad P(x) = x^3 + ax^2 + (a^2 + 3a - 21)x - 2(a + 14)$

とおく。$x = 1$ が解だから代入すると

$\quad P(1) = 1 + a + a^2 + 3a - 21 - 2a - 28 = 0$

$\quad a^2 + 2a - 48 = 0$

$\quad (a - 6)(a + 8) = 0$ ゆえに $a = 6, \ -8$

$a = 6$ のとき

$\quad x^3 + 6x^2 + 33x - 40 = 0$

$\quad (x - 1)(x^2 + 7x + 40) = 0$

$x^2 + 7x + 40 = 0$ は

$\quad D = 49 - 4 \cdot 1 \cdot 40 = -111 < 0$

だから虚数解となるので不適

$a = -8$ のとき

$\quad x^3 - 8x^2 + 19x - 12 = 0$

$\quad (x - 1)(x^2 - 7x + 12) = 0$

$\quad (x - 1)(x - 3)(x - 4) = 0$

$\quad x = 1, \ 3, \ 4$

3つの異なる正の実数解だから適する。

よって, $\boldsymbol{a = -8}$, 他の解は $\boldsymbol{3, \ 4}$

5 剰余の定理の応用

●確認問題

$P(x)$ を $x^2 - x - 6$ で割ったときの商を $Q(x)$, 余りを $ax + b$ とすると

$\quad P(x) = (x^2 - x - 6)Q(x) + ax + b$

$\qquad = (x + 2)(x - 3)Q(x) + ax + b$

$P(-2) = -9, \ P(3) = 1$ だから

$\quad P(-2) = -2a + b = -9$ ……①

$\quad P(3) = 3a + b = 1$ ……②

①, ②を解いて

$\quad a = 2, \ b = -5$

よって，余りは $2x-5$

●マスター問題

$P(x)$ を $(x+4)(x+3)$ で割ったときの商を $Q_1(x)$，$(x+4)(x+7)$ で割ったときの商を $Q_2(x)$ とすると
$$P(x)=(x+4)(x+3)Q_1(x)+3x+10 \quad \cdots\cdots①$$
$$P(x)=(x+4)(x+7)Q_2(x)-5x-22 \quad \cdots\cdots②$$
また，$P(x)$ を $x^2+10x+21=(x+3)(x+7)$ で割ったときの商を $Q(x)$，余りを $ax+b$ とおくと
$$P(x)=(x+3)(x+7)Q(x)+ax+b \quad \cdots\cdots③$$
ここで，①より
$$P(-3)=3\cdot(-3)+10=1$$
②より
$$P(-7)=-5\cdot(-7)-22=13$$
③に $x=-3, -7$ を代入して
$$P(-3)=-3a+b=1 \quad \cdots\cdots④$$
$$P(-7)=-7a+b=13 \quad \cdots\cdots⑤$$
④，⑤を解いて $a=-3, b=-8$
よって，余りは $-3x-8$

●チャレンジ問題

$f(x)$ を x^3-1 で割ったときの商を $Q(x)$，余りを ax^2+bx+c とすると
$$\begin{aligned}f(x)&=(x^3-1)Q(x)+ax^2+bx+c\\&=(x-1)(x^2+x+1)Q(x)+ax^2+bx+c\\&\hspace{6cm}\cdots\cdots①\end{aligned}$$
$f(x)$ を $x-1$ で割ったときの余りが 3 だから
$$f(1)=3$$
①より $f(1)=a+b+c=3$ $\cdots\cdots②$
$f(x)$ を x^2+x+1 で割ったときの余りは，①の～～線部分が割り切れるから，ax^2+bx+c を割ったときの余りに等しい。

右の割り算より
$$x^2+x+1\overline{)\,ax^2+bx+c}$$
$$\underline{ax^2+ax+a}$$
$$(b-a)x+c-a$$

$(b-a)x+c-a \Longleftrightarrow 4x+5$ より
$$b-a=4 \quad \cdots\cdots③, \quad c-a=5 \quad \cdots\cdots④$$
②，③，④を解いて
$$a=-2, b=2, c=3$$
よって，余りは $-2x^2+2x+3$

別解

$f(x)$ を $x^3-1=(x-1)(x^2+x+1)$ で割ったときの商を $Q(x)$ とする。
$f(x)$ を x^2+x+1 で割ったときの余りが $4x+5$ であるから
$$\begin{aligned}f(x)=&(x-1)(x^2+x+1)Q(x)\\&+a(x^2+x+1)+4x+5 \quad \cdots\cdots①\end{aligned}$$
とおける。
ここで，$f(1)=3$ だから，①より

$$f(1)=3a+9=3$$
これより $a=-2$
よって，求める余りは
$$-2(x^2+x+1)+4x+5=-2x^2+2x+3$$

6 高次方程式と $p+qi$ の解

●マスター問題

$x=1+i$ を方程式に代入すると
$$(1+i)^3+a(1+i)^2+b(1+i)+2=0$$
$$(-2+2i)+2ai+b+bi+2=0$$
$$b+(2a+b+2)i=0$$
$b, 2a+b+2$ は実数だから
$$b=0, 2a+b+2=0$$
これより $a=-1, b=0$
このとき，方程式は
$$x^3-x^2+2=0$$
$$(x+1)(x^2-2x+2)=0$$
$$x=-1, 1\pm i$$
よって，他の解は $-1, 1-i$

別解 方程式の係数が実数だから $1+i$ が解ならば $1-i$ も解である。
$$(解の和)=(1+i)+(1-i)=2$$
$$(解の積)=(1+i)(1-i)=2$$
より，方程式の左辺は x^2-2x+2 を因数にもつ。

$\leftarrow$ $x=1+i$ は $x^2-2x+2=0$ から求まる解

$$x+(a+2)$$
$$x^2-2x+2\overline{)\,x^3+ax^2+bx+2}$$
$$\underline{x^3-2x^2+2x}$$
$$(a+2)x^2+(b-2)x+2$$
$$\underline{(a+2)x^2-2(a+2)x+2(a+2)}$$
$$(2a+b+2)x-2a-2$$

上の割り算で余りは 0 だから
$$2a+b+2=0, 2a+2=0$$
これより $a=-1, b=0$
(以下同様)

別解

方程式の係数が実数だから 3 つの解を $1+i, 1-i, \gamma$ とおくと
3 次方程式の解と係数の関係より
$$\begin{cases}(1+i)+(1-i)+\gamma=-a & \cdots\cdots①\\(1+i)(1-i)+(1-i)\gamma+\gamma(1+i)=b & \cdots\cdots②\\(1+i)(1-i)\gamma=-2 & \cdots\cdots③\end{cases}$$
③より $2\gamma=-2$ よって $\gamma=-1$
①に代入して $a=-1$
②に代入して $b=0$
(以下同様)

3

$ax^3 + bx^2 + cx + d = 0$

の3つの解を α, β, γ とすると

$$\alpha + \beta + \gamma = -\frac{b}{a}$$

$$\alpha\beta + \beta\gamma + \gamma\alpha = \frac{c}{a}$$

$$\alpha\beta\gamma = -\frac{d}{a}$$

7 3次方程式の解

●マスター問題

(1) $P(x) = x^3 - ax^2 + b$ が $x - 1$ で割り切れるから

$P(1) = 1 - a + b = 0$ ゆえに $b = a - 1$

(2) $P(x) = x^3 - ax^2 + a - 1 = 0$

$(x-1)\{x^2 - (a-1)x - a + 1\} = 0$

$x^2 - (a-1)x - a + 1 = 0$ ……①

が $x = 1$ 以外の異なる2つの実数解をもてばよいから

$D = (a-1)^2 - 4(-a+1)$

$\quad = a^2 + 2a - 3$

$\quad = (a-1)(a+3) > 0$

$a < -3$, $1 < a$ ……②

①が $x = 1$ を解にもつとき適さないから,

$1 - (a-1) - a + 1 \neq 0$ より $a \neq \dfrac{3}{2}$ ……③

よって, ②, ③より $a < -3$, $1 < a < \dfrac{3}{2}$, $\dfrac{3}{2} < a$

$\left(a < -3,\ 1 < a\ \left(a \neq \dfrac{3}{2} \right)\ \text{としてもよい} \right)$

8 恒等式

●確認問題

(1) $a(x-1)^2 + b(x-1) + c = x^2 + 1$

$ax^2 - 2ax + a + bx - b + c = x^2 + 1$

$ax^2 - (2a-b)x + a - b + c = x^2 + 1$

両辺の係数を比較して

$a = 1$, $2a - b = 0$, $a - b + c = 1$

これを解いて, $a = 1$, $b = 2$, $c = 2$

別解 与式に $x = 1$, 0, 2 を代入して

$x = 1$ のとき $c = 2$

$x = 0$ のとき $a - b + c = 1$

$x = 2$ のとき $a + b + c = 5$

これを解いて $a = 1$, $b = 2$, $c = 2$

(このとき, 与式は恒等式になる)

(2) $\dfrac{x-1}{(x+3)(x+5)} = \dfrac{a}{x+3} + \dfrac{b}{x+5}$

両辺に $(x+3)(x+5)$ を掛けて分母を払うと

$x - 1 = a(x+5) + b(x+3)$

$\qquad\quad = (a+b)x + 5a + 3b$

両辺の係数を比較して

$a + b = 1$, $5a + 3b = -1$

これを解いて $a = -2$ $b = 3$

●マスター問題

$x^3 - 3x^2 + 7$

$= a(x-2)^3 + b(x-2)^2 + c(x-2) + d$

$= a(x^3 - 6x^2 + 12x - 8) + b(x^2 - 4x + 4)$

$\quad + cx - 2c + d$

$= ax^3 - (6a-b)x^2 + (12a-4b+c)x$

$\quad - 8a + 4b - 2c + d$

両辺の係数を比較して

$a = 1$, $6a - b = 3$, $12a - 4b + c = 0$

$-8a + 4b - 2c + d = 7$

これを解いて

$a = 1$, $b = 3$, $c = 0$, $d = 3$

別解 与式に $x = 0$, 1, 2, 3 を代入する。

$x = 0$ のとき $7 = -8a + 4b - 2c + d$ ……①

$x = 1$ のとき $5 = -a + b - c + d$ ……②

$x = 2$ のとき $3 = d$ ……③

$x = 3$ のとき $7 = a + b + c + d$ ……④

$d = 3$ を代入して整理すると

①は $4a - 2b + c = -2$ ……①′

②は $a - b + c = -2$ ……②′

④は $a + b + c = 4$ ……④′

①′, ②′, ④′を解いて

$a = 1$, $b = 3$, $c = 0$, $d = 3$

(このとき, 与式は恒等式になる。)

別解 $x - 2 = t$ とおき, $x = t + 2$ として与式に代入する。

$(左辺) = (t+2)^3 - 3(t+2)^2 + 7$

$\qquad\quad = (t^3 + 6t^2 + 12t + 8) - 3(t^2 + 4t + 4) + 7$

$\qquad\quad = t^3 + 3t^2 + 3$

$(右辺) = at^3 + bt^2 + ct + d$

$(左辺) = (右辺)$ より係数を比較して

$a = 1$, $b = 3$, $c = 0$, $d = 3$

●チャレンジ問題

$x + y - z = 0$ ……①

$2x - 2y + z + 1 = 0$ ……②

①+②より $3x - y + 1 = 0$

よって $y = 3x + 1$ ……③

①×2+② より $4x - z + 1 = 0$

よって $z = 4x + 1$ ……④

③, ④を $ax^2 + by^2 + cz^2 = 1$ に代入して

$ax^2 + b(3x+1)^2 + c(4x+1)^2 = 1$

x について整理すると

$(a + 9b + 16c)x^2 + (6b + 8c)x + b + c - 1 = 0$

これが x についての恒等式だから
$$a + 9b + 16c = 0, \quad 6b + 8c = 0, \quad b + c - 1 = 0$$
これを解いて
$$\boldsymbol{a = 12, \quad b = 4, \quad c = -3}$$

9 (相加平均 $\dfrac{a+b}{2}$) ≧ (相乗平均 $\sqrt{ab}$) の利用

●確認問題

(1) $\left(x - \dfrac{1}{2}\right)\left(2 - \dfrac{9}{x}\right) = 2x + \dfrac{9}{2x} - 10$

$2x > 0, \ \dfrac{9}{2x} > 0$ だから

（相加平均）≧（相乗平均）の関係より

$$2x + \dfrac{9}{2x} - 10 \geqq 2\sqrt{2x \cdot \dfrac{9}{2x}} - 10$$
$$= 6 - 10 = -4$$

等号は $2x = \dfrac{9}{2x}$ のときだから $4x^2 = 9$

$x > 0$ より $x = \dfrac{3}{2}$ のときである。

よって、$x = \boxed{\dfrac{3}{2}}$ のとき、最小値 $\boxed{-4}$ をとる。

(2) $y = \dfrac{x^2 + x + 36}{x} = x + 1 + \dfrac{36}{x}$

$x > 0, \ \dfrac{36}{x} > 0$ だから

（相加平均）≧（相乗平均）の関係より

$$x + \dfrac{36}{x} + 1 \geqq 2\sqrt{x \cdot \dfrac{36}{x}} + 1 = 12 + 1 = 13$$

等号は $x = \dfrac{36}{x}$ ときだから $x^2 = 36$

$x > 0$ より $x = 6$ のときである。
よって、最小値は **13** （$x = 6$ のとき）

●マスター問題

(1) $x > 0, \ y > 0$ だから（相加平均）≧（相乗平均）の関係より

$$7 = 2x + y \geqq 2\sqrt{2x \cdot y} = 2\sqrt{2}\sqrt{xy}$$

よって、$\sqrt{xy} \leqq \dfrac{7}{2\sqrt{2}} = \dfrac{7\sqrt{2}}{4}$

等号は $2x = y$ のときだから
$2x + y = 7$ より $4x = 7$ よって

$x = \dfrac{7}{4}, \ y = \dfrac{7}{2}$ のとき $\sqrt{xy}$ は最大となる。

ゆえに、最大値は $\dfrac{7\sqrt{2}}{4}$ $\left(x = \dfrac{7}{4}, \ y = \dfrac{7}{2} \text{ のとき}\right)$

(2) $4x^2 + \dfrac{1}{(x+1)(x-1)}$

$$= 4x^2 + \dfrac{1}{x^2 - 1}$$

$$= 4(x^2 - 1) + 4 + \dfrac{1}{x^2 - 1}$$

$x > 1$ より $4(x^2 - 1) > 0, \ \dfrac{1}{x^2 - 1} > 0$ だから

（相加平均）≧（相乗平均）の関係より

$$4(x^2 - 1) + \dfrac{1}{x^2 - 1} + 4$$
$$\geqq 2\sqrt{4(x^2 - 1) \cdot \dfrac{1}{x^2 - 1}} + 4 = 4 + 4 = 8$$

等号は $4(x^2 - 1) = \dfrac{1}{x^2 - 1}$ のときだから

$4(x^2 - 1)^2 = 1, \ (x^2 - 1)^2 = \dfrac{1}{4}$

$x > 1$ だから $x^2 - 1 = \dfrac{1}{2}$

$x^2 = \dfrac{3}{2}$ より $x = \sqrt{\dfrac{3}{2}} = \dfrac{\sqrt{6}}{2}$ のときである。

よって、$\boldsymbol{x = \dfrac{\sqrt{6}}{2}}$ のとき、最小値8

●チャレンジ問題

(1) $\dfrac{a+b}{2} - \sqrt{ab}$

$$= \dfrac{a - 2\sqrt{ab} + b}{2} \quad \longleftarrow \boxed{\begin{array}{l} a > 0, \ b > 0 \text{ のとき} \\ a = (\sqrt{a})^2 \\ b = (\sqrt{b})^2 \end{array}}$$

$$= \dfrac{(\sqrt{a} - \sqrt{b})^2}{2} \geqq 0$$

よって、$\dfrac{a+b}{2} \geqq \sqrt{ab}$, 等号は $a = b$ のとき。

(2) (1)より
$a + b \geqq 2\sqrt{ab}$ 　等号は $a = b$ のとき……①
$c + d \geqq 2\sqrt{cd}$ 　等号は $c = d$ のとき……②
①, ②を辺々加えると
$a + b + c + d \geqq 2\sqrt{ab} + 2\sqrt{cd}$
ここで、$2\sqrt{ab} > 0, \ 2\sqrt{cd} > 0$ だから
（相加平均）≧（相乗平均）の関係より
$$2\sqrt{ab} + 2\sqrt{cd} \geqq 2\sqrt{2\sqrt{ab} \cdot 2\sqrt{cd}}$$
$$= 4\sqrt[4]{abcd}$$
よって、$a + b + c + d \geqq 4\sqrt[4]{abcd}$

ゆえに、$\dfrac{a + b + c + d}{4} \geqq \sqrt[4]{abcd}$

等号は $ab = cd$ かつ $a = b, \ c = d$ より
$a = b = c = d$ のとき。

(3) (2)において、$c = b, \ d = b$ とおくと

$$\dfrac{a + b + b + b}{4} \geqq \sqrt[4]{abbb}$$

よって，$\dfrac{a+3b}{4} \geqq \sqrt[4]{ab^3}$，等号は $a=b$ のとき。

10 条件式がある場合の式の値

●確認問題

(1) $a^2+b^2+c^2$
$= (a+b+c)^2-2(ab+bc+ca)$
$= (-2)^2-2(-1) = \mathbf{6}$

(2) $a+b+c = -2$ より
$a+b = -(c+2)$，$b+c = -(a+2)$，
$c+a = -(b+2)$
として与式に代入すると
$(a+b)(b+c)(c+a)$
$= -(c+2)(a+2)(b+2)$
$= -(c+2)(ab+2a+2b+4)$
$= -\{abc+2(ab+bc+ca)$
$\qquad\qquad +4(a+b+c)+8\}$
$= -\{2+2(-1)+4(-2)+8\}$
$= \mathbf{0}$

●マスター問題

(1) $(a+b)(b+c)(c+a)+abc$
$= (b+c)\{a^2+(b+c)a+bc\}+abc$
$= (b+c)a^2+\{(b+c)^2+bc\}a+bc(b+c)$

$$
\begin{array}{ccc}
1 & \diagdown\diagup & b+c \cdots (b+c)^2 \\
b+c & \diagup\diagdown & bc \cdots bc \\
\hline
& & (b+c)^2+bc
\end{array}
$$

$= (a+b+c)\{(b+c)a+bc\}$
$= \mathbf{(a+b+c)(ab+bc+ca)}$

(2) (1)より
$(a+b+c)^2 = a^2+b^2+c^2+2(ab+bc+ca)$
$a+b+c = 3$，$a^2+b^2+c^2 = 5$ だから
$3^2 = 5+2(ab+bc+ca)$
よって，$ab+bc+ca = 2$
(1)より
$(a+b)(b+c)(c+a)+abc$
$= (a+b+c)(ab+bc+ca)$
$= 3\cdot 2 = \mathbf{6}$

●チャレンジ問題

$\dfrac{1}{a+1}+\dfrac{1}{b+1}+\dfrac{1}{c+1}$

$= \dfrac{(b+1)(c+1)+(c+1)(a+1)+(a+1)(b+1)}{(a+1)(b+1)(c+1)}$

$= \dfrac{(bc+b+c+1)+(ca+c+a+1)+(ab+a+b+1)}{(a+1)(b+1)(c+1)}$

$= \dfrac{(ab+bc+ca)+2(a+b+c)+3}{(a+1)(b+1)(c+1)}$

$= \dfrac{3+2\cdot(-3)+3}{(a+1)(b+1)(c+1)} = \mathbf{0}$

$\dfrac{a}{a+1}+\dfrac{b}{b+1}+\dfrac{c}{c+1}$

$= \dfrac{(a+1)-1}{a+1}+\dfrac{(b+1)-1}{b+1}+\dfrac{(c+1)-1}{c+1}$

$= 1-\dfrac{1}{a+1}+1-\dfrac{1}{b+1}+1-\dfrac{1}{c+1}$

$= 3-\left(\dfrac{1}{a+1}+\dfrac{1}{b+1}+\dfrac{1}{c+1}\right) = 3-0 = \mathbf{3}$

11 直線の方程式

●確認問題

(1) $3x-y = 4$ は $y = 3x-4$ より傾きは 3 だから
$y-(-1) = 3(x-3)$
よって，$\mathbf{y = 3x-10}$　$(3x-y-10 = 0)$

(2) $2x+5y = 1$ は $y = -\dfrac{2}{5}x+\dfrac{1}{5}$ より

傾きは $-\dfrac{2}{5}$，

垂直な直線の傾き m は

$-\dfrac{2}{5}\cdot m = -1$ より $m = \dfrac{5}{2}$ だから

$y-7 = \dfrac{5}{2}(x-4)$

よって，$\mathbf{y = \dfrac{5}{2}x-3}$　$(5x-2y-6 = 0)$

●マスター問題

(1) 直線 l は線分 PQ の垂直二等分線になっている。

PQ の傾きは $\dfrac{-1-(-3)}{5-1} = \dfrac{1}{2}$

垂直な傾き m は

$\dfrac{1}{2}\cdot m = -1$ より $m = -2$

PQ の中点は $\left(\dfrac{1+5}{2}, \dfrac{-3-1}{2}\right)$ より $(3, -2)$

よって，$y-(-2) = -2(x-3)$ より
$\mathbf{y = -2x+4}$

(2) $x-3y+5 = 0$ ……①，$x-2y+2 = 0$ ……②
とおいて，①，②を解くと　$x = 4$，$y = 3$
よって，交点は $(4, 3)$
ゆえに，2点 $(1, 0)$ と $(4, 3)$ を通るから
$y = \dfrac{3-0}{4-1}(x-1)$ より
$\mathbf{y = x-1}$　$(x-y-1 = 0)$

別解 2直線の交点を通る直線は
$$(x-3y+5)+k(x-2y+2)=0$$
と表せる。

点 $(1, 0)$ を通るから
$$(1-3\cdot0+5)+k(1-2\cdot0+2)=0$$
$$3k+6=0 \text{ より } k=-2$$
$$(x-3y+5)-2(x-2y+2)=0 \text{ より}$$
$$-x+y+1=0$$
よって，$y=x-1$ $(x-y-1=0)$

●チャレンジ問題

$k=2$ のとき，
①は $2x-2=0$ より $x=1$
②は $3x-4y+7=0$
だから，①，②は平行にも垂直にもならない。

$k=-2$ のとき
①は $-2x-4y-10=0$ より
$$x+2y+5=0$$
②は $3x+3=0$ より $x=-1$
だから，①，②は平行にも垂直にもならない。

$k \neq 2, -2$ のとき

①の傾きは $-\dfrac{k}{k-2}$

②の傾きは $\dfrac{3}{k+2}$

(1) ①，②が垂直なとき

$$-\dfrac{k}{k-2}\cdot\dfrac{3}{k+2}=-1 \text{ より}$$
$$(k-2)(k+2)=3k$$
$$k^2-3k-4=0$$
$$(k+1)(k-4)=0$$
よって，$k=-1, 4$

(2) ①，②が平行なとき

$$-\dfrac{k}{k-2}=\dfrac{3}{k+2} \text{ より}$$
$$-k(k+2)=3(k-2)$$
$$k^2+5k-6=0$$
$$(k-1)(k+6)=0$$
よって，$k=1, -6$

別解 (1) ①，②が垂直なとき

$$k\cdot3+(k-2)\cdot(-k-2)=0 \text{ より}$$
$$k^2-3k-4=0$$
$$(k+1)(k-4)=0$$
よって，$k=-1, 4$

$$\boxed{\begin{array}{l} l: ax+by+c=0 \\ m: a'x+b'y+c'=0 \\ l \parallel m \Longleftrightarrow ab'-a'b=0 \\ l \perp m \Longleftrightarrow aa'+bb'=0 \end{array}}$$

(2) ①，②が平行なとき

$$k\cdot(-k-2)-(k-2)\cdot3=0 \text{ より}$$
$$k^2+5k-6=0$$
$$(k-1)(k+6)=0$$
よって，$k=1, -6$

12 点と直線の距離

●確認問題

(1) 点 $(4, -6)$ と直線 $3x-y+2=0$ の距離だから
$$d=\dfrac{|3\cdot4-(-6)+2|}{\sqrt{3^2+(-1)^2}}=\dfrac{|20|}{\sqrt{10}}=\dfrac{20\sqrt{10}}{10}=2\sqrt{10}$$

(2) 傾き 2 の直線を $y=2x+n$ とおくと，点 $(-3, -2)$ と直線 $2x-y+n=0$ との距離が $\sqrt{5}$ だから
$$\dfrac{|2\cdot(-3)-(-2)+n|}{\sqrt{2^2+(-1)^2}}=\sqrt{5}$$
$$|n-4|=5, \quad n-4=\pm5$$
$$n=-1, 9$$
よって，$y=2x-1, \ y=2x+9$

●マスター問題

直線 l の方程式は
$$y-2=\dfrac{-2-2}{2-4}(x-4)$$
$$y=2x-6 \quad (2x-y-6=0)$$
放物線上の点を $P(t, t^2-4t+6)$ とおく。
l と P との距離は
$$\dfrac{|2t-t^2+4t-6-6|}{\sqrt{2^2+(-1)^2}}=\dfrac{|-t^2+6t-12|}{\sqrt{5}}$$
$$=\dfrac{|-(t-3)^2-3|}{\sqrt{5}}$$

よって，$t=3$ のとき最小値 $\dfrac{|-3|}{\sqrt{5}}=\dfrac{3\sqrt{5}}{5}$

ゆえに，$P(3, 3)$ のとき，P と l の距離は $\dfrac{3\sqrt{5}}{5}$
また，$AB=\sqrt{(2-4)^2+(-2-2)^2}=2\sqrt{5}$
したがって，$\triangle ABP=\dfrac{1}{2}\cdot2\sqrt{5}\cdot\dfrac{3\sqrt{5}}{5}=3$

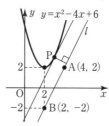

別解
直線 $l: y=2x-6$ に平行な
放物線 $y=x^2-4x+6$ の接線を引けば，その接点 P と l の距離が最短となる。
$$y'=2x-4=2 \text{ より } x=3$$
よって，$P(3, 3)$
P と l の距離は
$$\dfrac{|2\cdot3-3-6|}{\sqrt{2^2+(-1)^2}}=\dfrac{3}{\sqrt{5}}=\dfrac{3\sqrt{5}}{5}$$

(以下同様)

●チャレンジ問題

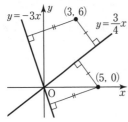

l の方程式を $y = mx$ とおくと

点 $(5, 0)$ と l, 点 $(3, 6)$ と l との距離が等しいから

$$\frac{|5m|}{\sqrt{m^2+1}} = \frac{|3m-6|}{\sqrt{m^2+1}}$$

$$|5m| = |3m-6|$$

$$3m - 6 = \pm 5m$$

$3m - 6 = 5m$ のとき $m = -3$

$3m - 6 = -5m$ のとき $m = \frac{3}{4}$

よって，$y = -3x,\ y = \frac{3}{4}x$

(参考)

$|5m| = |3m-6|$ の解き方は，両辺が正だから次のように両辺を 2 乗してもよい。

$$(5m)^2 = (3m-6)^2,\quad (5m)^2 - (3m-6)^2 = 0$$

$$(5m - 3m + 6)(5m + 3m - 6) = 0$$

$$(2m+6)(8m-6) = 0$$

よって，$m = -3,\ \frac{3}{4}$

13 円と直線の関係

●確認問題

$x^2 + y^2 - 2x = 0$

$(x-1)^2 + y^2 = 1$

より円の中心は $(1, 0)$，半径は 1 である。

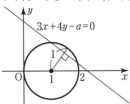

円の中心 $(1, 0)$ と直線 $3x + 4y - a = 0$ との距離が 1 以下になればよいから

$$\frac{|3\cdot1 + 4\cdot0 - a|}{\sqrt{3^2+4^2}} \leqq 1$$

$$|3 - a| \leqq 5$$

$$-5 \leqq a - 3 \leqq 5$$

> $|3-a| \leqq 5$ と $|a-3| \leqq 5$ は同じ式

よって，$-2 \leqq a \leqq 8$

別解

$y = -\frac{3}{4}x + \frac{a}{4}$ を円の式に代入して

$$x^2 + \left(-\frac{3}{4}x + \frac{a}{4}\right)^2 - 2x = 0$$

$$16x^2 + (9x^2 - 6ax + a^2) - 32x = 0$$

$$25x^2 - (6a + 32)x + a^2 = 0$$

判別式を D とすると $D \geqq 0$ ならばよいから

$$\frac{D}{4} = (3a + 16)^2 - 25a^2$$

$$= -16a^2 + 96a + 256 \geqq 0$$

$$a^2 - 6a - 16 \leqq 0$$

$$(a+2)(a-8) \leqq 0$$

よって，$-2 \leqq a \leqq 8$

●マスター問題

(1) $x^2 + y^2 - 2y = 0$ より $x^2 + (y-1)^2 = 1$

よって，円の中心は $(0, 1)$，半径は 1

(2) $ax - y + 2a = 0$ より $y = a(x+2)$

この直線は点 $(-2, 0)$ を通る。

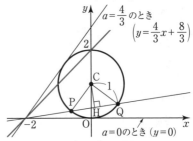

円の中心 $(0, 1)$ と直線 $ax - y + 2a = 0$ までの距離が半径より小さければよいから

$$\frac{|a\cdot0 - 1 + 2a|}{\sqrt{a^2 + (-1)^2}} < 1$$ より

$$|2a - 1| < \sqrt{a^2 + 1}$$

両辺を 2 乗して

$$4a^2 - 4a + 1 < a^2 + 1$$

$$a(3a - 4) < 0$$

> 両辺正だから 2 乗できる。2 乗すると，| | と $\sqrt{}$ が同時にはずれる。

よって，$0 < a < \frac{4}{3}$

(3) $PQ = \sqrt{2}$ のとき，上の図で $CH = PH = \frac{\sqrt{2}}{2}$ だから

$$CH = \frac{|2a-1|}{\sqrt{a^2+1}} = \frac{\sqrt{2}}{2}$$ より

$$\sqrt{2}\,|2a-1| = \sqrt{a^2+1}$$

両辺を 2 乗して

$$2(4a^2 - 4a + 1) = a^2 + 1$$

$$7a^2 - 8a + 1 = 0$$

$$(7a - 1)(a - 1) = 0$$

よって，$a = \frac{1}{7},\ 1$

●チャレンジ問題

直線 $y = -x + \dfrac{1}{2}$ $(2x + 2y - 1 = 0)$

と円の中心 $\mathrm{C}\left(a, \dfrac{a}{2}\right)$ との距離は

$$\mathrm{CH} = \dfrac{|2a + a - 1|}{\sqrt{2^2 + 2^2}} = \dfrac{|3a - 1|}{2\sqrt{2}}$$

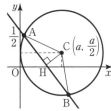

$\mathrm{CH} < a \ (a > 0)$ ならばよいから

$$\dfrac{|3a - 1|}{2\sqrt{2}} < a$$

$$|3a - 1| < 2\sqrt{2}\,a$$

両辺を2乗して

$$9a^2 - 6a + 1 < 8a^2, \quad a^2 - 6a + 1 < 0$$

$$\boldsymbol{3 - 2\sqrt{2} < a < 3 + 2\sqrt{2}}$$

2点の距離 AB は $\mathrm{AC}^2 = \mathrm{AH}^2 + \mathrm{CH}^2$ より

$$a^2 = \mathrm{AH}^2 + \left(\dfrac{3a - 1}{2\sqrt{2}}\right)^2$$

$$\mathrm{AH}^2 = a^2 - \dfrac{9a^2 - 6a + 1}{8}$$

$$= -\dfrac{1}{8}a^2 + \dfrac{3}{4}a - \dfrac{1}{8}$$

よって，$\mathrm{AB} = 2\mathrm{AH} = 2\sqrt{-\dfrac{1}{8}a^2 + \dfrac{3}{4}a - \dfrac{1}{8}}$

$$= 2\sqrt{-\dfrac{1}{8}(a - 3)^2 + 1}$$

ゆえに，$a = 3$ のとき AB は最大になり最大値は **2**

14 定点を通る直線・円

●マスター問題

(1) $(2k - 1)x + (k - 2)y - 3k + 3 = 0$

$(2x + y - 3)k - (x + 2y - 3) = 0$

任意の k で成り立つためには

$2x + y - 3 = 0$ ……①

$x + 2y - 3 = 0$ ……②

①，②を解いて $x = 1, \ y = 1$

よって，定点の座標は **(1, 1)**

(2) $x^2 + y^2 + (k - 2)x - ky + 2k - 16 = 0$

$(x - y + 2)k + (x^2 + y^2 - 2x - 16) = 0$

どのような k の値に対しても成り立つためには

$x - y + 2 = 0$ ……①

$x^2 + y^2 - 2x - 16 = 0$ ……②

①より $y = x + 2$ として，②に代入して

$$x^2 + (x + 2)^2 - 2x - 16 = 0$$

$$2x^2 + 2x - 12 = 0$$

$$x^2 + x - 6 = 0$$

$$(x - 2)(x + 3) = 0 \quad より \quad x = 2, \ -3$$

$x = 2$ のとき $y = 4$，$x = -3$ のとき $y = -1$

よって，定点は $(2, 4)$，$(-3, -1)$ を通る。

15 $f(x, y) = 0$ と $g(x, y) = 0$ の交点を通る曲線

●マスター問題

(1) $C_1 : x^2 + y^2 = 25$

$C_2 : x^2 + y^2 - 8x - 6y + 23 = 0$

C_1, C_2 の交点を通る曲線は

$(x^2 + y^2 - 8x - 6y + 23)$

$\quad + k(x^2 + y^2 - 25) = 0$ ……①

とおける。

これが直線を表すのは $k = -1$ のときだから

$(x^2 + y^2 - 8x - 6y + 23) - 1 \cdot (x^2 + y^2 - 25) = 0$

$-8x - 6y + 48 = 0$

よって，$\boldsymbol{4x + 3y - 24 = 0}$

(2) ①が $(3, 1)$ を通るから

$(9 + 1 - 24 - 6 + 23) + k(9 + 1 - 25) = 0$

$3 - 15k = 0$

これより $k = \dfrac{1}{5}$

①に代入して

$$x^2 + y^2 - 8x - 6y + 23 + \dfrac{1}{5}(x^2 + y^2 - 25) = 0$$

$$6x^2 + 6y^2 - 40x - 30y + 90 = 0$$

よって，$\boldsymbol{x^2 + y^2 - \dfrac{20}{3}x - 5y + 15 = 0}$

16 線対称

●マスター問題

円 $x^2 + (y - 2)^2 = 4$ は中心 $(0, 2)$，半径2

円の中心 $(0, 2)$ を A，A と直線 $y = 2x - 3$ に関して対称な点を $\mathrm{B}(a, b)$ とおく。

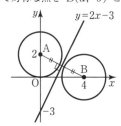

直線 AB は直線 $y = 2x - 3$ に垂直だから

$$\dfrac{b - 2}{a - 0} \cdot 2 = -1 \quad より$$

$$a + 2b - 4 = 0 \quad ……①$$

線分 AB の中点 $\left(\dfrac{a + 0}{2}, \dfrac{b + 2}{2}\right)$ が直線

9

$y = 2x - 3$ 上にあるから

$$\frac{b+2}{2} = 2 \cdot \frac{a}{2} - 3 \quad \text{より}$$

$$2a - b - 8 = 0 \quad \text{……②}$$

①, ②を解いて

$a = 4,\ b = 0$　ゆえに　B(4, 0)

対称移動しても円の半径は変わらない。

よって，求める方程式は

$$(x-4)^2 + y^2 = 4$$

17 軌跡(1)

●マスター問題

AP : BP = 1 : 2

$2\mathrm{AP} = \mathrm{BP}$ より $4\mathrm{AP}^2 = \mathrm{BP}^2$

$$4\{(x-2)^2 + (y-1)^2\} = (x-5)^5 + (y-4)^2$$

$$4(x^2 - 4x + 4 + y^2 - 2y + 1)$$
$$= x^2 - 10x + 25 + y^2 - 8y + 16$$

$$3x^2 + 3y^2 - 6x = 21$$
$$x^2 + y^2 - 2x = 7$$

よって，$(x-1)^2 + y^2 = 8$

18 軌跡(2)

●確認問題

(1) $y = -2x^2 + 4px + 2p + 1$
$$= -2(x^2 - 2px) + 2p + 1$$
$$= -2\{(x-p)^2 - p^2\} + 2p + 1$$
$$= -2(x-p)^2 + 2p^2 + 2p + 1$$

頂点の座標は $(p,\ 2p^2 + 2p + 1)$

頂点を $(x,\ y)$ とおくと

$x = p,\ y = 2p^2 + 2p + 1$

これより p を消去して，頂点の軌跡は

放物線 $y = 2x^2 + 2x + 1$

(2) $x^2 + y^2 - 2kx + 2ky + k^2 = 0$
$$(x-k)^2 + (y+k)^2 = k^2 \quad (k \ne 0)$$

中心の座標は $(k,\ -k)$，

中心を $(x,\ y)$ とおく。

$x = k,\ y = -k$

これより k を消去して，円の中心は

直線 $y = -x$ 上にある。ただし，原点を除く。

●マスター問題

$\mathrm{P}(s,\ t),\ \mathrm{Q}(x,\ y)$ とおく。

P は円周上の点だから $s^2 + t^2 = 4$ を満たす。

Q は PA を $1:3$ に外分する点だから

$$x = \frac{-3 \cdot s + 1 \cdot 0}{1 - 3} = \frac{3}{2}s$$

$$y = \frac{-3 \cdot t + 1 \cdot (-1)}{1 - 3} = \frac{3t+1}{2}$$

$$\begin{cases} s = \dfrac{2}{3}x \\[2mm] t = \dfrac{2y-1}{3} \end{cases} \quad \text{……①}$$

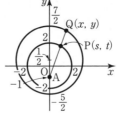

①を $s^2 + t^2 = 4$ に代入して

$$\left(\frac{2}{3}x\right)^2 + \left(\frac{2y-1}{3}\right)^2 = 4$$

$$4x^2 + (2y-1)^2 = 36$$

$$x^2 + \left(y - \frac{1}{2}\right)^2 = 9$$

> 両辺を 4 で割るとき
> $(\quad)^2$ 内は 2 で割る。

よって，円 $x^2 + \left(y - \dfrac{1}{2}\right)^2 = 9$

別解

Q が PA を $1:3$ に外分する点のとき

P は線分 AQ を $2:1$ に内分する点である。

$$\begin{cases} s = \dfrac{1 \cdot 0 + 2 \cdot x}{2 + 1} = \dfrac{2}{3}x \\[2mm] t = \dfrac{1 \cdot (-1) + 2 \cdot y}{2 + 1} = \dfrac{2y-1}{3} \end{cases}$$

としてもよい。(以下同様)

●チャレンジ問題

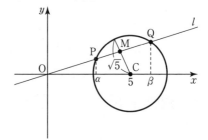

(1) 円 C の中心 (5, 0) と直線 l との距離が，円 C の半径 $\sqrt{5}$ 以下のとき，共有点をもつから

$$\frac{|m \cdot 5 - 1 \cdot 0|}{\sqrt{m^2 + (-1)^2}} \le \sqrt{5} \quad \text{より}$$

$$|5m| \le \sqrt{5}\sqrt{m^2 + 1}$$

両辺を 2 乗して

$$5m^2 \le m^2 + 1$$

$$4m^2 - 1 \le 0$$

$$(2m+1)(2m-1) \le 0$$

よって，$-\dfrac{1}{2} \le m \le \dfrac{1}{2}$

(2) $(x-5)^2 + y^2 = 5$ に $y = mx$ を代入して

$$x^2 - 10x + 25 + m^2x^2 = 5$$
$$(m^2+1)x^2 - 10x + 20 = 0$$

この2つの解を α, β とすると，解と係数の関係より

$$\alpha + \beta = \frac{10}{m^2+1}$$

中点を $M(x, y)$ とおくと

$$x = \frac{\alpha + \beta}{2} = \frac{5}{m^2+1}$$

y 座標は直線 $y = mx$ 上の点だから

$$y = \frac{5m}{m^2+1}$$

よって，$\mathbf{M}\left(\dfrac{5}{m^2+1}, \dfrac{5m}{m^2+1}\right)$

(3) $x = \dfrac{5}{m^2+1}$, $y = \dfrac{5m}{m^2+1}$

より，m を消去する。

$y = mx$ だから，$m = \dfrac{y}{x}$ $(x \neq 0)$ を代入して

$$x = \frac{5}{\left(\frac{y}{x}\right)^2 + 1} \quad \text{より} \quad x = \frac{5x^2}{y^2 + x^2}$$

$$x^2 + y^2 - 5x = 0$$

よって，円 $\left(x - \dfrac{5}{2}\right)^2 + y^2 = \dfrac{25}{4}$

ただし，(1)より $-\dfrac{1}{2} \leqq m \leqq \dfrac{1}{2}$ だから

$$-\frac{1}{2} \leqq \frac{y}{x} \leqq \frac{1}{2} \quad \text{より} \quad -\frac{1}{2}x \leqq y \leqq \frac{1}{2}x$$

これを図示すると，次の図のようになる。

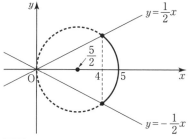

別解

x を満たす範囲は，次のように求めてもよい。

ただし，$x = \dfrac{5}{m^2+1}$ かつ $m^2 \leqq \dfrac{1}{4}$ より

$$x \geqq \frac{5}{\frac{1}{4} + 1} = 4$$

一番大きな $\dfrac{1}{4}$ を代入した値より x は大きい

19 領域と最大・最小

●確認問題

領域を図示すると，下図のようになる。
ただし，境界を含む。

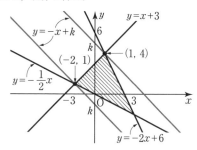

$x + y = k$ とおいて，$y = -x + k$ と変形すると，傾き -1 の直線を表す。

k は点 $(1, 4)$ を通るとき最大で
$$k = 1 + 4 = 5$$
点 $(-2, 1)$ を通るとき最小で
$$k = -2 + 1 = -1$$
よって，$x = 1$, $y = 4$ のとき最大値 5
$\qquad x = -2$, $y = 1$ のとき最小値 -1

●マスター問題

領域を図示すると下図のようになる。
ただし，境界を含む。

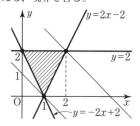

$x^2 + y^2 = k$ とおくと
原点を中心とし，半径 $\sqrt{k}$ の円である。

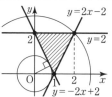

k は点 $(2, 2)$ を通るとき最大で，
$$k = 2^2 + 2^2 = 8$$
最小となるのは，図のように接するときで
$$\sqrt{k} = \frac{|-2|}{\sqrt{2^2 + 1^2}} = \frac{2}{\sqrt{5}} \quad \text{より}$$
$$k = \left(\frac{2}{\sqrt{5}}\right)^2 = \frac{4}{5}$$

接点の座標は，直線 $y = -2x + 2$ に垂直で原点を通る直線 $y = \dfrac{1}{2}x$ との交点だから

$-2x+2=\dfrac{1}{2}x$ より $x=\dfrac{4}{5}$, $y=\dfrac{2}{5}$

よって，$x=2$, $y=2$ のとき最大値 8

$\qquad x=\dfrac{4}{5}$, $y=\dfrac{2}{5}$ のとき最小値 $\dfrac{4}{5}$

●チャレンジ問題

(1) 傾き 2 の直線を $y=2x+n$ とおくと
円の中心 $(0,\ 0)$ と直線との距離が半径 1 に等し
いときに接するから

$$\dfrac{|2\cdot0-0+n|}{\sqrt{2^2+(-1)^2}}=\dfrac{|n|}{\sqrt5}=1$$

$|n|=\sqrt5$　ゆえに　$n=\pm\sqrt5$

よって，$y=2x\pm\sqrt5$

(2) 領域 D_1 と領域 D_2 の関係は下図のようになっ
ている。

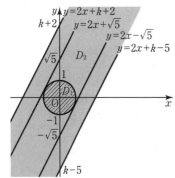

上図より
$k+2\geqq\sqrt5$ かつ $k-5\leqq-\sqrt5$ ならばよい。
よって，$\sqrt5-2\leqq k\leqq5-\sqrt5$
$2<\sqrt5<3$ だから
$\quad 0<\sqrt5-2<1,\ 2<5-\sqrt5<3$
これより k は $1\leqq k\leqq2$ の整数
ゆえに，$k=1$, 2

20 加法定理

●確認問題

(1) $\cos15°=\cos(45°-30°)$
$\qquad=\cos45°\cos30°+\sin45°\sin30°$
$\qquad=\dfrac{\sqrt2}{2}\cdot\dfrac{\sqrt3}{2}+\dfrac{\sqrt2}{2}\cdot\dfrac{1}{2}$
$\qquad=\dfrac{\sqrt6+\sqrt2}{4}$

別解　$\cos15°=\cos(60°-45°)$
$\qquad=\cos60°\cos45°+\sin60°\sin45°$
$\qquad=\dfrac{1}{2}\cdot\dfrac{\sqrt2}{2}+\dfrac{\sqrt3}{2}\cdot\dfrac{\sqrt2}{2}$
$\qquad=\dfrac{\sqrt2+\sqrt6}{4}$

(2) $\cos\theta=1-2\sin^2\dfrac{\theta}{2}$ より

$\qquad -\dfrac{4}{5}=1-2\sin^2\dfrac{\theta}{2}$

$\qquad 2\sin^2\dfrac{\theta}{2}=\dfrac{9}{5}$

$\qquad \sin^2\dfrac{\theta}{2}=\dfrac{9}{10}$

$0<\theta<2\pi$ より $0<\dfrac{\theta}{2}<\pi$ だから

$\qquad \sin\dfrac{\theta}{2}>0$

よって，$\sin\dfrac{\theta}{2}=\dfrac{3\sqrt{10}}{10}\ \left(=\dfrac{3}{\sqrt{10}}\right)$

(3) $1+\tan^2\theta=\dfrac{1}{\cos^2\theta}$ より

$\qquad 1+\left(\dfrac{3}{4}\right)^2=\dfrac{1}{\cos^2\theta}$

$\qquad \dfrac{25}{16}=\dfrac{1}{\cos^2\theta}$

$\qquad \cos^2\theta=\dfrac{16}{25}$

$0<\theta<\dfrac{\pi}{2}$ だから $\cos\theta>0$

よって，$\cos\theta=\sqrt{\dfrac{16}{25}}=\dfrac{4}{5}$

$\qquad \sin\theta=\tan\theta\cos\theta=\dfrac{3}{4}\cdot\dfrac{4}{5}=\dfrac{3}{5}$

ゆえに，$\sin2\theta=2\sin\theta\cos\theta$

$\qquad\qquad =2\cdot\dfrac{3}{5}\cdot\dfrac{4}{5}=\dfrac{24}{25}$

●マスター問題

$0<\alpha<\dfrac{\pi}{2}$ だから $\cos\alpha>0$

$\qquad \cos\alpha=\sqrt{1-\sin^2\alpha}=\sqrt{1-\left(\dfrac{3}{5}\right)^2}=\dfrac{4}{5}$

$\dfrac{\pi}{2}<\beta<\pi$ だから $\sin\beta>0$

$\qquad \sin\beta=\sqrt{1-\cos^2\beta}=\sqrt{1-\left(-\dfrac{5}{13}\right)^2}=\dfrac{12}{13}$

$\sin(\alpha+\beta)=\sin\alpha\cos\beta+\cos\alpha\sin\beta$

$\qquad\qquad =\dfrac{3}{5}\cdot\left(-\dfrac{5}{13}\right)+\dfrac{4}{5}\cdot\dfrac{12}{13}=\dfrac{33}{65}$

$\cos(\alpha+\beta)=\cos\alpha\cos\beta-\sin\alpha\sin\beta$

$\qquad\qquad =\dfrac{4}{5}\cdot\left(-\dfrac{5}{13}\right)-\dfrac{3}{5}\cdot\dfrac{12}{13}=-\dfrac{56}{65}$

$\tan\alpha=\dfrac{\sin\alpha}{\cos\alpha}=\dfrac{3}{4}$, $\tan\beta=\dfrac{\sin\beta}{\cos\beta}=-\dfrac{12}{5}$

だから

$$\tan(\alpha - \beta) = \frac{\tan\alpha - \tan\beta}{1 + \tan\alpha\tan\beta}$$

$$= \frac{\dfrac{3}{4} - \left(-\dfrac{12}{5}\right)}{1 + \dfrac{3}{4}\cdot\left(-\dfrac{12}{5}\right)}$$

分母, 分子に 20 を掛けて分母を払う

$$= \frac{15 + 48}{20 - 36} = -\frac{63}{16}$$

●チャレンジ問題

(1) $\sin x + \sin y = \dfrac{4}{5}$ ……①

$\cos 2x + \cos 2y = \dfrac{6}{5}$ ……② とする。

②より

$$(1 - 2\sin^2 x) + (1 - 2\sin^2 y) = \frac{6}{5}$$

$$\sin^2 x + \sin^2 y = \frac{2}{5}$$ ……③

①の両辺を 2 乗すると

$$(\sin x + \sin y)^2 = \left(\frac{4}{5}\right)^2$$

$$\sin^2 x + 2\sin x\sin y + \sin^2 y = \frac{16}{25}$$

③を代入して

$$2\sin x\sin y = \frac{16}{25} - \frac{2}{5} = \frac{6}{25}$$

$$\sin x\sin y = \frac{3}{25}$$ ……④

①より $\sin y = \dfrac{4}{5} - \sin x$ を④に代入して

$$\sin x\left(\frac{4}{5} - \sin x\right) = \frac{3}{25}$$

$$\sin^2 x - \frac{4}{5}\sin x + \frac{3}{25} = 0$$

$$25\sin^2 x - 20\sin x + 3 = 0$$

$$(5\sin x - 1)(5\sin x - 3) = 0$$

よって, $\sin x = \dfrac{1}{5}, \dfrac{3}{5}$ ①に代入して

$\sin x = \dfrac{1}{5}$ のとき $\sin y = \dfrac{3}{5}$

$\sin x = \dfrac{3}{5}$ のとき $\sin y = \dfrac{1}{5}$

ここで, $0 \leqq x \leqq y \leqq \dfrac{\pi}{2}$ だから $\sin x \leqq \sin y$

ゆえに, $\boldsymbol{\sin x = \dfrac{1}{5}}$

別解

$\sin x + \sin y = \dfrac{4}{5}$ ……①

$\sin x\sin y = \dfrac{3}{25}$ ……④

だから, 解と係数の関係より $\sin x,\ \sin y$ は

2 次方程式 $t^2 - \dfrac{4}{5}t + \dfrac{3}{25} = 0$ の 2 つの解である。

$$25t^2 - 20t + 3 = 0$$

$(5t - 1)(5t - 3) = 0$ より $t = \dfrac{1}{5},\ \dfrac{3}{5}$

$0 \leqq x \leqq y \leqq \dfrac{\pi}{2}$ だから $\sin x \leqq \sin y$

よって, $\boldsymbol{\sin x = \dfrac{1}{5}},\ \sin y = \dfrac{3}{5}$

(2) $0 \leqq x \leqq y \leqq \dfrac{\pi}{2}$ だから $\cos x > 0,\ \cos y > 0$

$$\cos x = \sqrt{1 - \sin^2 x} = \sqrt{1 - \left(\frac{1}{5}\right)^2} = \frac{2\sqrt{6}}{5}$$

$$\cos y = \sqrt{1 - \sin^2 y} = \sqrt{1 - \left(\frac{3}{5}\right)^2} = \frac{4}{5}$$

$$\sin(y - x) = \sin y\cos x - \cos y\sin x$$

$$= \frac{3}{5}\cdot\frac{2\sqrt{6}}{5} - \frac{4}{5}\cdot\frac{1}{5}$$

$$= \frac{6\sqrt{6} - 4}{25}$$

21 三角方程式・不等式

●確認問題

(1) $\cos 4\theta = \cos 2\theta$ より

$$2\cos^2 2\theta - 1 = \cos 2\theta$$

$$2\cos^2 2\theta - \cos 2\theta - 1 = 0$$

$$(\cos 2\theta - 1)(2\cos 2\theta + 1) = 0$$

$$\cos 2\theta = 1,\ -\frac{1}{2}$$

$0 \leqq \theta \leqq \pi$ より $0 \leqq 2\theta \leqq 2\pi$ だから

$$2\theta = 0,\ 2\pi,\ \frac{2}{3}\pi,\ \frac{4}{3}\pi$$

より

$$\boldsymbol{\theta = 0,\ \frac{\pi}{3},\ \frac{2}{3}\pi,\ \pi}$$

(2) $\cos 2\theta + \sqrt{3}\sin\theta + 2 < 0$ より

$$(1 - 2\sin^2\theta) + \sqrt{3}\sin\theta + 2 < 0$$

$$-2\sin^2\theta + \sqrt{3}\sin\theta + 3 < 0$$

$$2\sin^2\theta - \sqrt{3}\sin\theta - 3 > 0$$

$$(2\sin\theta + \sqrt{3})(\sin\theta - \sqrt{3}) > 0$$

$-1 \leqq \sin\theta \leqq 1$ より $\sin\theta - \sqrt{3} < 0$ だから

$$2\sin\theta + \sqrt{3} < 0$$

$$\sin\theta < -\frac{\sqrt{3}}{2}$$

よって，

$$\frac{4}{3}\pi < \theta < \frac{5}{3}\pi$$

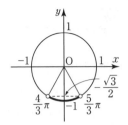

●マスター問題

$$\sin^2 x - \sin x + \sqrt{3}\sin x \cos x \geqq 0$$

$$\sin x(\sin x + \sqrt{3}\cos x - 1) \geqq 0$$

$$\sin x\left\{\sqrt{1 + (\sqrt{3})^2}\sin\left(x + \frac{\pi}{3}\right) - 1\right\} \geqq 0$$

$$\sin x\left\{2\sin\left(x + \frac{\pi}{3}\right) - 1\right\} \geqq 0$$

$$\begin{cases} \sin x \geqq 0 \\ \sin\left(x + \frac{\pi}{3}\right) \geqq \frac{1}{2} \end{cases} \quad \cdots\cdots(\text{i})$$

$$\begin{cases} \sin x \leqq 0 \\ \sin\left(x + \frac{\pi}{3}\right) \leqq \frac{1}{2} \end{cases} \quad \cdots\cdots(\text{ii})$$

$0 \leqq x < 2\pi$ だから $\dfrac{\pi}{3} \leqq x + \dfrac{\pi}{3} < \dfrac{7}{3}\pi$

(i)のとき

$\quad \sin x \geqq 0$ より $0 \leqq x \leqq \pi$ $\cdots\cdots$①

$\sin\left(x + \dfrac{\pi}{3}\right) \geqq \dfrac{1}{2}$ より

$$\frac{\pi}{3} \leqq x + \frac{\pi}{3} \leqq \frac{5}{6}\pi$$

$$\frac{13}{6}\pi \leqq x + \frac{\pi}{3} < \frac{7}{3}\pi$$

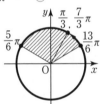

よって，$0 \leqq x \leqq \dfrac{\pi}{2}$, $\dfrac{11}{6}\pi \leqq x < 2\pi$ $\cdots\cdots$②

①かつ②より $0 \leqq x \leqq \dfrac{\pi}{2}$

(ii)のとき

$\quad \sin x \leqq 0$ より $\pi \leqq x < 2\pi$ $\cdots\cdots$③

$\quad \sin\left(x + \dfrac{\pi}{3}\right) \leqq \dfrac{1}{2}$ より

$$\frac{5}{6}\pi \leqq x + \frac{\pi}{3} \leqq \frac{13}{6}\pi$$

よって，$\dfrac{\pi}{2} \leqq x \leqq \dfrac{11}{6}\pi$

$\cdots\cdots$④

③かつ④より $\pi \leqq x \leqq \dfrac{11}{6}\pi$

(i), (ii)より

$$0 \leqq x \leqq \frac{\pi}{2}, \quad \pi \leqq x \leqq \frac{11}{6}\pi$$

●チャレンジ問題

$0 < x < \dfrac{\pi}{4}$ で $\cos 3x = \sin 2x$ だから

$0 < 2x < \dfrac{\pi}{2}$ より $\sin 2x > 0$ $\cdots\cdots$①

また，$0 < 3x < \dfrac{3}{4}\pi$ であり，①より $\cos 3x > 0$

だから

$\quad 0 < 3x < \dfrac{\pi}{2}$ より $0 < x < \dfrac{\pi}{6}$

このとき

$$\cos 3x = \sin\left(\frac{\pi}{2} - 3x\right) \text{ となるから}$$

$$\sin\left(\frac{\pi}{2} - 3x\right) = \sin 2x$$

よって，$\dfrac{\pi}{2} - 3x = 2x$ より $x = \dfrac{\pi}{10}$

このとき，

$$\cos 3x = \sin 2x$$

2倍角と3倍角の公式より

$$4\cos^3 x - 3\cos x = 2\sin x \cos x$$

$$\cos x(4\cos^2 x - 3 - 2\sin x) = 0$$

$\cos x > 0$ だから

$$4(1 - \sin^2 x) - 3 - 2\sin x = 0$$

$$4\sin^2 x + 2\sin x - 1 = 0$$

よって，$\sin x = \dfrac{-1 \pm \sqrt{5}}{4}$

$\sin x > 0$ だから $\sin x = \dfrac{-1 + \sqrt{5}}{4}$

22 三角関数の合成公式

●確認問題

$$f(\theta) = \sin 2\theta - \sqrt{3}\cos 2\theta$$

$$= \sqrt{1^2 + (-\sqrt{3})^2}\sin\left(2\theta - \frac{\pi}{3}\right)$$

$$= 2\sin\left(2\theta - \frac{\pi}{3}\right)$$

$\dfrac{\pi}{3} \leqq \theta \leqq \dfrac{7}{12}\pi$ だから $\dfrac{\pi}{3} \leqq 2\theta - \dfrac{\pi}{3} \leqq \dfrac{5}{6}\pi$

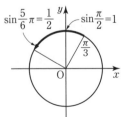

$$\frac{1}{2} \leqq \sin\left(2\theta - \frac{\pi}{3}\right) \leqq 1 \text{ だから}$$

最大値は $\sin\left(2\theta - \dfrac{\pi}{3}\right) = 1$ のとき 2

このとき，$2\theta - \dfrac{\pi}{3} = \dfrac{\pi}{2}$ より $\theta = \dfrac{5}{12}\pi$

最小値は $\sin\left(2\theta - \dfrac{\pi}{3}\right) = \dfrac{1}{2}$ のとき 1

このとき，$2\theta - \dfrac{\pi}{3} = \dfrac{5}{6}\pi$ より $\theta = \dfrac{7}{12}\pi$

よって，$\boldsymbol{\theta = \dfrac{5}{12}\pi}$ のとき最大値 $\boldsymbol{2}$

$\qquad\qquad \boldsymbol{\theta = \dfrac{7}{12}\pi}$ のとき最小値 $\boldsymbol{1}$

●マスター問題

$y = 2\sin^2\theta - 2\sqrt{3}\sin\theta\cos\theta + 2$

$= 2\cdot\dfrac{1 - \cos 2\theta}{2} - \sqrt{3}\cdot\sin 2\theta + 2$

$= -(\sqrt{3}\sin 2\theta + \cos 2\theta) + 3$

$= -\sqrt{(\sqrt{3})^2 + 1^2}\,\sin\left(2\theta + \dfrac{\pi}{6}\right) + 3$

$= -2\sin\left(2\theta + \dfrac{\pi}{6}\right) + 3$

$0 \le \theta \le \dfrac{\pi}{4}$ だから $\dfrac{\pi}{6} \le 2\theta + \dfrac{\pi}{6} \le \dfrac{2}{3}\pi$

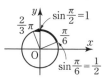

$\dfrac{1}{2} \le \sin\left(2\theta + \dfrac{\pi}{6}\right) \le 1$ だから

最大値は $\sin\left(2\theta + \dfrac{\pi}{6}\right) = \dfrac{1}{2}$ のとき

$\qquad -2\cdot\dfrac{1}{2} + 3 = 2$

このとき，$2\theta + \dfrac{\pi}{6} = \dfrac{\pi}{6}$ より $\theta = 0$

最小値は $\sin\left(2\theta + \dfrac{\pi}{6}\right) = 1$ のとき

$\qquad -2\cdot 1 + 3 = 1$

このとき，$2\theta + \dfrac{\pi}{6} = \dfrac{\pi}{2}$ より $\theta = \dfrac{\pi}{6}$

よって，$\boldsymbol{\theta = 0}$ のとき，最大値 $\boldsymbol{2}$

$\qquad\quad \boldsymbol{\theta = \dfrac{\pi}{6}}$ のとき，最小値 $\boldsymbol{1}$

●チャレンジ問題

(1) $f(x) = 2\sin x + \sin\left(x + \dfrac{\pi}{3}\right)$

$\qquad = 2\sin x + \sin x\cos\dfrac{\pi}{3} + \cos x\sin\dfrac{\pi}{3}$

$= \dfrac{5}{2}\sin x + \dfrac{\sqrt{3}}{2}\cos x$

$= \sqrt{\left(\dfrac{5}{2}\right)^2 + \left(\dfrac{\sqrt{3}}{2}\right)^2}\,\sin(x + \theta)$

$= \sqrt{7}\sin(x + \theta)$

$\left(\text{ただし，}0 < \theta < \dfrac{\pi}{2}\text{ で}\right.$

$\left.\quad \sin\theta = \dfrac{\sqrt{3}}{2\sqrt{7}},\ \cos\theta = \dfrac{5}{2\sqrt{7}}\right)$

ここで，$\theta \le x + \theta \le \pi + \theta$ だから

$f(x) = \sqrt{7}\sin(x + \theta)$ の

最大値は $x + \theta = \dfrac{\pi}{2}$ のとき

$\qquad \sqrt{7}\sin\dfrac{\pi}{2} = \sqrt{7}$

最小値は $x + \theta = \pi + \theta$ のとき

$\qquad \sqrt{7}\sin(\pi + \theta)$

$= -\sqrt{7}\sin\theta$

$= -\sqrt{7}\cdot\dfrac{\sqrt{3}}{2\sqrt{7}} = -\dfrac{\sqrt{3}}{2}$

(2) $f(x)$ が最大になるときの x の値は

$\qquad x + \theta = \dfrac{\pi}{2}$ より $x = \dfrac{\pi}{2} - \theta$

よって，$\sin\alpha = \sin\left(\dfrac{\pi}{2} - \theta\right)$

$\qquad\qquad = \cos\theta$

$\qquad\qquad = \dfrac{5}{2\sqrt{7}} = \dfrac{5\sqrt{7}}{14}$

23 三角関数の最大・最小

●マスター問題

(1) $y = 1 - \sin 2\theta - 2\sin\theta + 2\cos\theta$

$\qquad = 1 - 2\sin\theta\cos\theta - 2(\sin\theta - \cos\theta)$

$t = \sin\theta - \cos\theta$ の両辺を 2 乗すると

$\qquad t^2 = (\sin\theta - \cos\theta)^2$

$\qquad\quad = 1 - 2\sin\theta\cos\theta$

よって，$\boldsymbol{y = t^2 - 2t}$

(2) $t = \sin\theta - \cos\theta$

$\qquad = \sqrt{2}\sin\left(\theta - \dfrac{\pi}{4}\right)$

$0 \le \theta \le 2\pi$ だから

$\qquad -\dfrac{\pi}{4} \le \theta - \dfrac{\pi}{4} \le \dfrac{7}{4}\pi$

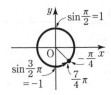

このとき $-1 \le \sin\left(\theta - \dfrac{\pi}{4}\right) \le 1$

よって，$-\sqrt{2} \le t \le \sqrt{2}$

(3) $y = (t-1)^2 - 1 \ (-\sqrt{2} \le t \le \sqrt{2})$

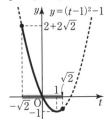

上のグラフより

$t = -\sqrt{2}$ のとき　最大値 $2 + 2\sqrt{2}$

このとき

$\sin\left(\theta - \dfrac{\pi}{4}\right) = -1$ だから

$\theta - \dfrac{\pi}{4} = \dfrac{3}{2}\pi$ より $\theta = \dfrac{7}{4}\pi$

$t = 1$ のとき　最小値 -1

このとき

$\sin\left(\theta - \dfrac{\pi}{4}\right) = \dfrac{\sqrt{2}}{2}$ だから

$\theta - \dfrac{\pi}{4} = \dfrac{\pi}{4}, \ \dfrac{3}{4}\pi$ より $\theta = \dfrac{\pi}{2}, \ \pi$

よって，

$\theta = \dfrac{7}{4}\pi$ のとき最大値 $2 + 2\sqrt{2}$

$\theta = \dfrac{\pi}{2}, \ \pi$ のとき最小値 -1

●チャレンジ問題

(1) $t = \sin x + \cos x = \sqrt{2}\sin\left(x + \dfrac{\pi}{4}\right)$

$0 \le x \le \dfrac{\pi}{4}$ だから $\dfrac{\pi}{4} \le x + \dfrac{\pi}{4} \le \dfrac{\pi}{2}$

$\dfrac{\sqrt{2}}{2} \le \sin\left(x + \dfrac{\pi}{4}\right) \le 1$

よって，$1 \le t \le \sqrt{2}$

(2) $t = \sin x + \cos x$ の両辺を 2 乗すると

$t^2 = (\sin x + \cos x)^2$

$\quad = 1 + 2\sin x \cos x$

$2\sin x \cos x = t^2 - 1$

よって，$y = t^2 + 2at - 1$

(3) $y = f(t) = t^2 + 2at - 1$ とおく。

$f(t) = (t + a)^2 - a^2 - 1$

最小値を m とすると

(ⅰ) $-a < 1$ すなわち

$a > -1$ のとき

$m = f(1) = 2a$

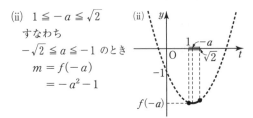

(ⅱ) $1 \le -a \le \sqrt{2}$ すなわち

$-\sqrt{2} \le a \le -1$ のとき

$m = f(-a)$

$\quad = -a^2 - 1$

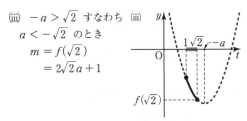

(ⅲ) $-a > \sqrt{2}$ すなわち

$a < -\sqrt{2}$ のとき

$m = f(\sqrt{2})$

$\quad = 2\sqrt{2}a + 1$

よって，最小値は $\begin{cases} 2a \ (a > -1) \\ -a^2 - 1 \ (-\sqrt{2} \le a \le -1) \\ 2\sqrt{2}a + 1 \ (a < -\sqrt{2}) \end{cases}$

24 指数関数

●確認問題

(1) $3^{2x+1} - 82 \cdot 3^x + 27 = 0$

$3 \cdot (3^x)^2 - 82 \cdot 3^x + 27 = 0$ ←　$3^{2x+1} = 3 \cdot 3^{2x}$

$3^x = t \ (t > 0)$ とおくと $\qquad\qquad = 3 \cdot (3^x)^2$

$3t^2 - 82t + 27 = 0$

$(t - 27)(3t - 1) = 0$

$t = 27, \ \dfrac{1}{3}$

$3^x = 27$ より $3^x = 3^3$ よって，$x = 3$

$3^x = \dfrac{1}{3}$ より $3^x = 3^{-1}$ よって，$x = -1$

ゆえに，$x = 3, \ -1$

(2) $4^x - 3 \cdot 2^{x+1} + 8 < 0$

$(2^x)^2 - 6 \cdot 2^x + 8 < 0$ ←　$3 \cdot 2^{x+1} = 3 \cdot 2 \cdot 2^x$

$2^x = t \ (t > 0)$ とおくと $\qquad\qquad = 6 \cdot 2^x$

$t^2 - 6t + 8 < 0$

$(t - 2)(t - 4) < 0$

$2 < t < 4$

$2^1 < 2^x < 2^2$

（底）$= 2 > 1$ より $1 < x < 2$

●マスター問題

(1) $y = 2^{2x+2} - 2^{x+2}$

$\qquad = 2^2 \cdot 2^{2x} - 2^2 \cdot 2^x$

$\qquad = 4 \cdot (2^x)^2 - 4 \cdot 2^x$

$2^x = t$ とおくと $x \leqq 2$ より

$\qquad 0 < t \leqq 4$

$\qquad y = 4t^2 - 4t \ (0 < t \leqq 4)$

$\qquad = 4\left(t - \dfrac{1}{2}\right)^2 - 1$

右のグラフ（概要図）より

$t = 4$ のとき

$\qquad$最大値 48

このとき，$2^x = 4$ より

$\qquad x = 2$

$t = \dfrac{1}{2}$ のとき

$\qquad$最小値 -1

このとき，$2^x = \dfrac{1}{2}$ より $x = -1$

よって，$x = 2$ のとき最大値 **48**

$\qquad\qquad x = -1$ のとき最小値 -1

(2) $2^x + 16^y = 2^x + 2^{4y}$

$4y = 4 - x$ として代入すると

$2^x + 16^y = 2^x + 2^{4-x} = 2^x + \dfrac{16}{2^x}$

ここで，$2^x > 0$，$\dfrac{16}{2^x} > 0$ だから

（相加平均）≧（相乗平均）の関係より

$2^x + \dfrac{16}{2^x} \geqq 2\sqrt{2^x \cdot \dfrac{16}{2^x}} = 8$

等号は $2^x = \dfrac{16}{2^x}$ のときだから $2^x = 4 = 2^2$

よって，$x = 2$ のときである。

$x = 2$ のとき $y = \dfrac{1}{2}$ $\boxed{\begin{array}{l}4y = 4-x\\ \text{に代入する}\end{array}}$

ゆえに，$x = 2$，$y = \dfrac{1}{2}$ のとき最小値 **8**

別解 $2^x + 16^y = 2^x + 2^{4y}$

$2^x > 0$，$2^{4y} > 0$ だから

（相加平均）≧（相乗平均）の関係より

$\quad 2^x + 2^{4y} \geqq 2\sqrt{2^x \cdot 2^{4y}}$

$\qquad\qquad = 2\sqrt{2^{x+4y}} = 2\sqrt{2^4} = 8$

等号は $2^x = 2^{4y}$ のときだから $x = 4y$ のときである。

$x + 4y = 4$ と連立して $x = 2$，$y = \dfrac{1}{2}$

よって，$x = 2$，$y = \dfrac{1}{2}$ のとき最小値 **8**

●チャレンジ問題

$\quad f(x) = 4^x - 6 \cdot 2^x = (2^x)^2 - 6 \cdot 2^x$

$2^x = t \ (t > 0)$，$y = f(x)$ とおくと

$\quad y = t^2 - 6t = (t-3)^2 - 9$

y は $t = 3$ のとき最小値 -9

このとき，$2^x = 3$ より $x = \log_2 3$

よって，$x = \boldsymbol{\log_2 3}$ の

とき最小値 $\boldsymbol{-9}$ をとる。

$y = t^2 - 6t$ と $y = a$ の

グラフの共有点を考える。

右のグラフよりただ 1 つ

の解をもつのは

$\quad \boldsymbol{a = -9}$ または $\boldsymbol{a \geqq 0}$

25 指数関数 $a^x + a^{-x} = t$ の置きかえ

●マスター問題

$a^{\frac{1}{2}} + a^{-\frac{1}{2}} = 3$ の両辺を 2 乗すると

$\quad (a^{\frac{1}{2}} + a^{-\frac{1}{2}})^2 = 3^2$

$\quad a + 2 + a^{-1} = 9$ より $a + a^{-1} = 7$

$\quad a^2 + a^{-2} = (a + a^{-1})^2 - 2$

$\qquad\qquad = 7^2 - 2 = 47$

$a^{\frac{3}{2}} + a^{-\frac{3}{2}}$

$= (a^{\frac{1}{2}})^3 + (a^{-\frac{1}{2}})^3$ ← $\boxed{\begin{array}{l}x^3 + y^3\\ = (x+y)^3 - 3xy(x+y)\end{array}}$

$= (a^{\frac{1}{2}} + a^{-\frac{1}{2}})^3 - 3 a^{\frac{1}{2}} a^{-\frac{1}{2}} (a^{\frac{1}{2}} + a^{-\frac{1}{2}})$

$= 3^3 - 3 \cdot 1 \cdot 3 = 18$

よって，$\dfrac{a^{\frac{3}{2}} + a^{-\frac{3}{2}} - 3}{a^2 + a^{-2} - 2} = \dfrac{18 - 3}{47 - 2} = \dfrac{15}{45} = \dfrac{1}{3}$

別解 $(a^{\frac{1}{2}})^3 + (a^{-\frac{1}{2}})^3$

$\quad = (a^{\frac{1}{2}} + a^{-\frac{1}{2}})\{(a^{\frac{1}{2}})^2 - a^{\frac{1}{2}} a^{-\frac{1}{2}} + (a^{-\frac{1}{2}})^2\}$

$\quad = 3(a + a^{-1} - 1)$

$\quad = 3(7 - 1) = 18$

●チャレンジ問題

(1) $y = 2^{2x} - 2^{x+1} - 2^{-x+1} + 2^{-2x} + 5$

$\quad = (2^{2x} + 2^{-2x}) - (2^{x+1} + 2^{-x+1}) + 5$

$\quad = (2^x + 2^{-x})^2 - 2 - (2 \cdot 2^x + 2 \cdot 2^{-x}) + 5$

$\quad = (2^x + 2^{-x})^2 - 2(2^x + 2^{-x}) + 3$

よって，$y = t^2 - 2t + 3$

(2) $2^x > 0$，$2^{-x} > 0$ だから

（相加平均）≧（相乗平均）の関係より

$\quad t = 2^x + 2^{-x} \geqq 2\sqrt{2^x \cdot 2^{-x}} = 2$

等号は $2^x = 2^{-x}$ より $x = 0$ のとき

よって，$t \geqq 2$

(3) $y = (t-1)^2 + 2 \ (t \geqq 2)$ のグラフをかく。

17

右のグラフより
$t = 2$ すなわち
$x = 0$ のとき
y の最小値 3

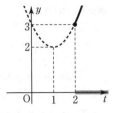

26 対数方程式・不等式

●マスター問題

(1) $\log_3 (10x+2) - 2 = \log_3 (x+1)$

(真数) > 0 より $10x+2 > 0, \ x+1 > 0$

よって, $x > -\dfrac{1}{5}$ ……①

$\log_3 (10x+2) - \log_3 9 = \log_3 (x+1)$
$\log_3 (10x+2) = \log_3 9(x+1)$

(底) $= 3 > 1$ だから

$10x+2 = 9(x+1)$

ゆえに, $x = 7$ (①を満たす)

(2) $\log_2 x + \log_{\frac{1}{2}} (x+1) \geqq \log_2 (x-2)$

(真数) > 0 より

$x > 0, \ x+1 > 0, \ x-2 > 0$

よって, $x > 2$ ……①

$\log_2 x + \dfrac{\log_2 (x+1)}{\log_2 \frac{1}{2}} \geqq \log_2 (x-2)$

$\log_2 x - \log_2 (x+1) \geqq \log_2 (x-2)$

$\log_2 x \geqq \log_2 (x-2)(x+1)$ ← $\begin{array}{l}\log_2 (x+1)\\ \text{を右辺に移項}\\ \text{しておく。}\end{array}$

(底) $= 2 > 1$ だから

$x \geqq (x-2)(x+1)$

$x^2 - 2x - 2 \leqq 0$

ゆえに $1 - \sqrt{3} \leqq x \leqq 1 + \sqrt{3}$

①との共通範囲をとって

$2 < x \leqq 1 + \sqrt{3}$

●チャレンジ問題

$\log_a (2a^2 - x^2) \geqq \log_a (2ax - a^2)$

(真数) > 0 より

$2a^2 - x^2 > 0$

$(x + \sqrt{2}a)(x - \sqrt{2}a) < 0$

$-\sqrt{2}a < x < \sqrt{2}a$ ……①

$2ax - a^2 > 0, \ a(2x - a) > 0$

$a > 0$ だから $x > \dfrac{a}{2}$ ……②

①, ②を同時に満たす範囲だから

$\dfrac{a}{2} < x < \sqrt{2}a$ ……③

(i) $a > 1$ のとき

$2a^2 - x^2 \geqq 2ax - a^2$

$x^2 + 2ax - 3a^2 \leqq 0$

$(x + 3a)(x - a) \leqq 0$

$-3a \leqq x \leqq a$

③との共通範囲をとって

$\dfrac{a}{2} < x \leqq a$

(ii) $0 < a < 1$ のとき

$2a^2 - x^2 \leqq 2ax - a^2$ ← $\begin{array}{l}0 < a < 1 \text{ のとき不}\\ \text{等号の向きが変わる}\end{array}$

$x^2 + 2ax - 3a^2 \geqq 0$

$(x + 3a)(x - a) \geqq 0$

$x \leqq -3a, \ a \leqq x$

③との共通範囲をとって

$a \leqq x < \sqrt{2}a$

よって, (i), (ii)より

$\begin{cases} a > 1 \text{ のとき}, \ \dfrac{a}{2} < x \leqq a \\ 0 < a < 1 \text{ のとき}, \ a \leqq x < \sqrt{2}a \end{cases}$

27 対数関数

●確認問題

$z = \log_3 x + \log_3 y$ とおく。

$y = 18 - x > 0$ より $x < 18$ よって, $0 < x < 18$

$y = 18 - x$ を代入すると

$\log_3 x + \log_3 y = \log_3 x + \log_3 (18 - x)$
$= \log_3 x(18 - x)$
$= \log_3 (-x^2 + 18x)$
$= \log_3 \{-(x-9)^2 + 81\}$

(底) $= 3 > 1$ であり, 真数は $x = 9$ のとき最大値 81 をとる。

よって, $x = 9$ のとき,

最大値 $\log_3 81 = \log_3 3^4 = 4$

●マスター問題

$y = (\log_2 x)^2 + 8\log_{\frac{1}{4}} 2x + \log_2 32$

$= (\log_2 x)^2 + 8 \cdot \dfrac{\log_2 x + \log_2 2}{\log_2 \frac{1}{4}} + \log_2 2^5$

$= (\log_2 x)^2 + 8 \cdot \dfrac{\log_2 x + 1}{-2} + 5$

$= (\log_2 x)^2 - 4\log_2 x + 1$

$\log_2 x = t$ とおくと $1 \leqq x \leqq 8$ だから $0 \leqq t \leqq 3$

$y = t^2 - 4t + 1 = (t-2)^2 - 3 \ (0 \leqq t \leqq 3)$

のグラフをかく。

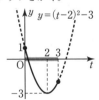

上のグラフより

$t = 0$ のとき最大値 1

このとき, $\log_2 x = 0$ より $x = 1$

$t = 2$ のとき最小値 -3

このとき，$\log_2 x = 2$ より $x = 4$

よって，$x = 1$ のとき最大値 1，
$\qquad x = 4$ のとき最小値 -3

●チャレンジ問題

$f(x) = (\log_2 x)^2 - \log_2 x^4 + 1$
$\qquad = (\log_2 x)^2 - 4\log_2 x + 1$

$\log_2 x = t$ とおくと

$y = t^2 - 4t + 1$
$\quad = (t - 2)^2 - 3$

ただし，$1 \leqq x \leqq a$ より $0 \leqq t \leqq \log_2 a$ で考える。

(i) $0 < \log_2 a < 2$ すなわち $\longleftarrow$ $\boxed{\log_2 a < 2 = \log_2 4$ より $a < 4}$

$1 < a < 4$ のとき

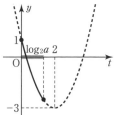

$t = \log_2 a$ のとき

最小値 $y = (\log_2 a)^2 - 4\log_2 a + 1$

このとき $\log_2 x = \log_2 a$ より $x = a$

(ii) $\log_2 a \geqq 2$ すなわち $a \geqq 4$ のとき

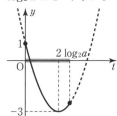

$t = 2$ のとき最小値 -3

このとき $\log_2 x = 2$ より $x = 4$

よって，(i)，(ii)より

$1 < a < 4$ のとき

$x = a$ で最小値 $(\log_2 a)^2 - 4\log_2 a + 1$

$a \geqq 4$ のとき

$x = 4$ で最小値 -3

28 指数・対数と式の値

●マスター問題

(1) $2^x = 6^y = 81$ より $2^x = 6^y = 3^4$

各辺の 3 を底とする対数をとると

$\log_3 2^x = \log_3 6^y = \log_3 3^4$

$x\log_3 2 = y\log_3 6 = 4$ より

$x = \dfrac{4}{\log_3 2}, \quad y = \dfrac{4}{\log_3 6}$

$\dfrac{1}{x} - \dfrac{1}{y} = \dfrac{\log_3 2}{4} - \dfrac{\log_3 6}{4}$

$\qquad\qquad = \dfrac{\log_3 2 - \log_3 6}{4} = \dfrac{\log_3 \frac{1}{3}}{4}$

$\qquad\qquad = -\dfrac{1}{4}$

別解 各辺の 2 を底とする対数をとると

$\log_2 2^x = \log_2 6^y = \log_2 3^4$

$x = y\log_2 6 = 4\log_2 3$

$x = 4\log_2 3, \quad y = \dfrac{4\log_2 3}{\log_2 6}$

$\dfrac{1}{x} - \dfrac{1}{y} = \dfrac{1}{4\log_2 3} - \dfrac{\log_2 6}{4\log_2 3}$

$\qquad\qquad = \dfrac{\log_2 2 - \log_2 6}{4\log_2 3} = \dfrac{\log_2 \frac{1}{3}}{4\log_2 3}$

$\qquad\qquad = \dfrac{-\log_2 3}{4\log_2 3} = -\dfrac{1}{4}$

(2) $\log_5(b - 2a) = \log_{25} a + \log_{25} b$

$\qquad\qquad\qquad = \dfrac{\log_5 a}{\log_5 25} + \dfrac{\log_5 b}{\log_5 25}$

$\qquad\qquad\qquad = \dfrac{1}{2}\log_5 a + \dfrac{1}{2}\log_5 b$

よって

$2\log_5(b - 2a) = \log_5 a + \log_5 b$

$\log_5(b - 2a)^2 = \log_5 ab$

ゆえに $(b - 2a)^2 = ab$ より

$4a^2 - 5ab + b^2 = 0$

$(4a - b)(a - b) = 0$

$0 < 2a < b$ だから $4a = b$

$\log_5 \dfrac{-15a^2 + 4ab}{9a^2 + b^2}$

$= \log_5 \dfrac{-15a^2 + 4a \cdot 4a}{9a^2 + (4a)^2}$

$= \log_5 \dfrac{a^2}{25a^2} = \log_5 \dfrac{1}{25} = -2$

29 常用対数と桁数

●マスター問題

(1) $\log_{10} 15^{10} = 10\log_{10} 15$ $\qquad$ $\boxed{\log_{10} 5 = \log_{10} \frac{10}{2}}$

$\qquad\qquad\quad = 10(\log_{10} 3 + \log_{10} 5) \longleftarrow$

$\qquad\qquad\quad = 10(\log_{10} 3 + 1 - \log_{10} 2)$

$\qquad\qquad\quad = 10(0.4771 + 1 - 0.3010)$

$\qquad\qquad\quad = 11.761$

よって，$10^{11} < 15^{10} < 10^{12}$

ゆえに，15^{10} は 12 桁の数

(2) $\log_{10}\left(\dfrac{3}{5}\right)^{100} = 100\log_{10}\dfrac{3}{5}$

$$\boxed{\begin{array}{l}\log_{10}\dfrac{3}{5} \\[4pt] = \log_{10}\dfrac{6}{10}\end{array}}$$

$\qquad = 100\log_{10}\dfrac{3\times 2}{5\times 2} \leftarrow$

$\qquad = 100(\log_{10}3 + \log_{10}2 - 1)$

$\qquad = 100(0.4771 + 0.3010 - 1)$

$\qquad = -22.19$

よって，$10^{-23} < \left(\dfrac{3}{5}\right)^{100} < 10^{-22}$

ゆえに，初めて 0 でない数字が現れるのは小数第 **23 位**

30 接線の方程式

●確認問題

(1) $y = -\dfrac{1}{3}x^3 + 2x^2 - 3$ より $y' = -x^2 + 4x$

$\quad x = 3$ のとき $y' = -9 + 12 = 3$

$\quad$ よって，接線の方程式は

$\qquad y - 6 = 3(x-3)$ より $\boldsymbol{y = 3x - 3}$

(2) $y = x^3 - 3x^2 + 6$ より $y' = 3x^2 - 6x$

$\quad$ 傾きが -3 だから

$\quad 3x^2 - 6x = -3$ より

$\quad 3x^2 - 6x + 3 = 0$

$\qquad 3(x-1)^2 = 0$

$\quad$ よって，$x = 1$ このとき $y = 4$

$\quad$ 接点は $(1,\ 4)$ だから，接線の方程式は

$\qquad y - 4 = -3(x-1)$ より $\boldsymbol{y = -3x + 7}$

●マスター問題

$y = f(x) = x^3 - 2x$ として，

接点を $(t,\ t^3 - 2t)$ とすると

$f'(x) = 3x^2 - 2$ より $f'(t) = 3t^2 - 2$

接線の方程式は

$\qquad y - (t^3 - 2t) = (3t^2 - 2)(x - t)$

$\qquad y = (3t^2 - 2)x - 2t^3 \quad \cdots\cdots①$

①が点 $(1,\ 3)$ を通るから

$\qquad 3 = 3t^2 - 2 - 2t^3$

$\qquad 2t^3 - 3t^2 + 5 = 0$

$\qquad (t+1)(2t^2 - 5t + 5) = 0$

よって，t は実数だから $t = -1$

①に代入して $\boldsymbol{y = x + 2}$

●チャレンジ問題

(1) $f(x) = x^3 - 3x$

$\quad f'(x) = 3x^2 - 3$ より傾きは $f'(a) = 3a^2 - 3$

$\quad$ 接線の方程式は

$\qquad y - (a^3 - 3a) = (3a^2 - 3)(x - a)$

$\quad$ よって，$\boldsymbol{y = (3a^2 - 3)x - 2a^3} \quad \cdots\cdots①$

(2) ①が点 $(2,\ t)$ を通るから

$\qquad t = (3a^2 - 3)\cdot 2 - 2a^3$

$\qquad t = -2a^3 + 6a^2 - 6 \quad \cdots\cdots②$

②を a の 3 次方程式とみると，②が
異なる 3 つの実数解をもてば
3 本の接線が引けるから

$\boxed{\text{接点の数だけ接線が} \atop \text{引ける}} \leftarrow$

$\qquad y = -2a^3 + 6a^2 - 6$ と $y = t$ のグラフで考える。

$\qquad y' = -6a^2 + 12a = -6a(a - 2)$

a	$\cdots$	0	$\cdots$	2	$\cdots$
y'	$-$	0	$+$	0	$-$
y	$\searrow$	-6	$\nearrow$	2	$\searrow$

よって，右のグラフ
より，異なる 3 つの実
数解をもつのは

$\qquad \boldsymbol{-6 < t < 2}$

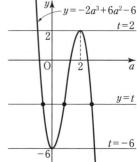

31 関数の増減と極値

●確認問題

(1) $y = x^3 + 2kx^2 - 8kx + 6$ より

$\qquad y' = 3x^2 + 4kx - 8k$

$\quad y' = 0$ が異なる 2 つの実数解をもたないとき極
値をもたない。

$\quad$ よって，$y' = 0$ の判別式を D とすると

$\qquad \dfrac{D}{4} = (2k)^2 - 3\cdot(-8k)$

$\qquad\quad = 4k^2 + 24k$

$\qquad\quad = 4k(k + 6) \leqq 0$

$\quad$ ゆえに，$\boldsymbol{-6 \leqq k \leqq 0}$

(2) $f(x) = (x+4)(x^2 + a)$ より

$\qquad\quad = x^3 + 4x^2 + ax + 4a$

$\quad f'(x) = 3x^2 + 8x + a$

$\quad x = -1$ で極値をとるから

$\quad f'(-1) = 3 - 8 + a = 0$ より $\boldsymbol{a = 5}$

$\quad$ このとき，$f'(x) = (3x + 5)(x + 1)$

x	$\cdots$	$-\dfrac{5}{3}$	$\cdots$	-1	$\cdots$
$f'(x)$	$+$	0	$-$	0	$+$
$f(x)$	$\nearrow$	極大	$\searrow$	極小	$\nearrow$

よって，極小値は $x = -1$ のとき

$\qquad f(-1) = (-1+4)(1+5) = 18$

●マスター問題

$\quad f(x) = x^3 + ax^2 + bx + c$

$\quad f'(x) = 3x^2 + 2ax + b$

$x = -1$ で極値をとるから

$\quad f'(-1) = 3 - 2a + b = 0$

$\quad 2a - b - 3 = 0 \qquad \cdots\cdots①$

また，$x=1$ で接するので，$x=1$ で極値0をもつから

$f'(1)=3+2a+b=0$

$2a+b+3=0$　……②

$f(1)=1+a+b+c=0$

$a+b+c+1=0$　……③

①，②，③を解いて

$\boldsymbol{a=0}$，$\boldsymbol{b=-3}$，$\boldsymbol{c=2}$

（このとき条件を満たす）

●チャレンジ問題

$f(x)=x^3-ax^2+b$

$f'(x)=3x^2-2ax=x(3x-2a)$

$a=0$ のとき，$f'(x)=3x^2\geqq0$ となり極値をもたないから不適。

$a>0$ のとき，増減表より

x	$\cdots$	0	$\cdots$	$\frac{2}{3}a$	$\cdots$
$f'(x)$	+	0	−	0	+
$f(x)$	↗	極大	↘	極小	↗

極大値 $f(0)=b=5$

極小値 $f\left(\dfrac{2}{3}a\right)=-\dfrac{4}{27}a^3+b=1$

$b=5$ を代入して，$-\dfrac{4}{27}a^3=-4$

$a^3-27=0$，$(a-3)(a^2+3a+9)=0$

a は実数だから，$a=3$（$a>0$ を満たす）

$a<0$ のとき，増減表より

x	$\cdots$	$\frac{2}{3}a$	$\cdots$	0	$\cdots$
$f'(x)$	+	0	−	0	+
$f(x)$	↗	極大	↘	極小	↗

極大値 $f\left(\dfrac{2}{3}a\right)=-\dfrac{4}{27}a^3+b=5$

極小値 $f(0)=b=1$

このとき

$-\dfrac{4}{27}a^3=4$，$a^3+27=0$

$(a+3)(a^2-3a+9)=0$

a は実数だから $a=-3$（$a<0$ を満たす）

よって，$\boldsymbol{a=3}$，$\boldsymbol{b=5}$ または $\boldsymbol{a=-3}$，$\boldsymbol{b=1}$

32 関数の最大・最小

●確認問題

$f(x)=-2x^3+x$ より

$f'(x)=-6x^2+1=-(\sqrt{6}x+1)(\sqrt{6}x-1)$

$f'(x)=0$ とすると $x=\pm\dfrac{1}{\sqrt{6}}$

$0\leqq x\leqq1$ の範囲で増減表をかくと

x	0	$\cdots$	$\frac{1}{\sqrt{6}}$	$\cdots$	1
$f'(x)$		+	0	−	
$f(x)$	0	↗	$\frac{\sqrt{6}}{9}$	↘	−1

$f(0)=0$，$f(1)=-1$

$f\left(\dfrac{1}{\sqrt{6}}\right)=-2\left(\dfrac{1}{\sqrt{6}}\right)^3+\dfrac{1}{\sqrt{6}}$

$=-\dfrac{\sqrt{6}}{18}+\dfrac{\sqrt{6}}{6}=\dfrac{\sqrt{6}}{9}$

よって，最大値 $\dfrac{\sqrt{6}}{9}$ $\left(x=\dfrac{1}{\sqrt{6}}\right)$

最小値 -1 $(x=1)$

●マスター問題

$f(x)=x^3-3x^2+2$ より

$f'(x)=3x^2-6x=3x(x-2)$

$f'(x)=0$ とすると $x=0,\ 2$

増減表をかいて，グラフをかくと下図のようになる。

x	$\cdots$	0	$\cdots$	2	$\cdots$
$f'(x)$	+	0	−	0	+
$f(x)$	↗	2	↘	−2	↗

$f(0)=2$，$f(2)=-2$

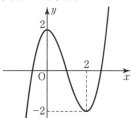

(1) (i) $0<a<2$ のとき

$\boldsymbol{x=a}$ で最小値

$f(a)=\boldsymbol{a^3-3a^2+2}$

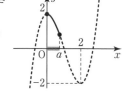

(ii) $a\geqq2$ のとき

$\boldsymbol{x=2}$ で最小値

$f(2)=\boldsymbol{-2}$

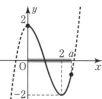

(2) $f(x)=2$ となる値を求める。

$x^3-3x^2+2=2$

$x^2(x-3)=0$

より $x=0,\ 3$

　(i) $0<a<3$ のとき

$\boldsymbol{x=0}$ で最大値

$f(0)=\boldsymbol{2}$

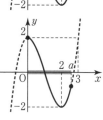

(ii) $a = 3$ のとき
$x = 0$, 3 で最大値
$f(0) = f(3) = 2$

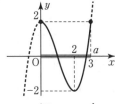

(iii) $a > 3$ のとき
$x = a$ で最大値
$f(a) = a^3 - 3a^2 + 2$

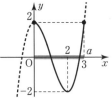

●チャレンジ問題

(1) $f(x) = 2x^3 - 3(a+1)x^2 + 6ax$
$\quad f'(x) = 6x^2 - 6(a+1)x + 6a$
$\qquad\quad = 6(x-1)(x-a)$
$f'(x) = 0$ とすると $x = 1$, a
よって，極値は
$\quad f(1) = 2 - 3a - 3 + 6a = \mathbf{3a - 1}$
$\quad f(a) = 2a^3 - 3(a+1)a^2 + 6a \times a$
$\qquad\quad = \mathbf{-a^3 + 3a^2}$

(2) (i) $a \geqq 4$ のとき

x	0	$\cdots$	1	$\cdots$	4	$\cdots$	a	$\cdots$
$f'(x)$		$+$	0	$-$	$-$	$-$	0	$+$
$f(x)$		↗	$3a-1$	↘		↘	極小	↗

かかなくてよい

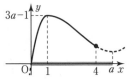

最大値は $f(1) = 3a - 1$

(ii) $1 < a < 4$ のとき

x	$\cdots$	1	$\cdots$	a	$\cdots$	4
$f'(x)$	$+$	0	$-$	0	$+$	
$f(x)$	↗	$3a-1$	↘	極小	↗	$80-24a$

$f(4) = 128 - 48a - 48 + 24a$
$\qquad\ = 80 - 24a$
$f(1) = f(4)$ となるのは
$\quad 3a - 1 = 80 - 24a$ より $a = 3$

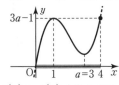

$f(1) > f(4)$ となるのは
$\quad 3a - 1 > 80 - 24a$ より $a > 3$
(i), (ii)より
$\boldsymbol{a > 3}$ のとき

$x = 1$ で最大値 $f(1) = 3a - 1$
$a = 3$ のとき
$\quad x = 1$, 4 で最大値 $f(1) = f(4) = 8$
$1 < a < 3$ のとき
$\quad x = 4$ で最大値 $f(4) = 80 - 24a$

33　3次方程式の解

●確認問題

$x^3 - 3x^2 - 9x = k$　として
$y = x^3 - 3x^2 - 9x$ と $y = k$ のグラフの共有点で
考える。
$\quad y' = 3x^2 - 6x - 9 = 3(x+1)(x-3)$
$f'(x) = 0$ とすると $x = -1$, 3
増減表をかいて，グラフをかくと下図のようなグラフ
になる。

x	$\cdots$	-1	$\cdots$	3	$\cdots$
y'	$+$	0	$-$	0	$+$
y	↗	5	↘	-27	↗

グラフより，異なる3
つの実数解をもつのは
$\quad \mathbf{-27 < k < 5}$
これを満たす整数は
$\quad -26 \leqq k \leqq 4$ より
$\quad 4 - (-26) + 1 = \mathbf{31}(個)$

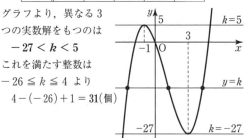

●マスター問題

$2x^3 - 3x^2 - 12x = k$　として
$y = 2x^3 - 3x^2 - 12x$ と $y = k$ のグラフの共有点
で考える。
$\quad y' = 6x^2 - 6x - 12 = 6(x+1)(x-2)$
$y' = 0$ とすると $x = -1$, 2

x	-2	$\cdots$	-1	$\cdots$	2	$\cdots$	4
y'		$+$	0	$-$	0	$+$	
y	-4	↗	7	↘	-20	↗	32

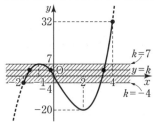

上のグラフより，異なる3つの実数解をもつのは
$\quad \mathbf{-4 \leqq k < 7}$

●チャレンジ問題

$f(x) = x^3 - 3ax^2 + a + b$　とおくと
$\quad f'(x) = 3x^2 - 6ax = 3x(x - 2a)$

$a = 0$ のとき

$f'(x) = 3x^2 \geqq 0$ となり $f(x)$ は単調に増加する。

このとき $f(x) = 0$ の実数解は1個だから不適。

$a \neq 0$ のとき，$f(x)$ は $x = 0,\ 2a$ で極値をもつ。

$a > 0$ のとき，
$f(x) = 0$ が異なる3個
の実数解をもち，かつ1個
が負であるためには，
$y = f(x)$ のグラフが右
図のようになればよい。

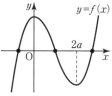

よって，$\begin{cases} 2a > 0 & \cdots\cdots① \\ f(0) > 0 & \cdots\cdots② \\ f(2a) < 0 & \cdots\cdots③ \end{cases}$

を満たせばよい。

①より $a > 0$ $\cdots\cdots①'$

②より

　$f(0) = a + b > 0$ から $b > -a$ $\cdots\cdots②'$

③より

　$f(2a) = 8a^3 - 12a^3 + a + b < 0$ から

　$b < 4a^3 - a$ $\cdots\cdots③'$

ゆえに，$a > 0,\ b > -a,\ b < 4a^3 - a$

$a < 0$ のとき
右図のグラフより，異なる
3個の実数解をもち，1個
だけが負になることはない。

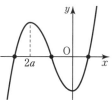

したがって，①'，②'，③' の共通範囲を図示すると，
次図のようになる。ただし，境界は含まない。

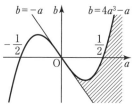

$\left(\begin{array}{l}（参考）\\ b = 4a^3 - a = a(2a - 1)(2a + 1) \\ \text{と因数分解すれば } a = 0,\ \pm\dfrac{1}{2} \\ \text{が交点であることがわかる。} \\ b' = 12a^2 - 1 \text{ より } a = 0 \text{ における接線の傾} \\ \text{きが } -1 \text{ だから } b = -a \text{ は原点における接} \\ \text{線になっている。} \end{array}\right)$

34 定積分の計算

●確認問題

(1) $\displaystyle\int_0^2 (ax + b)dx$

$= \left[\dfrac{1}{2}ax^2 + bx\right]_0^2$

$= 2a + 2b = 2$ $\cdots\cdots①$

$\displaystyle\int_0^1 x(ax + b)dx = \int_0^1 (ax^2 + bx)dx$

$= \left[\dfrac{1}{3}ax^3 + \dfrac{1}{2}bx^2\right]_0^1 = \dfrac{1}{3}a + \dfrac{1}{2}b = 1$

ゆえに $2a + 3b = 6$ $\cdots\cdots②$

①，②を解いて $\boldsymbol{a = -3,\ b = 4}$

(2) $f(x) = px^2 + qx + 1$ より $f'(x) = 2px + q$

$f'(1) = 2p + q = 4$ $\cdots\cdots①$

$\displaystyle\int_0^2 (px^2 + qx + 1)dx$

$= \left[\dfrac{1}{3}px^3 + \dfrac{1}{2}qx^2 + x\right]_0^2$

$= \dfrac{8}{3}p + 2q + 2 = 6$ より

$4p + 3q = 6$ $\cdots\cdots②$

①，②を解いて，$\boldsymbol{p = 3,\ q = -2}$

●マスター問題

(1) $f(x) = ax^2 + bx + c$ より $f'(x) = 2ax + b$

$f(1) = a + b + c = \dfrac{1}{6}$ $\cdots\cdots①$

$f'(1) = 2a + b = 0$ $\cdots\cdots②$

$\displaystyle\int_0^1 (ax^2 + bx + c)dx$

$= \left[\dfrac{1}{3}ax^3 + \dfrac{1}{2}bx^2 + cx\right]_0^1$

$= \dfrac{1}{3}a + \dfrac{1}{2}b + c = \dfrac{1}{3}$ $\cdots\cdots③$

①−③ より

　$\dfrac{2}{3}a + \dfrac{1}{2}b = -\dfrac{1}{6}$

　$4a + 3b = -1$ $\cdots\cdots④$

②×3−④ より

　$2a = 1,\ a = \dfrac{1}{2}$

②，①に代入して，

　$b = -1,\ c = \dfrac{2}{3}$

よって，$\boldsymbol{a = \dfrac{1}{2},\ b = -1,\ c = \dfrac{2}{3}}$

(2) $\displaystyle\int_0^1 (x^2 + ax + b)\,dx$

$\qquad = \left[\dfrac{1}{3}x^3 + \dfrac{a}{2}x^2 + bx\right]_0^1$

$\qquad = \dfrac{1}{3} + \dfrac{a}{2} + b = 0 \quad \cdots\cdots ①$

このとき

$f(x) = x^2 + ax + b = 0$ の判別式を D とすると

$\qquad D = a^2 - 4b$

①より $b = -\dfrac{a}{2} - \dfrac{1}{3}$ を代入して

$\qquad D = a^2 - 4\left(-\dfrac{a}{2} - \dfrac{1}{3}\right) = a^2 + 2a + \dfrac{4}{3}$

$\qquad\quad = (a+1)^2 + \dfrac{1}{3} > 0$

よって，$f(x) = 0$ は異なる実数解をもつ。

●チャレンジ問題

$g(x) = px + q \ (p \neq 0)$ とおく

$\displaystyle\int_{-1}^1 (x^2 + ax + b)(px + q)\,dx = 0$

$\displaystyle\int_{-1}^1 \{px^3 + (ap + q)x^2$

$\qquad + (aq + bp)x + bq\}\,dx = 0 \ \leftarrow$

$2\displaystyle\int_0^1 \{(ap + q)x^2 + bq\}\,dx = 0$

$2\left[\dfrac{1}{3}(ap + q)x^3 + bqx\right]_0^1 = 0$

$2\left\{\dfrac{1}{3}(ap + q) + bq\right\} = 0$

$(ap + q) + 3bq = 0$

$ap + (1 + 3b)q = 0 \ \leftarrow$

$\boxed{\begin{array}{l} p,\ q \text{について} \\ \text{の恒等式とみる} \end{array}}$

これが任意の p, q で成り立つから

$\qquad a = 0, \ 1 + 3b = 0$

よって，$\boldsymbol{a = 0, \ b = -\dfrac{1}{3}}$

右側の枠内：

$\displaystyle\int_{-1}^1 x^3\,dx = 0$

$\displaystyle\int_{-1}^1 x\,dx = 0$

$\displaystyle\int_{-1}^1 x^2\,dx$

$\qquad = 2\displaystyle\int_0^1 x^2\,dx$

$\displaystyle\int_{-1}^1 dx = 2\displaystyle\int_0^1 dx$

(参考)

・偶関数（y 軸対称）・

$\displaystyle\int_{-a}^a x^2\,dx = 2\displaystyle\int_0^a x^2\,dx$

・奇関数（原点対称）・

$\displaystyle\int_{-a}^a x^3\,dx = 0$

---

35 定積分で表された関数

●確認問題

(1) $\displaystyle\int_0^1 f(t)\,dt = k$ （定数）とおくと

$f(t) = 4t^3 - 3kt^2$ と表せるから

$\qquad k = \displaystyle\int_0^1 (4t^3 - 3kt^2)\,dt$

$\qquad\quad = \left[t^4 - kt^3\right]_0^1$

$\qquad\quad = 1 - k$ より $k = \dfrac{1}{2}$

よって，$\boldsymbol{f(x) = 4x^3 - \dfrac{3}{2}x^2}$

(2) 与式の両辺を x で微分すると

$\qquad \dfrac{d}{dx}\displaystyle\int_1^x f(t)\,dt = (x^3 + 2ax^2 - a^2x + 7)'$

$\qquad f(x) = 3x^2 + 4ax - a^2 \quad \cdots\cdots ①$

与式に $x = 1$ を代入すると

$\qquad 0 = 1 + 2a - a^2 + 7$

$\qquad a^2 - 2a - 8 = 0$

$\qquad (a + 2)(a - 4) = 0$

よって，$\boldsymbol{a = -2, \ 4}$ ①に代入して

$\quad a = -2$ のとき $\boldsymbol{f(x) = 3x^2 - 8x - 4}$

$\quad a = 4$ のとき $\boldsymbol{f(x) = 3x^2 + 16x - 16}$

●マスター問題

$\displaystyle\int_0^1 f(t)\,dt = k$ （定数）とおくと

$\qquad \displaystyle\int_1^x f(t)\,dt = x^3 + 3kx^2 + x + a \quad \cdots\cdots ①$

両辺を x で微分すると

$\qquad \dfrac{d}{dx}\displaystyle\int_1^x f(t)\,dt = (x^3 + 3kx^2 + x + a)'$

$\qquad f(x) = 3x^2 + 6kx + 1$

$\qquad k = \displaystyle\int_0^1 f(x)\,dt = \displaystyle\int_0^1 (3t^2 + 6kt + 1)\,dt$

$\qquad\quad = \left[t^3 + 3kt^2 + t\right]_0^1$

$\qquad\quad = 1 + 3k + 1$ より $k = -1$

よって，$\boldsymbol{f(x) = 3x^2 - 6x + 1}$

①で $x = 1$ を代入すると

$\qquad 0 = 1 + 3k + 1 + a$

$\qquad k = -1$ を代入して $\boldsymbol{a = 1}$

●チャレンジ問題

$\qquad \displaystyle\int_1^x f(t)\,dt = xg(x) - 2ax + 2 \quad \cdots\cdots Ⓐ$

$\qquad g(x) = x^2 - x\displaystyle\int_0^1 f(t)\,dt - 3 \quad \cdots\cdots Ⓑ$

とする。

Ⓑにおいて，$\int_0^1 f(t)dt = k$ （定数）……①

とおくと

$$g(x) = x^2 - kx - 3$$

これをⒶに代入して

$$\int_1^x f(t)dt = x(x^2 - kx - 3) - 2ax + 2$$
$$= x^3 - kx^2 - (2a+3)x + 2 \quad \cdots\cdots②$$

両辺を x で微分すると

$$\frac{d}{dx}\int_1^x f(t)dt = \{x^3 - kx^2 - (2a+3)x + 2\}'$$
$$f(x) = 3x^2 - 2kx - (2a+3) \quad \cdots\cdots③$$

①に代入して

$$k = \int_0^1 f(t)dt$$
$$= \int_0^1 \{3t^2 - 2kt - (2a+3)\}dt$$
$$= \left[t^3 - kt^2 - (2a+3)t\right]_0^1$$
$$= 1 - k - 2a - 3$$

よって，$k + a + 1 = 0$ ……④

②に $x = 1$ を代入して

$$0 = 1 - k - (2a+3) + 2$$

よって，$2a + k = 0$ ……⑤

④，⑤を解いて

$$a = 1,\ k = -2$$

③に代入して，

$$\boldsymbol{f(x) = 3x^2 + 4x - 5}$$

別解

Ⓐに $x = 0$ を代入して

$\int_1^0 f(t)dt = 2$ だから $\int_0^1 f(t)dt = -2$

Ⓑに代入して

$$g(x) = x^2 + 2x - 3$$

これをⒶに代入して

$$\int_1^x f(t)dt = x(x^2 + 2x - 3) - 2ax + 2$$
$$= x^3 + 2x^2 - (2a+3)x + 2 \quad \cdots\cdots①'$$

①' の両辺を微分して

$$\frac{d}{dx}\int_1^x f(t)dt = \{x^3 + 2x^2 - (2a+3)x + 2\}'$$
$$f(x) = 3x^2 + 4x - (2a+3)$$

①' に $x = 1$ を代入して

$$0 = 1 + 2 - 2a - 3 + 2 \ \text{より} \ \boldsymbol{a = 1}$$

よって，$\boldsymbol{f(x) = 3x^2 + 4x - 5}$

---

36 絶対値を含む関数の定積分

●確認問題

(1) $0 \le t \le 1$ のとき

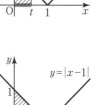

$$\int_0^t |x-1|dx$$
$$= \int_0^t (1-x)dx$$
$$= \left[x - \frac{1}{2}x^2\right]_0^t = t - \frac{1}{2}t^2$$

(2) $t \ge 1$ のとき

$$\int_0^t |x-1|dx$$
$$= \int_0^1 (1-x)dx$$
$$\quad + \int_1^t (x-1)dx$$
$$= \left[x - \frac{1}{2}x^2\right]_0^1 + \left[\frac{1}{2}x^2 - x\right]_1^t$$
$$= \left(1 - \frac{1}{2}\right) + \left(\frac{1}{2}t^2 - t\right) - \left(\frac{1}{2} - 1\right)$$
$$= \frac{1}{2}t^2 - t + 1$$

●マスター問題

t の値の変化によって，

次の(i), (ii), (iii)のように分けられる。

(i) $t \le 0$ のとき

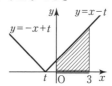

$$f(t) = \int_0^3 (x-t)dx$$
$$= \left[\frac{1}{2}x^2 - tx\right]_0^3 = \frac{9}{2} - 3t$$

(ii) $0 \le t \le 3$ のとき

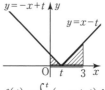

$$f(t) = \int_0^t (-x+t)dx + \int_t^3 (x-t)dx$$
$$= \left[-\frac{1}{2}x^2 + tx\right]_0^t + \left[\frac{1}{2}x^2 - tx\right]_t^3$$
$$= \left(-\frac{1}{2}t^2 + t^2\right) + \left\{\left(\frac{9}{2} - 3t\right) - \left(\frac{1}{2}t^2 - t^2\right)\right\}$$
$$= t^2 - 3t + \frac{9}{2}$$

(iii) $t \geqq 3$ のとき

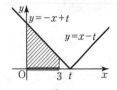

$$f(t) = \int_0^3 (-x+t)dx$$
$$= \left[-\frac{1}{2}x^2 + tx \right]_0^3 = -\frac{9}{2} + 3t$$

よって,

$$f(t) = \begin{cases} 3t - \dfrac{9}{2} & (t \geqq 3) \\[2mm] t^2 - 3t + \dfrac{9}{2} & (0 \leqq t \leqq 3) \\[2mm] -3t + \dfrac{9}{2} & (t \leqq 0) \end{cases}$$

●チャレンジ問題

(1) m の値の変化によって次の(i), (ii), (iii)の場合に分けられる。

(i) $m \leqq 0$ のとき

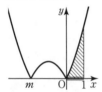

(ii) $0 \leqq m \leqq 1$ のとき

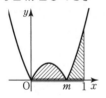

(iii) $1 \leqq m$ のとき

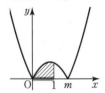

(i) $m \leqq 0$ のとき

$$I(m) = \int_0^1 (x^2 - mx)dx$$
$$= \left[\frac{1}{3}x^3 - \frac{m}{2}x^2 \right]_0^1$$
$$= \frac{1}{3} - \frac{m}{2}$$

(ii) $0 \leqq m \leqq 1$ のとき

$$I(m) = \int_0^m (-x^2 + mx)dx + \int_m^1 (x^2 - mx)dx$$
$$= \left[-\frac{1}{3}x^3 + \frac{m}{2}x^2 \right]_0^m + \left[\frac{1}{3}x^3 - \frac{m}{2}x^2 \right]_m^1$$
$$= \left(-\frac{m^3}{3} + \frac{m^3}{2} \right) + \left(\frac{1}{3} - \frac{m}{2} \right) - \left(\frac{m^3}{3} - \frac{m^3}{2} \right)$$
$$= \frac{m^3}{3} - \frac{m}{2} + \frac{1}{3}$$

(iii) $1 \leqq m$ のとき

$$I(m) = \int_0^1 (-x^2 + mx)dx$$
$$= \left[-\frac{1}{3}x^3 + \frac{m}{2}x^2 \right]_0^1$$
$$= -\frac{1}{3} + \frac{m}{2}$$

よって, $I(m) = \begin{cases} -\dfrac{m}{2} + \dfrac{1}{3} & (m \leqq 0) \\[2mm] \dfrac{m^3}{3} - \dfrac{m}{2} + \dfrac{1}{3} & (0 \leqq m \leqq 1) \\[2mm] \dfrac{m}{2} - \dfrac{1}{3} & (1 \leqq m) \end{cases}$

(2) (i) $m \leqq 0$ のとき

$$I(m) = -\frac{m}{2} + \frac{1}{3} \geqq \frac{1}{3}$$

最小値は $\dfrac{1}{3}$

(ii) $0 \leqq m \leqq 1$ のとき

$$I'(m) = m^2 - \frac{1}{2} = \left(m - \frac{\sqrt{2}}{2} \right)\left(m + \frac{\sqrt{2}}{2} \right)$$

m	0	$\cdots$	$\frac{\sqrt{2}}{2}$	$\cdots$	1
$I'(m)$		$-$	0	$+$	
$I(m)$		$\searrow$	極小	$\nearrow$	

$$I\left(\frac{\sqrt{2}}{2} \right) = \frac{1}{3} \cdot \frac{2\sqrt{2}}{8} - \frac{\sqrt{2}}{4} + \frac{1}{3} = \frac{2 - \sqrt{2}}{6}$$

増減表より最小値は $\dfrac{2 - \sqrt{2}}{6}$

(iii) $1 \leqq m$ のとき

$$I(m) = \frac{m}{2} - \frac{1}{3} \geqq \frac{1}{6}$$

ゆえに 最小値は $\dfrac{1}{6}$

よって, (i), (ii), (iii)より $I(m)$ は

$$m = \frac{\sqrt{2}}{2} \text{ のとき 最小値 } \frac{2 - \sqrt{2}}{6}$$

37 面積（放物線と直線）

●確認問題

(1)

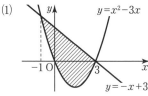

放物線 $y = x^2 - 3x$ と直線 $y = -x + 3$ の交点の x 座標は
$$x^2 - 3x = -x + 3$$
$$x^2 - 2x - 3 = 0$$
$(x+1)(x-3) = 0$ ゆえに $x = -1,\ 3$
求める面積を S とすると
$$S = \int_{-1}^{3} \{(-x+3) - (x^2 - 3x)\}dx$$
$$= -\int_{-1}^{3} (x+1)(x-3)dx$$
$$= \frac{\{3 - (-1)\}^3}{6} = \frac{32}{3}$$

(2)

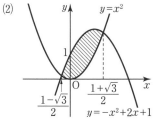

放物線 $y = x^2$ と $y = -x^2 + 2x + 1$ の交点の x 座標は
$$x^2 = -x^2 + 2x + 1$$
$$2x^2 - 2x - 1 = 0 \text{ より}$$
$$x = \frac{1 \pm \sqrt{3}}{2}$$
求める面積を S とすると
$$S = \int_{\frac{1-\sqrt{3}}{2}}^{\frac{1+\sqrt{3}}{2}} \{(-x^2 + 2x + 1) - x^2\}dx$$
$$= -\int_{\frac{1-\sqrt{3}}{2}}^{\frac{1+\sqrt{3}}{2}} (2x^2 - 2x - 1)dx$$
$$= -2\int_{\frac{1-\sqrt{3}}{2}}^{\frac{1+\sqrt{3}}{2}} \left(x - \frac{1-\sqrt{3}}{2}\right)\left(x - \frac{1+\sqrt{3}}{2}\right)dx$$
$$= \frac{1}{3}\left(\frac{1+\sqrt{3}}{2} - \frac{1-\sqrt{3}}{2}\right)^3$$
$$= \frac{1}{3}(\sqrt{3})^3 = \sqrt{3}$$

別解

$\alpha = \dfrac{1-\sqrt{3}}{2},\ \beta = \dfrac{1+\sqrt{3}}{2}$ とおく。
$$S = \int_{\alpha}^{\beta} \{(-x^2 + 2x + 1) - x^2\}dx$$
$$= -\int_{\alpha}^{\beta} (2x^2 - 2x - 1)dx$$
$$= -2\int_{\alpha}^{\beta} (x - \alpha)(x - \beta)dx$$
$$= \frac{2}{6}(\beta - \alpha)^3 = \frac{1}{3}(\sqrt{3})^3 = \sqrt{3}$$

●マスター問題

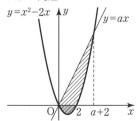

上図の灰色部分の面積が S_1，斜線部分の面積が S_2 である。
放物線 $y = x^2 - 2x$ と x 軸の交点の x 座標は
$$x^2 - 2x = 0$$
$$x(x-2) = 0 \text{ より } x = 0,\ 2$$
放物線 $y = x^2 - 2x$ と直線 $y = ax$ の交点の x 座標は
$$x^2 - 2x = ax$$
$$x(x - a - 2) = 0$$
$$x\{x - (a+2)\} = 0 \text{ より } x = 0,\ a+2$$
よって，
$$S_1 = -\int_0^2 (x^2 - 2x)dx$$
$$= -\int_0^2 x(x-2)dx$$
$$= \frac{(2-0)^3}{6} = \frac{4}{3}$$
$$S_2 = \int_0^{a+2} \{ax - (x^2 - 2x)\}dx$$
$$= -\int_0^{a+2} (x - 0)\{x - (a+2)\}dx$$
$$= \frac{(a+2-0)^3}{6} = \frac{(a+2)^3}{6}$$
$S_2 = 8S_1$ だから
$$\frac{(a+2)^3}{6} = 8 \cdot \frac{4}{3} \text{ より } (a+2)^3 = 64$$
$$(a+2)^3 = 4^3,\ a+2 = 4$$
ゆえに，$\boldsymbol{a = 2}$

●チャレンジ問題

(1) $f(x) = (x-1)|x-3|$

$$= \begin{cases} (x-1)(x-3) & (x \geqq 3) \\ -(x-1)(x-3) & (x < 3) \end{cases}$$

これよりグラフは次図のようになる。

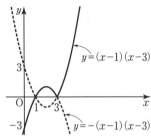

(2) $x < 3$ のとき

$$y = -(x-1)(x-3) = -x^2 + 4x - 3$$

より $y' = -2x + 4$

点 $(1, 0)$ における接線の傾きは

$y' = -2 \cdot 1 + 4 = 2$

よって，$y = 2(x-1)$ より $y = 2x - 2$

放物線との交点の x 座標は

$(x-1)(x-3) = 2x - 2$ より

$x^2 - 6x + 5 = 0$

$(x-1)(x-5) = 0$

$x = 1, 5$

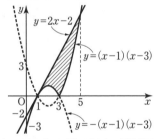

求める図形の面積は上図の斜線部分だから

$$S = \int_1^5 \{(2x-2) - (x-1)(x-3)\}dx$$

$$\qquad - 2\int_1^3 \{-(x-1)(x-3)\}dx$$

$$= -\int_1^5 (x-1)(x-5)dx + 2\int_1^3 (x-1)(x-3)dx$$

$$= \frac{(5-1)^3}{6} - \frac{2(3-1)^3}{6}$$

$$= \frac{32}{3} - \frac{8}{3} = 8$$

●確認問題

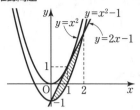

$y = x^2$ より $y' = 2x$

点 $(1, 1)$ における接線の方程式は

傾きが $x = 1$ のとき $y' = 2$ だから

$\quad y - 1 = 2(x-1)$ ゆえに $\quad y = 2x - 1$

接線と放物線 $y = x^2 - 1$ との交点の x 座標は

$\quad x^2 - 1 = 2x - 1$, $x(x-2) = 0$ より

$\quad x = 0, 2$

よって，求める面積は

$$S = \int_0^2 \{(2x-1) - (x^2-1)\}dx$$

$$= -\int_0^2 x(x-2)dx$$

$$= \frac{(2-0)^3}{6} = \frac{4}{3}$$

●マスター問題

(1) 接点を $(t, t^2 + 8)$ とおくと

$y' = 2x$ より傾きは $2t$ だから

接線の方程式は

$\quad y - (t^2 + 8) = 2t(x-t)$

$\quad y = 2tx - t^2 + 8$ ……①

$(1, 0)$ を通るから

$\quad t^2 - 2t - 8 = 0$

$\quad (t-4)(t+2) = 0$

よって，$t = 4, -2$

①に代入して，接線の方程式は

$\quad \boldsymbol{y = 8x - 8}$, $\boldsymbol{y = -4x + 4}$

(2)

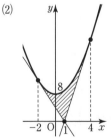

求める図形の面積は上図の斜線部分だから

$$S = \int_{-2}^{1} \{(x^2+8)-(-4x+4)\}dx$$
$$+ \int_{1}^{4} \{(x^2+8)-(8x-8)\}dx$$
$$= \left[\frac{1}{3}x^3+2x^2+4x\right]_{-2}^{1} + \left[\frac{1}{3}x^3-4x^2+16x\right]_{1}^{4}$$
$$= \left(\frac{1}{3}+2+4\right)-\left(-\frac{8}{3}+8-8\right)$$
$$+\left(\frac{64}{3}-64+64\right)-\left(\frac{1}{3}-4+16\right)$$
$$= \left(\frac{19}{3}+\frac{8}{3}\right)+\left(\frac{64}{3}-\frac{37}{3}\right)$$
$$= 9+9 = \mathbf{18}$$

●チャレンジ問題

(1)
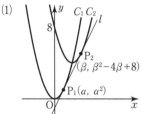

C_1 との接点を $P_1(\alpha,\ \alpha^2)$

C_2 との接点を $P_2(\beta,\ \beta^2-4\beta+8)$ とおくと

C_1 の接線は $y'=2x$ より傾きは 2α
$$y-\alpha^2 = 2\alpha(x-\alpha)$$
よって，$y = 2\alpha x - \alpha^2$ ……①

C_2 の接線は $y'=2x-4$ より傾きは $2\beta-4$
だから
$$y-(\beta^2-4\beta+8) = (2\beta-4)(x-\beta)$$
よって，$y = (2\beta-4)x - \beta^2+8$ ……②

①，②が同じ直線を表すから
$$2\alpha = 2\beta-4,\quad \alpha^2 = \beta^2-8$$
これを解いて $\alpha=1,\ \beta=3$
ゆえに，$\mathbf{P_1(1,\ 1)},\ \mathbf{P_2(3,\ 5)}$

別解 C_1 の接線①が C_2 に接するから
$$x^2-4x+8 = 2\alpha x - \alpha^2$$
$$x^2-(2\alpha+4)x+8+\alpha^2 = 0 \quad ……③$$
$$\frac{D}{4} = (\alpha+2)^2-8-\alpha^2 = 0$$
$$4\alpha-4 = 0 \quad ゆえに \quad \alpha=1$$
$\alpha=1$ を③に代入して
$$x^2-6x+9 = 0,\ (x-3)^2 = 0 \ より \ x=3$$
よって，$\mathbf{P_1(1,\ 1)},\ \mathbf{P_2(3,\ 5)}$

別解 l を $y=mx+n$ とおき
$$\begin{cases} y = x^2 \\ y = mx+n \end{cases} ……Ⓐ$$

$$\begin{cases} y = x^2-4x+8 \\ y = mx+n \end{cases} ……Ⓑ$$
と連立させて $D=0$ より求める。
Ⓐより $x^2 = mx+n$
$$x^2-mx-n = 0 \quad ……Ⓐ'$$
$$D = m^2+4n = 0 \quad ……④$$
Ⓑより $x^2-4x+8 = mx+n$
$$x^2-(m+4)x+8-n = 0 \quad ……Ⓑ'$$
$$D = (m+4)^2-4(8-n) = 0$$
$$m^2+8m+4n-16 = 0 \quad ……⑤$$
④，⑤を解いて，$m=2,\ n=-1$
Ⓐ'，Ⓑ'に代入して $\mathbf{P_1(1,\ 1)},\ \mathbf{P_2(3,\ 5)}$ を求めて
もよい。

(2)
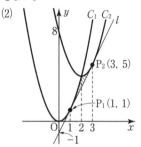

求める図形の面積は上図の斜線部分だから
C_1 と C_2 の交点は
$$x^2 = x^2-4x+8 \ より \ x=2$$
よって，$S = \int_{1}^{2} \{x^2-(2x-1)\}dx$
$$+ \int_{2}^{3} \{x^2-4x+8-(2x-1)\}dx$$
$$= \left[\frac{1}{3}x^3-x^2+x\right]_{1}^{2} + \left[\frac{1}{3}x^3-3x^2+9x\right]_{2}^{3}$$
$$= \left(\frac{8}{3}-4+2\right)-\left(\frac{1}{3}-1+1\right)$$
$$+(9-27+27)-\left(\frac{8}{3}-12+18\right)$$
$$= \frac{2}{3}-\frac{1}{3}+9-\frac{26}{3} = \mathbf{\frac{2}{3}}$$

別解

— 数Ⅲの積分 —
$$\int (x-a)^n dx = \frac{1}{n+1}(x-a)^{n+1}+C \ の利用$$

$$S = \int_{1}^{2} (x-1)^2 dx + \int_{2}^{3} (x-3)^2 dx$$
$$= \left[\frac{1}{3}(x-1)^3\right]_{1}^{2} + \left[\frac{1}{3}(x-3)^3\right]_{2}^{3}$$
$$= \frac{1}{3}+\frac{1}{3} = \mathbf{\frac{2}{3}}$$
$$\left(次の公式 \ \frac{(\beta-\alpha)^3}{12} \ に代入すると \ \frac{(3-1)^3}{12} = \frac{2}{3}\right)$$

（参考）放物線と接線，直線で囲まれた部分の面積（穴埋めなら公式として使える）

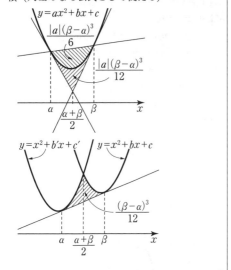

$$S = a_1 + a_2 + \cdots + a_8 + |a_9| + |a_{10}| + \cdots + |a_{20}|$$
$$= (a_1 + a_2 + \cdots + a_8) - (a_9 + a_{10} + \cdots + a_{20})$$
$$= \sum_{k=1}^{8} a_k - \left(\sum_{k=1}^{20} a_k - \sum_{k=1}^{8} a_k \right)$$
$$= -\sum_{k=1}^{20} a_k + 2 \sum_{k=1}^{8} a_k$$
$$= -\sum_{k=1}^{20} (-4k + 34) + 2 \sum_{k=1}^{8} (-4k + 34)$$
$$= 4 \cdot \frac{20 \cdot 21}{2} - 34 \cdot 20 + 2 \cdot \left(-4 \cdot \frac{8 \cdot 9}{2} + 34 \cdot 8 \right)$$
$$= 840 - 680 + 2(-144 + 272)$$
$$= 160 + 256 = \mathbf{416}$$

●チャレンジ問題

(1) $a_1 + a_3 + a_5 = 66$ より
$$a_1 + (a_1 + 2d) + (a_1 + 4d) = 66$$
$$a_1 + 2d = 22 \quad \cdots\cdots\text{①}$$
$a_2 + a_4 + a_6 = 54$ より
$$(a_1 + d) + (a_1 + 3d) + (a_1 + 5d) = 54$$
$$a_1 + 3d = 18 \quad \cdots\cdots\text{②}$$
①，②を解いて $\boldsymbol{a_1 = 30}$, $\boldsymbol{d = -4}$

(2) $a_n = 30 + (n-1) \cdot (-4)$
$$= -4n + 34$$
$a_n = -4n + 34 < 0$ となるのは
$$n > \frac{17}{2} = 8.5$$
n は自然数だから $\boldsymbol{n = 8}$
このとき，最大値は
$$\frac{1}{2} \cdot 8\{2 \cdot 30 + (8-1) \cdot (-4)\} = \mathbf{128}$$

(3) 初項から第 $2n$ 項までの和を S_{2n}
初項から第 n 項までの和を S_n とすると
第 $n+1$ 項から第 $2n$ 項までの和は
$$S_{2n} - S_n = \frac{2n}{2}\{2 \cdot 30 + (2n-1) \cdot (-4)\}$$
$$\qquad - \frac{n}{2}\{2 \cdot 30 + (n-1) \cdot (-4)\}$$
$$= -8n^2 + 64n + 2n^2 - 32n$$
$$= -6n^2 + 32n$$
第 $n+1$ 項から第 $2n$ 項までの項数は n だから
$$\frac{-6n^2 + 32n}{n} < -99 \text{ より } -6n + 32 < -99$$
よって，$n > \dfrac{131}{6} = 21.8\cdots$
ゆえに，これを満たす最小の自然数は $\boldsymbol{n = 22}$

別解 第 $n+1$ 項から第 $2n$ 項までの和は
初項 $a_{n+1} = -4(n+1) + 34 = -4n + 30$
末項 $a_{2n} = -4 \cdot 2n + 34 = -8n + 34$
項数 $2n - (n+1) + 1 = n$
の等差数列だから

39 等差数列

●確認問題

(1) 初項を a, 公差を d とおくと
$$a_{10} = a + 9d = 37 \quad \cdots\cdots\text{①}$$
$$a_{20} = a + 19d = -33 \quad \cdots\cdots\text{②}$$
①，②を解いて $a = 100$, $d = -7$
よって，$\boldsymbol{a_n = 100 + (n-1) \cdot (-7)}$
$$\boldsymbol{= -7n + 107}$$

(2) $a_n = -7n + 107 < 0$ より
$$n > 15.2\cdots$$
よって，初めて負になるのは第 **16** 項

(3) 負になる項の前までの和が最大になるから
第 **15** 項までの和が最大で
$$S_{15} = \frac{15\{2 \cdot 100 + (15-1) \cdot (-7)\}}{2}$$
$$= 15 \cdot (100 - 49) = \mathbf{765}$$

●マスター問題

初項を a, 公差を d とおくと
$$a_5 = a + 4d = 14 \quad \cdots\cdots\text{①}$$
$$a_{15} = a + 14d = -26 \quad \cdots\cdots\text{②}$$
①，②を解いて $a = 30$, $d = -4$
よって，$a_n = 30 + (n-1) \cdot (-4) = -4n + 34$
初めて負になるのは
$$a_n = -4n + 34 < 0 \text{ より } n > 8.5$$
ゆえに，第 9 項目から負になる。
初項から第 8 項までは正で，第 9 項から第 20 項までは負だから，初項から第 20 項までの絶対値の和を S とすると

$$\frac{1}{2}n\{(-4n+30)+(-8n+34)\} = -6n^2+32n$$

（以下同様）

別解

$$\sum_{k=1}^{2n} a_k - \sum_{k=1}^{n} a_k$$

$$= \sum_{k=1}^{2n}(-4k+34) - \sum_{k=1}^{n}(-4k+34)$$

$$= -4 \cdot \frac{2n(2n+1)}{2} + 68n + 4 \cdot \frac{n(n+1)}{2} - 34n$$

$$= -6n^2+32n \ （以下同様）$$

40 等比数列

●確認問題

(1) 初項を a，公比を r とすると

$\quad a_3 = ar^2 = 6 \quad \cdots\cdots ①$

$\quad a_7 = ar^6 = 24 \quad \cdots\cdots ②$ ←

①，②より

$\quad r^4 = 4$

$\quad (r^2+2)(r^2-2) = 0$

r は実数だから $r^2-2=0$ より $r = \pm\sqrt{2}$

①に代入して $a \cdot 2 = 6$ ゆえに $a = 3$

よって，$a_n = 3 \cdot (\sqrt{2})^{n-1}$ または $a_n = 3 \cdot (-\sqrt{2})^{n-1}$

> ②÷①
> $$\frac{ar^6}{ar^2} = \frac{24}{6} = 4$$

(2) 初項を a，公比を r，初項から第 n 項までの和を S_n とすると

$$S_3 = \frac{a(r^3-1)}{r-1} = 42 \quad \cdots\cdots ①$$

$$S_6 - S_3 = \frac{a(r^6-1)}{r-1} - 42 = 336 \ より$$

$$\frac{a(r^6-1)}{r-1} = 378 \quad \cdots\cdots ②$$

②より $\dfrac{a(r^6-1)}{r-1} = \dfrac{a(r^3-1)(r^3+1)}{r-1} = 378$

①を代入して

$\quad 42(r^3+1) = 378, \ r^3+1 = 9$

$\quad r^3 = 8, \ (r-2)(r^2+2r+4) = 0$

r は実数だから $r = 2$

①に代入して $7a = 42$ より $a = 6$

よって，一般項は $\boldsymbol{a_n = 6 \cdot 2^{n-1}}$

> ②÷① より
> $$\frac{a(r^6-1)}{r-1} \times \frac{r-1}{a(r^3-1)} = \frac{378}{42}$$
> $$\frac{(r^3-1)(r^3+1)}{r^3-1} = 9$$
> としてもよい。

別解 初項から第 3 項までの和が 42 だから

$\quad a + ar + ar^2 = 42 \quad \cdots\cdots ①$

第 4 項から第 6 項までの和が 336 だから

$\quad ar^3 + ar^4 + ar^5 = 336 \quad \cdots\cdots ②$

②より

$\quad r^3(a+ar+ar^2) = 336$

①を代入して

$\quad r^3 \cdot 42 = 336 \quad$ よって $\quad r^3 = 8$

（以下同様）

●マスター問題

(1) 一般項を $a_n = ar^{n-1}$ とすると

$\quad a_2 = ar = 3 \quad \cdots\cdots ①$

$\quad a_3 + a_4 = ar^2 + ar^3 = 18 \quad \cdots\cdots ②$

②より $ar(r+r^2) = 18$，①を代入して

$\quad 3(r+r^2) = 18 \ から$

$\quad r^2 + r - 6 = 0$

$\quad (r+3)(r-2) = 0$

$r > 0$ だから $r = 2$

①に代入して $a = \dfrac{3}{2}$

よって，$\boldsymbol{a_n = \dfrac{3}{2} \cdot 2^{n-1}} \ \left(= 3 \cdot 2^{n-2}\right)$

(2) $S_n = \displaystyle\sum_{k=1}^{2n} \frac{3}{2} \cdot 2^{k-1}$

$$= \frac{\frac{3}{2}(2^{2n}-1)}{2-1} = \frac{3(4^n-1)}{2} \quad \cdots\cdots ①$$

$$a_{2k-1} = \frac{3}{2} \cdot 2^{(2k-1)-1} = \frac{3}{2} \cdot 2^{2(k-1)} = \frac{3}{2} \cdot 4^{k-1}$$

だから

$$T_n = \sum_{k=1}^{n} a_{2k-1} = \sum_{k=1}^{n} \frac{3}{2} \cdot 4^{k-1}$$

$$= \frac{\frac{3}{2}(4^n-1)}{4-1} = \frac{4^n-1}{2} \quad \cdots\cdots ②$$

①，②より $3T_n = S_n$ が成り立つ。

●チャレンジ問題

(1) 初項を a，公比を r とすると

$\quad a_2 = ar = 8 \quad \cdots\cdots ①$

$\quad a_4 = ar^3 = 128 \quad \cdots\cdots ②$

①を②に代入して

$\quad 8r^2 = 128$

$\quad r^2 = 16$

よって，$r = \pm 4$

①に代入して

$r = 4$ のとき $a = 2$

$r = -4$ のとき $a = -2$

これは $a > 0$ を満たさないから不適。

ゆえに，$\boldsymbol{a_n = 2 \cdot 4^{n-1}}$

> ②÷① より
> $$\frac{ar^3}{ar} = \frac{128}{8} = 16$$
> としてもよい

(2) $b_n = \log_2 2 \cdot 4^{n-1}$ ←

$\boxed{\begin{aligned}2 \cdot 4^{n-1} &= 2 \cdot (2^2)^{n-1} \\ &= 2 \cdot 2^{2n-2} \\ &= 2^{2n-1}\end{aligned}}$

$\quad = \log_2 2^{2n-1}$

$\quad = 2n-1$

　初項は $b_1 = 1$

　公差は

$\quad b_{n+1} - b_n = \{2(n+1)-1\} - (2n-1)$

$\qquad\qquad\quad = 2$

　よって，初項 1，公差 2

(3) $\log_2 C_n$

$\quad = \log_2 (a_1 \times a_2 \times a_3 \times \cdots\cdots \times a_n)$

$\quad = \log_2 a_1 + \log_2 a_2 + \log_2 a_3 + \cdots\cdots + \log_2 a_n$

$\quad = b_1 + b_2 + b_3 + \cdots\cdots + b_n$

$\quad = \dfrac{1}{2} n\{2 \cdot 1 + (n-1) \cdot 2\} = \boldsymbol{n^2}$

別解 $\log_2 C_n$

$\quad = \log_2 \{(2 \cdot 4^0) \times (2 \cdot 4^1) \times (2 \cdot 4^2) \times \cdots\cdots \times (2 \cdot 4^{n-1})\}$

$\quad = \log_2 2^n \cdot 4^{1+2+\cdots\cdots+(n-1)} = \log_2 2^n \cdot 4^{\frac{n(n-1)}{2}}$

$\quad = \log_2 2^{n+n(n-1)} = \log_2 2^{n^2} = \boldsymbol{n^2}$

41 $S_n = f(n)$ で表される数列

●確認問題

(1) 初項は $a_1 = S_1 = 2 \cdot 1^2 - 1 = 1$

　$n \geqq 2$ のとき

$\quad a_n = S_n - S_{n-1}$

$\qquad = 2n^2 - n - \{2(n-1)^2 - (n-1)\}$

$\qquad = 2n^2 - n - (2n^2 - 5n + 3)$

$\qquad = 4n - 3 \quad\cdots\cdots$①

　①に $n = 1$ を代入すると $4 \cdot 1 - 3 = 1$

　①は $n = 1$ のとき $a_1 = 1$ と一致する。

　よって，$\boldsymbol{a_n = 4n - 3}$

(2) 初項は $a_1 = S_1 = 5a_1 - 1$

　より　$a_1 = 5a_1 - 1$

　だから $a_1 = \dfrac{1}{4}$

　$n \geqq 2$ のとき

$\quad a_n = S_n - S_{n-1}$

$\qquad = 5a_n - 1 - (5a_{n-1} - 1)$

$\qquad = 5a_n - 5a_{n-1}$

　よって，$a_n = \dfrac{5}{4} a_{n-1}$ より

　数列 $\{a_n\}$ は初項 $a_1 = \dfrac{1}{4}$，公比 $\dfrac{5}{4}$ の等比数列

だから

$\quad \boldsymbol{a_n = \dfrac{1}{4} \cdot \left(\dfrac{5}{4}\right)^{n-1}}$

●マスター問題

(1) $S_n = -3n^2 + 4n - 8$

　初項は $a_1 = S_1 = -3 + 4 - 8 = -7$

　$n \geqq 2$ のとき

$\quad a_n = S_n - S_{n-1} \ (n \geqq 2)$

$\qquad = -3n^2 + 4n - 8 - \{-3(n-1)^2 + 4(n-1) - 8\}$

$\qquad = -6n + 7 \quad\cdots\cdots$①

　①に $n = 1$ を代入すると

$\quad -6 \cdot 1 + 7 = 1$

　①は $n = 1$ のとき $a_1 = -7$ と一致しない。

　よって，$\begin{cases} \boldsymbol{a_1 = -7} \\ \boldsymbol{a_n = -6n + 7 \ (n \geqq 2)} \end{cases}$

(2) $a_1 + a_3 + a_5 + \cdots\cdots + a_{2n-1}$

　$n \geqq 2$ のとき

$\quad a_{2n-1} = -6(2n-1) + 7$

$\qquad\quad = -12n + 13$

$\quad a_1 + a_3 + a_5 + \cdots\cdots + a_{2n-1}$

$\quad = -7 - 11 - 23 - \cdots\cdots + (-12n + 13)$

$\quad = -7 - 11 - 23 - \cdots\cdots - (12n - 13)$

$\quad = -7 - \underbrace{\{11 + 23 + \cdots\cdots + (12n - 13)\}}$

$\qquad\qquad\qquad$初項 11，末項 $12n-13$，項数 $n-1$

$\quad = -7 - \dfrac{(n-1)\{11 + (12n - 13)\}}{2}$

$\quad = -7 - (n-1)(6n-1)$

$\quad = \boldsymbol{-6n^2 + 7n - 8}$

別解

$\quad a_1 + a_3 + a_5 + \cdots\cdots + a_{2n-1}$

$\quad = a_1 + \sum_{k=2}^{n} a_{2k-1}$

$\quad = -7 + \sum_{k=2}^{n} (-12k + 13)$

$\quad = -7 + \sum_{k=1}^{n} (-12k + 13) - 1$

$\boxed{\begin{aligned} &k = 1 \text{ からの和} \\ &\text{としたので，その} \\ &\text{分の値を引く} \end{aligned}}$

$\quad = -8 - 12 \cdot \dfrac{1}{2} n(n+1) + 13n$

$\quad = \boldsymbol{-6n^2 + 7n - 8}$

●チャレンジ問題

(1) $S_n = 2n^3 + 6n^2 + 4n$

　初項は $a_1 = S_1 = 2 + 6 + 4 = 12$

　$n \geqq 2$ のとき

$\quad a_n = S_n - S_{n-1}$

$\qquad = 2n^3 + 6n^2 + 4n$

$\qquad\quad - 2(n-1)^3 - 6(n-1)^2 - 4(n-1)$

$\qquad = 2\{n^3 - (n^3 - 3n^2 + 3n - 1)\}$

$\qquad\quad + 6\{n^2 - (n^2 - 2n + 1)\} + 4$

$\qquad = 6n^2 - 6n + 2 + 12n - 6 + 4$

$\qquad = 6n^2 + 6n \quad\cdots\cdots$①

　①に $n = 1$ を代入すると $6 + 6 = 12$

　①は $n = 1$ のとき $a_1 = 12$ と一致する。

　よって，$\boldsymbol{a_n = 6n^2 + 6n}$

(2) $\displaystyle\sum_{k=1}^{n}\frac{1}{a_k}=\sum_{k=1}^{n}\frac{1}{6k^2+6k}$

$\displaystyle=\frac{1}{6}\sum_{k=1}^{n}\frac{1}{k(k+1)}$

$\displaystyle=\frac{1}{6}\sum_{k=1}^{n}\left(\frac{1}{k}-\frac{1}{k+1}\right)$

$\displaystyle=\frac{1}{6}\left\{\left(1-\frac{1}{2}\right)+\left(\frac{1}{2}-\frac{1}{3}\right)+\cdots\cdots+\left(\frac{1}{n}-\frac{1}{n+1}\right)\right\}$

$\displaystyle=\frac{1}{6}\left(1-\frac{1}{n+1}\right)=\boldsymbol{\frac{n}{6(n+1)}}$

42 階差数列と階差数列の漸化式

● 確認問題

(1)
$$4 \underset{7}{\frown} 11 \underset{13}{\frown} 24 \underset{19}{\frown} 43 \underset{25}{\frown} 68 \underset{31}{\frown} 99 \cdots\cdots \{a_n\}$$
$$\qquad 7\quad 13\quad 19\quad 25\quad 31 \cdots\cdots \{b_n\}$$

とする。

$b_n=7+(n-1)\cdot6=6n+1$

$n\geqq2$ のとき

$\displaystyle a_n=4+\sum_{k=1}^{n-1}(6k+1)$

$\displaystyle\quad=4+6\cdot\frac{1}{2}n(n-1)+(n-1)$

$\quad=3n^2-2n+3$

これは $n=1$ のときにも成り立つ。

よって，$\boldsymbol{a_n=3n^2-2n+3}$

(2) $a_{n+1}-a_n=4n-1$ より

$n\geqq2$ のとき

$\displaystyle a_n=2+\sum_{k=1}^{n-1}(4k-1)$

$\displaystyle\quad=2+4\cdot\frac{n(n-1)}{2}-(n-1)$

$\quad=2n^2-3n+3$

これは $n=1$ のときにも成り立つ。

よって，$\boldsymbol{a_n=2n^2-3n+3}$

● マスター問題

(1) $b_n=-19+(n-1)\cdot4$ より

$\boldsymbol{b_n=4n-23}$

(2) $n\geqq2$ のとき

$\displaystyle a_n=-35+\sum_{k=1}^{n-1}(4k-23)$

$\displaystyle\quad=-35+4\cdot\frac{n(n-1)}{2}-23(n-1)$

$\quad=2n^2-25n-12$

これは $n=1$ のときにも成り立つ。

よって，$\boldsymbol{a_n=2n^2-25n-12}$

(3) $\displaystyle\sum_{k=1}^{24}(2k^2-25k-12)$ ← $\boxed{\displaystyle\sum_{k=1}^{n}k^2=\frac{1}{6}n(n+1)(2n+1)}$

$\displaystyle=2\cdot\frac{1}{6}\cdot24\cdot(24+1)(2\cdot24+1)$

$\displaystyle\qquad-25\cdot\frac{1}{2}\cdot24\cdot(24+1)-12\cdot24$

$=8\cdot25\cdot49-25\cdot12\cdot25-12\cdot24$

$=9800-7500-288$

$=\boldsymbol{2012}$

● チャレンジ問題

(1) $a_{n+1}=\dfrac{3a_n}{2n\cdot a_n+3}$ の両辺の逆数をとると

$\dfrac{1}{a_{n+1}}=\dfrac{2n\cdot a_n+3}{3a_n}=\dfrac{1}{a_n}+\dfrac{2}{3}n$

$b_n=\dfrac{1}{a_n}$ とおくと

$b_1=\dfrac{1}{a_1}=2,\quad b_{n+1}=b_n+\dfrac{2}{3}n$

よって，$\boldsymbol{b_{n+1}-b_n=\dfrac{2}{3}n}$

(2) $n\geqq2$ のとき

$\displaystyle b_n=2+\sum_{k=1}^{n-1}\frac{2}{3}k$

$\displaystyle\quad=2+\frac{2}{3}\cdot\frac{1}{2}n(n-1)$

$\displaystyle\quad=\frac{n^2-n+6}{3}$

これは $n=1$ のときにも成り立つ。

よって，$a_n=\dfrac{1}{b_n}=\dfrac{3}{n^2-n+6}$

$a_n<\dfrac{1}{50}$ より $\dfrac{3}{n^2-n+6}<\dfrac{1}{50}$

$n^2-n+6>150$

$n^2-n-144>0$ ← $\boxed{\begin{array}{l}2\text{ 次不等式を解くの}\\\text{は大変だから，これ}\\\text{を満たす自然数 }n\\\text{を見つける。}\end{array}}$

$n(n-1)>144=12^2$

ゆえに，最小の n は $\boldsymbol{13}$

43 2項間の漸化式

● 確認問題

$a_{n+1}=2a_n+3$ ← $\boxed{\begin{array}{l}\alpha=2\alpha+3\\\alpha=-3\end{array}}$

$a_{n+1}+3=2(a_n+3)$

と変形すると，数列 $\{a_n+3\}$ は

初項 $a_1+3=1+3=4$，公比 2

の等比数列だから

$a_n+3=4\cdot2^{n-1}$

よって，$\boldsymbol{a_n=4\cdot2^{n-1}-3}$

$$a_{n+1} = \frac{a_n}{a_n + 3} \quad (a_n \neq 0)$$

の両辺の逆数をとると

$$\frac{1}{a_{n+1}} = \frac{a_n + 3}{a_n} = \frac{3}{a_n} + 1$$

$\dfrac{1}{a_n} = b_n$ とおくと

$$b_{n+1} = 3b_n + 1, \quad \longleftarrow \quad \boxed{\begin{array}{l} \alpha = 3\alpha + 1 \\ \alpha = -\dfrac{1}{2} \end{array}}$$

$$b_1 = \frac{1}{a_1} = \frac{1}{3}$$

$$b_{n+1} + \frac{1}{2} = 3\left(b_n + \frac{1}{2}\right)$$

と変形すると

数列 $\left\{ b_n + \dfrac{1}{2} \right\}$ は,

初項 $b_1 + \dfrac{1}{2} = \dfrac{1}{3} + \dfrac{1}{2} = \dfrac{5}{6}$

公比 3 の等比数列だから

$$b_n + \frac{1}{2} = \frac{5}{6} \cdot 3^{n-1}$$

よって, $b_n = \dfrac{1}{6}(5 \cdot 3^{n-1} - 3)$

$$\frac{1}{a_n} = b_n = \frac{1}{6}(5 \cdot 3^{n-1} - 3)$$

ゆえに, $\boldsymbol{a_n = \dfrac{6}{5 \cdot 3^{n-1} - 3}}$

●チャレンジ問題

(1) $b_n = \dfrac{a_n - 3}{a_n + 1}$ より $b_{n+1} = \dfrac{a_{n+1} - 3}{a_{n+1} + 1}$

$a_{n+1} = \dfrac{4a_n + 3}{a_n + 2}$ を代入して

$$b_{n+1} = \frac{\dfrac{4a_n + 3}{a_n + 2} - 3}{\dfrac{4a_n + 3}{a_n + 2} + 1} = \frac{4a_n + 3 - 3a_n - 6}{4a_n + 3 + a_n + 2}$$

$\qquad\qquad\qquad \longleftarrow \boxed{\begin{array}{l}\text{分母, 分子に} \\ a_n + 2 \text{ を掛ける}\end{array}}$

$$= \frac{1}{5} \cdot \frac{a_n - 3}{a_n + 1} = \frac{1}{5} b_n$$

よって, $\boldsymbol{b_{n+1} = \dfrac{1}{5} b_n}$

(2) 数列 $\{b_n\}$ は公比 $\dfrac{1}{5}$ の等比数列で,

初項は $b_1 = \dfrac{a_1 - 3}{a_1 + 1} = \dfrac{4 - 3}{4 + 1} = \dfrac{1}{5}$ だから

$$b_n = \frac{1}{5} \cdot \left(\frac{1}{5}\right)^{n-1} = \left(\frac{1}{5}\right)^n$$

$\dfrac{a_n - 3}{a_n + 1} = \dfrac{1}{5^n}$ より $(a_n - 3) \cdot 5^n = a_n + 1$

$$(5^n - 1)a_n = 3 \cdot 5^n + 1$$

よって, $\boldsymbol{a_n = \dfrac{3 \cdot 5^n + 1}{5^n - 1}}$

---

44 群数列

●確認問題

(1) 第 n 群に $2n$ 個の項が含まれ

第 10 群までの項数は

$$2 + 4 + 6 + \cdots + 20$$
$$= 2(1 + 2 + 3 + \cdots + 10)$$
$$= 2 \cdot \frac{10 \cdot 11}{2} = \boldsymbol{110} \text{ (個)}$$

(2) 第 11 群の最初の数は, 奇数の数列 $\{2n - 1\}$ の初めから 111 番目の項だから

$$2 \cdot 111 - 1 = \boldsymbol{221}$$

●マスター問題

(1) 第 1 群から第 $n-1$ 群の末項までの項数は

$$1 + 2 + 3 + \cdots + (n-1) = \frac{1}{2}n(n-1)$$

第 n 群の最初の項は

$$\frac{1}{2}n(n-1) + 1 \text{ 番目}$$

の数で, 群をとり払った数列の一般項は

$$a_k = 2k - 1$$

よって, 第 n 群の最初の数は

$$2\left\{\frac{1}{2}n(n-1) + 1\right\} - 1 = \boldsymbol{n^2 - n + 1}$$

第 n 群の最後の数は $\dfrac{1}{2}n(n+1)$ 番目だから

$$2\left\{\frac{1}{2}n(n+1)\right\} - 1 = \boldsymbol{n^2 + n - 1}$$

第 n 群の総和は

$$\frac{1}{2} \cdot n\left\{(n^2 - n + 1) + (n^2 + n - 1)\right\} = \boldsymbol{n^3}$$

(2) $2n - 1 = 1001$ より $n = 501$ だから

1001 は奇数の列の 501 番目

これが, n 群にあるとすると

$$\frac{1}{2}n(n-1) < 501 \leq \frac{1}{2}n(n+1)$$

$$n(n-1) < 1002 \leq n(n+1)$$

$n^2 = 1000$ としておよその値を求めると

$$n = 10\sqrt{10} \fallingdotseq 31.6$$

$n = 32$ のとき, すなわち第 31 群の最後の数は

$$\frac{1}{2} \cdot 32 \cdot 31 = 496 \text{ (番目)}$$

$$501 - 496 = 5$$

よって, 501 番目の数 1001 は, 第 **32** 群の **5** 番目の数

別解

1001 が第 n 群にあるとすると

$$n^2 - n + 1 \leq 1001 \leq n^2 + n - 1$$

$n^2 = 1000$ としておよその値を求めると

$$n = 10\sqrt{10} \fallingdotseq 31.6$$

$n = 31$ のとき

$\quad n^2 - n + 1 = 931, \quad n^2 + n - 1 = 991$

$n = 32$ のとき

$\quad n^2 - n + 1 = 993, \quad n^2 + n - 1 = 1055$

これより，$993 < 1001 < 1055$

$$\frac{1001 - 991}{2} = 5$$

よって，1001 は第 **32** 群の **5** 番目の数

●チャレンジ問題

(1) 与えられた数列を次のように分母が n であるものを第 n 群とするように分ける。

$$\frac{1}{1} \;\bigg|\; \frac{1}{2},\; \frac{2}{2} \;\bigg|\; \frac{1}{3},\; \frac{2}{3},\; \frac{3}{3} \;\bigg|\; \cdots\cdots \;\bigg|\; \frac{1}{n},\; \frac{2}{n},\; \cdots\cdots,\; \frac{n}{n} \;\bigg|$$

$\dfrac{99}{100}$ が初めて現れるのは第 100 群の 99 番目。

第 n 群には n 個の項が含まれているから

第 100 群までの項の数は

$$1 + 2 + 3 + \cdots\cdots + 100 = \frac{1}{2} \cdot 100 \cdot 101 = 5050$$

第 100 群の 99 番目だから

$\quad 5050 - 1 = 5049$

よって，第 **5049** 項

(2) 第 2005 項が第 n 群に含まれるとすると

$$\frac{1}{2} n(n-1) < 2005 \leqq \frac{1}{2} n(n+1)$$

$n(n-1) < 4010 \leqq n(n+1)$

$n^2 = 4000$ としておよその値を求めると

$\quad n = 20\sqrt{10} \fallingdotseq 20 \times 3.16 = 63.2$ ←

$n = 63$ のとき

$\boxed{\sqrt{10} \fallingdotseq 3.16\cdots}$

第 62 群の最後の項は

$$\frac{1}{2} n(n-1) = \frac{1}{2} \cdot 63 \cdot 62 = 1953 \text{（番目）}$$

第 63 群の最後の項は

$$\frac{1}{2} n(n+1) = \frac{1}{2} \cdot 63 \cdot 64 = 2016 \text{（番目）}$$

よって，第 2005 項は第 63 群にあり，

$2005 - 1953 = 52$ より

第 63 群の 52 番目である。

ゆえに，$\dfrac{52}{63}$

●マスター問題

(1) 全事象は ${}_6\mathrm{C}_2 = 15$（通り）

X のとりうる値は 2，3，4，5，6

（X の値） （他のカード）

$\quad X = 2$ のとき 1

$\quad X = 3$ のとき 1, 2

$\quad X = 4$ のとき 1, 2, 3

$\quad X = 5$ のとき 1, 2, 3, 4

$\quad X = 6$ のとき 1, 2, 3, 4, 5

これより確率分布は次のようになる。

X	2	3	4	5	6	計
P	$\frac{1}{15}$	$\frac{2}{15}$	$\frac{3}{15}$	$\frac{4}{15}$	$\frac{5}{15}$	1

よって，

$$E(X) = 2 \times \frac{1}{15} + 3 \times \frac{2}{15} + 4 \times \frac{3}{15}$$

$$+ 5 \times \frac{4}{15} + 6 \times \frac{5}{15} = \frac{70}{15} = \frac{14}{3}$$

$$E(X^2) = 2^2 \times \frac{1}{15} + 3^2 \times \frac{2}{15} + 4^2 \times \frac{3}{15}$$

$$+ 5^2 \times \frac{4}{15} + 6^2 \times \frac{5}{15} = \frac{350}{15} = \frac{70}{3}$$

$$V(X) = \frac{70}{3} - \left(\frac{14}{3}\right)^2 = \frac{14}{9}$$

(2) 袋の中のカードの数は，もとのカードの数を 3 倍して 1 加えたものになっているから

$Y = 3X + 1$ と表せる。

よって，

$$E(Y) = E(3X + 1) = 3E(X) + 1$$

$$= 3 \times \frac{14}{3} + 1 = \mathbf{15}$$

$$V(Y) = V(3X + 1) = 3^2 V(X)$$

$$= 9 \times \frac{14}{9} = \mathbf{14}$$

●マスター問題

(1) $\displaystyle\int_{-1}^{3} f(x)dx = 1$ より

$$\int_{-1}^{0} a(x+1)dx + \int_{0}^{3} (bx + a)dx = 1$$

$$a\left[\frac{1}{2}x^2 + x\right]_{-1}^{0} + \left[\frac{1}{2}bx^2 + ax\right]_{0}^{3} = 1$$

$$\frac{1}{2}a + \left(\frac{9}{2}b + 3a\right) = 1$$

よって，$\dfrac{7}{2}a + \dfrac{9}{2}b = 1$ ……①

$E(X) = \displaystyle\int_{-1}^{3} xf(x)dx = \frac{2}{3}$ より

$\displaystyle\int_{-1}^{0} ax(x+1)dx + \int_{0}^{3} x(bx+a)dx = \frac{2}{3}$

$a\left[\dfrac{1}{3}x^3 + \dfrac{1}{2}x^2\right]_{-1}^{0} + \left[\dfrac{1}{3}bx^3 + \dfrac{1}{2}ax^2\right]_{0}^{3} = \dfrac{2}{3}$

$-\dfrac{a}{6} + \left(9b + \dfrac{9}{2}a\right) = \dfrac{2}{3}$

よって，$\dfrac{13}{3}a + 9b = \dfrac{2}{3}$ ……②

①，②を解いて $a = \dfrac{1}{2}$，$b = -\dfrac{1}{6}$

(2) $V(X) = \displaystyle\int_{-1}^{3}(x-m)^2 f(x)dx$

$= \displaystyle\int_{-1}^{3}\left(x - \frac{2}{3}\right)^2 f(x)dx$

$= \displaystyle\int_{-1}^{3} x^2 f(x)dx - \frac{4}{3}\int_{-1}^{3} xf(x)dx$

$\qquad + \dfrac{4}{9}\displaystyle\int_{-1}^{3} f(x)dx$

ここで，

$f(x) = \begin{cases} \dfrac{1}{2}(x+1) & (-1 \le x \le 0) \\ -\dfrac{1}{6}x + \dfrac{1}{2} & (0 < x \le 3) \end{cases}$

$\displaystyle\int_{-1}^{3} xf(x)dx = E(X) = \frac{2}{3}$, $\displaystyle\int_{-1}^{3} f(x)dx = 1$

だから

$V(X) = \dfrac{1}{2}\displaystyle\int_{-1}^{0}(x^3 + x^2)dx + \int_{0}^{3}\left(-\frac{1}{6}x^3 + \frac{1}{2}x^2\right)dx$

$\qquad - \dfrac{4}{3} \times \dfrac{2}{3} + \dfrac{4}{9} \times 1$

$= \dfrac{1}{2}\left[\dfrac{1}{4}x^4 + \dfrac{1}{3}x^3\right]_{-1}^{0} + \left[-\dfrac{1}{24}x^4 + \dfrac{1}{6}x^3\right]_{0}^{3} - \dfrac{4}{9}$

$= \dfrac{1}{24} + \left(-\dfrac{27}{8} + \dfrac{9}{2}\right) - \dfrac{4}{9} = \dfrac{52}{72} = \dfrac{13}{18}$

47 正規分布

●確認問題

1 $Z = \dfrac{X-12}{5}$ とおくと正規分布 $N(0,\ 1)$ に従う。

(1) $X = 10$ のとき，$Z = \dfrac{10-12}{5} = -0.4$

$X = 15$ のとき，$Z = \dfrac{15-12}{5} = 0.6$

$P(10 \le X \le 15)$
$= P(-0.4 \le Z \le 0.6)$
$= P(0 \le Z \le 0.4)$
$\qquad + P(0 \le Z \le 0.6)$
$= 0.1554 + 0.2257$
$= \mathbf{0.3811}$

(2) $X = 16$ のとき，$Z = \dfrac{16-12}{5} = 0.8$

$P(X \le 16)$
$= P(Z \le 0.8)$
$= 0.5 + P(0 \le Z \le 0.8)$
$= 0.5 + 0.2881$
$= \mathbf{0.7811}$

2 二項分布 $B\left(1200,\ \dfrac{1}{4}\right)$ に従うから

$E(X) = 1200 \times \dfrac{1}{4} = 300$

$\sigma(X) = \sqrt{1200 \times \dfrac{1}{4} \times \dfrac{3}{4}} = \sqrt{225} = 15$

よって，正規分布 $N(300,\ 15^2)$ に従うから

$Z = \dfrac{X-300}{15}$ とおくと Z は $N(0,\ 1)$ に従う。

$X = 285$ のとき，$Z = \dfrac{285-300}{15} = -1$

$X = 330$ のとき，$Z = \dfrac{330-300}{15} = 2$

$P(285 \le X \le 330)$
$= P(-1 \le Z \le 2)$
$= P(0 \le Z \le 1)$
$\qquad + P(0 \le Z \le 2)$
$= 0.3413 + 0.4772$
$= \mathbf{0.8185}$

●マスター問題

(1) X は二項分布 $B\left(2n,\ \dfrac{1}{2}\right)$ に従うから

$E(X) = 2n \times \dfrac{1}{2} = \boldsymbol{n}$

$\sigma(X) = \sqrt{2n \times \dfrac{1}{2} \times \dfrac{1}{2}} = \dfrac{\sqrt{2n}}{2}$

(2) $n = 200$ のとき，X は二項分布 $B\left(400,\ \dfrac{1}{2}\right)$ に従うから

$E(X) = 200$，$\sigma(X) = \dfrac{\sqrt{2\cdot200}}{2} = 10$

よって，$N(200,\ 10^2)$ に従うから

$Z = \dfrac{X-200}{10}$ とおくと Z は $N(0,\ 1)$ に従う。

$X = 190$ のとき，$Z = \dfrac{190-200}{10} = -1$

$X = 210$ のとき，$Z = \dfrac{210-200}{10} = 1$

ゆえに,
$P(190 \leq X \leq 210)$
$= P(-1 \leq Z \leq 1)$
$= 1 - 2P(Z > 1)$
$= 1 - 2 \times 0.159$
$= \mathbf{0.682}$

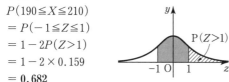

●チャレンジ問題

得点を X とすると, X は正規分布 $N(120, 40^2)$ に従う。

(1) $Z = \dfrac{X - 120}{40}$ とおくと Z は $N(0, 1)$ に従う。

$X = 150$ のとき, $Z = \dfrac{150 - 120}{40} = 0.75$

$P(X \geq 150)$
$= P(Z \geq 0.75)$
$= 0.5 - P(0 \leq Z \leq 0.75)$
$= 0.5 - 0.2734$
$= 0.2266$

$2400 \times 0.2266 = 543.84$
よって, **544 番ぐらい。**

(2) 上位 300 名は全体で $\dfrac{300}{2400} = \dfrac{1}{8} = 0.125$ より

上位 12.5 % に入っていればよい。
合格者の最低点を a 点とすると
$P(X \geq a) = 0.125$ より
$P(0 \leq X \leq a) = 0.5 - 0.125 = 0.375$
$P\left(0 \leq Z \leq \dfrac{a - 120}{40}\right) = 0.375$

正規分布表より $Z = 1.15$
よって,

$\dfrac{a - 120}{40} = 1.15$

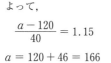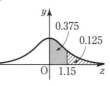

$a = 120 + 46 = 166$
ゆえに **166 点ぐらい。**

48 母平均の推定

●マスター問題

(1) 9 個の標本平均 $\overline{X}$ は

$\overline{X} = \dfrac{1}{9}(90.3 + 90.5 + 91.2 + 90.6 + 90.0$
$\qquad + 91.0 + 90.9 + 90.7 + 90.2)$

$= \dfrac{815.4}{9} = 90.6$

標準偏差は $\sigma = 6$ だから信頼区間は

$90.6 - \dfrac{1.96 \times 6}{\sqrt{9}} \leq \mu \leq 90.6 + \dfrac{1.96 \times 6}{\sqrt{9}}$

$90.6 - 3.92 \leq \mu \leq 90.6 + 3.92$
よって, $\mathbf{86.68 \leq \mu \leq 94.52}$

(2) 信頼度 95 % の信頼区間の幅は

$2 \times \dfrac{1.96 \times 6}{\sqrt{n}} \leq 3$ より

$\sqrt{n} \geq 7.84$
$n \geq 61.46\cdots$
よって, n を **62** 以上にすればよい。

49 母比率の推定

●マスター問題

(1) 標本の大きさは $n = 100$
母比率は p
X は二項分布 $B(100, p)$ に従うから
$$P(X = k) = {}_{100}C_k \, p^k \, (1 - p)^{100 - k}$$

(2) $X = 80$ のとき, $p = \dfrac{80}{100} = 0.8$

信頼度 95 % の信頼区間は

$0.8 - 1.96 \times \sqrt{\dfrac{0.8 \times 0.2}{100}} \leq p \leq 0.8 + 1.96\sqrt{\dfrac{0.8 \times 0.2}{100}}$

$0.8 - 1.96 \times 0.04 \leq p \leq 0.8 + 1.96 \times 0.04$

$0.8 - 0.0784 \leq p \leq 0.8 + 0.0784$

よって, $\mathbf{0.7216 \leq p \leq 0.8784}$

50 母平均の検定

●マスター問題

帰無仮説は「M 県の成績は平均的である」
有意水準 5 % なので $|z| > 1.96$ を棄却域とする。

400 人の点数は正規分布 $N\left(52.7, \dfrac{18.1^2}{400}\right)$ に従う。

$z = \dfrac{54.4 - 52.7}{\dfrac{18.1}{\sqrt{400}}} = \dfrac{1.7 \times 20}{18.1} = 1.878\cdots$

$|z| = 1.878\cdots < 1.96$
z は棄却域に含まれていないので仮説は棄却されない。

よって, **M 県の成績は平均的でないとはいえない。**

51 母比率の検定

●マスター問題

帰無仮説は「B 産地の種子のほうが A 産地の種子より発芽率が高いとはいえない」
有意水準 5 % の片側検定なので
$z > 1.64$(大きい側)を棄却域とする。

母比率は $p = \dfrac{64}{100} = 0.64$

標本比率は $p_0 = \dfrac{603}{900} = 0.67$ だから

$$z = \frac{0.67 - 0.64}{\sqrt{\dfrac{0.64 \times 0.36}{900}}} = \frac{3}{\sqrt{\dfrac{64 \times 36}{900}}} = \frac{90}{48}$$

$$= 1.875$$

$$z = 1.875 > 1.64$$

z は棄却域に含まれるから仮説は棄却される。

よって，**B** 産地の種子のほうが **A** 産地の種子より発芽率が高いといえる。

52 ベクトルの表し方

●確認問題

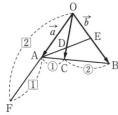

(1) $\overrightarrow{OC} = \dfrac{2 \cdot \vec{a} + 1 \cdot \vec{b}}{1 + 2} = \dfrac{2}{3}\vec{a} + \dfrac{1}{3}\vec{b}$

$\overrightarrow{OD} = \dfrac{3}{4}\overrightarrow{OC} = \dfrac{3}{4}\left(\dfrac{2}{3}\vec{a} + \dfrac{1}{3}\vec{b}\right)$

$= \dfrac{1}{2}\vec{a} + \dfrac{1}{4}\vec{b}$

$\overrightarrow{OE} = \dfrac{-\overrightarrow{OA} + 2 \cdot \overrightarrow{OD}}{2 - 1}$

$= -\vec{a} + 2\left(\dfrac{1}{2}\vec{a} + \dfrac{1}{4}\vec{b}\right) = \dfrac{1}{2}\vec{b}$

(2) $\overrightarrow{OF} = 2\overrightarrow{OA}$ だから

$\overrightarrow{EF} = \overrightarrow{OF} - \overrightarrow{OE} = 2\vec{a} - \dfrac{1}{2}\vec{b} = \dfrac{4\vec{a} - \vec{b}}{2}$

$\overrightarrow{EC} = \overrightarrow{OC} - \overrightarrow{OE} = \dfrac{2}{3}\vec{a} + \dfrac{1}{3}\vec{b} - \dfrac{1}{2}\vec{b} = \dfrac{4\vec{a} - \vec{b}}{6}$

よって，$\overrightarrow{EF} = 3\overrightarrow{EC}$ が成り立つから，E, C, F は一直線上にある。

●マスター問題

(1)

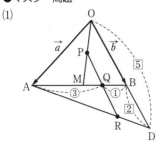

点 Q は PR の中点だから

$2\overrightarrow{OQ} = \overrightarrow{OP} + \overrightarrow{OR}$ ……①

が成り立つ。

$\overrightarrow{OQ} = \dfrac{1 \cdot \vec{a} + 3 \cdot \vec{b}}{3 + 1} = \dfrac{1}{4}\vec{a} + \dfrac{3}{4}\vec{b}$

$\overrightarrow{OP} = \dfrac{1}{2}\overrightarrow{OM}$

$= \dfrac{1}{2} \cdot \dfrac{1}{2}(\vec{a} + \vec{b}) = \dfrac{1}{4}\vec{a} + \dfrac{1}{4}\vec{b}$

①に代入して

$2\left(\dfrac{1}{4}\vec{a} + \dfrac{3}{4}\vec{b}\right) = \dfrac{1}{4}\vec{a} + \dfrac{1}{4}\vec{b} + \overrightarrow{OR}$

よって，$\overrightarrow{OR} = \dfrac{1}{4}\vec{a} + \dfrac{5}{4}\vec{b}$

(2) $\overrightarrow{AD} = \overrightarrow{OD} - \overrightarrow{OA}$

$= -\vec{a} + \dfrac{5}{3}\vec{b}$

（なぜならば OB : OD = 3 : 5）

(3) $\overrightarrow{AR} = \overrightarrow{OR} - \overrightarrow{OA}$

$= \dfrac{1}{4}\vec{a} + \dfrac{5}{4}\vec{b} - \vec{a}$

$= \dfrac{1}{4}(-3\vec{a} + 5\vec{b})$

$\overrightarrow{AD} = -\vec{a} + \dfrac{5}{3}\vec{b}$

$= \dfrac{1}{3}(-3\vec{a} + 5\vec{b})$

よって，$\overrightarrow{AD} = \dfrac{4}{3}\overrightarrow{AR}$ が成り立つから

A, R, D は一直線上にある。

●チャレンジ問題

$4\overrightarrow{AQ} + \overrightarrow{BQ} + 2\overrightarrow{CQ} = \vec{0}$ より

$4\overrightarrow{AQ} + (\overrightarrow{AQ} - \overrightarrow{AB}) + 2(\overrightarrow{AQ} - \overrightarrow{AC}) = \vec{0}$

$7\overrightarrow{AQ} = \overrightarrow{AB} + 2\overrightarrow{AC}$

$\overrightarrow{AQ} = \dfrac{\overrightarrow{AB} + 2\overrightarrow{AC}}{7}$

ここで

$\overrightarrow{AP} = \dfrac{\overrightarrow{AB} + 2\overrightarrow{AC}}{2 + 1}$

$= \dfrac{\overrightarrow{AB} + 2\overrightarrow{AC}}{3}$

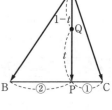

よって，

$\overrightarrow{AQ} = \dfrac{3}{7} \cdot \dfrac{\overrightarrow{AB} + 2\overrightarrow{AC}}{3} = \dfrac{3}{7}\overrightarrow{AP}$

$\overrightarrow{AQ} = (1 - t)\overrightarrow{AP}$ だから

$1 - t = \dfrac{3}{7}$ より $t = \dfrac{4}{7}$

53 ベクトルの内積

●確認問題

(1) $\cos\theta = \dfrac{\vec{a}\cdot\vec{b}}{|\vec{a}||\vec{b}|} = \dfrac{-6}{3\cdot 4} = -\dfrac{1}{2}$

$0°\leqq\theta\leqq 180°$ より $\boldsymbol{\theta = 120°}$

(2) $|\vec{a}+2\vec{b}|^2 = |\vec{a}|^2 + 4\vec{a}\cdot\vec{b} + 4|\vec{b}|^2$

$\qquad = 3^2 + 4\cdot(-6) + 4\cdot 4^2$

$\qquad = 9 - 24 + 64 = 49$

よって，$|\vec{a}+2\vec{b}| = \sqrt{49} = \boldsymbol{7}$

(3) $(\vec{a}+\vec{b})\cdot(3\vec{a}-\vec{b})$

$= 3|\vec{a}|^2 + 2\vec{a}\cdot\vec{b} - |\vec{b}|^2$

$= 3\cdot 3^2 + 2\cdot(-6) - 4^2$

$= 27 - 12 - 16 = \boldsymbol{-1}$

●マスター問題

(1) $|\overrightarrow{AB}|^2 = |\overrightarrow{OB}-\overrightarrow{OA}|^2$

$\qquad = |\overrightarrow{OB}|^2 - 2\overrightarrow{OA}\cdot\overrightarrow{OB} + |\overrightarrow{OA}|^2$

$\qquad = 2^2 - 2\times 3\times 2\times\cos 60° + 3^2$

$\qquad = 7$

よって，$|\overrightarrow{AB}| = \boldsymbol{\sqrt{7}}$

(2) $|\vec{a}-2\vec{b}| = \sqrt{7}$ より

$|\vec{a}-2\vec{b}|^2 = (\sqrt{7})^2$

$|\vec{a}|^2 - 4\vec{a}\cdot\vec{b} + 4|\vec{b}|^2 = 7$

$3^2 - 4\vec{a}\cdot\vec{b} + 4\cdot 2^2 = 7$

$-4\vec{a}\cdot\vec{b} = -18$

よって，$\vec{a}\cdot\vec{b} = \dfrac{\boldsymbol{9}}{\boldsymbol{2}}$

$\triangle OAB = \dfrac{1}{2}\sqrt{|\vec{a}|^2|\vec{b}|^2 - (\vec{a}\cdot\vec{b})^2}$

$= \dfrac{1}{2}\sqrt{3^2\cdot 2^2 - \left(\dfrac{9}{2}\right)^2}$

$= \dfrac{1}{2}\sqrt{36 - \dfrac{81}{4}} \longleftarrow$ $\boxed{\begin{array}{l}\dfrac{1}{2}\sqrt{9\left(4-\dfrac{9}{4}\right)}\\ = \dfrac{1}{2}\sqrt{9\cdot\dfrac{7}{4}}\end{array}}$

$= \dfrac{1}{2}\sqrt{\dfrac{63}{4}} = \dfrac{\boldsymbol{3\sqrt{7}}}{\boldsymbol{4}}$

別解 面積の公式 $S = \dfrac{1}{2}\sqrt{|\vec{a}|^2|\vec{b}|^2 - (\vec{a}\cdot\vec{b})^2}$ を

使わない場合，$\angle AOB = \theta$ とすると

$\cos\theta = \dfrac{\vec{a}\cdot\vec{b}}{|\vec{a}||\vec{b}|} = \dfrac{\dfrac{9}{2}}{3\cdot 2} = \dfrac{3}{4}$

$\sin\theta = \sqrt{1-\cos^2\theta} = \sqrt{1-\left(\dfrac{3}{4}\right)^2} = \dfrac{\sqrt{7}}{4}$

よって，$\triangle OAB = \dfrac{1}{2}\cdot OA\cdot OB\cdot\sin\theta$

$= \dfrac{1}{2}\cdot 3\cdot 2\cdot\dfrac{\sqrt{7}}{4} = \dfrac{\boldsymbol{3\sqrt{7}}}{\boldsymbol{4}}$

●チャレンジ問題

$|2\vec{a}+\vec{b}| = 3\sqrt{5}$ より

$|2\vec{a}+\vec{b}|^2 = (3\sqrt{5})^2$

$4|\vec{a}|^2 + 4\vec{a}\cdot\vec{b} + |\vec{b}|^2 = 45$

$4\cdot 3^2 + 4\vec{a}\cdot\vec{b} + 1^2 = 45$

$4\vec{a}\cdot\vec{b} = 8$

よって，$\vec{a}\cdot\vec{b} = \boxed{2}$

$|\vec{a}+t\vec{b}|^2 = |\vec{a}|^2 + 2t\vec{a}\cdot\vec{b} + t^2|\vec{b}|^2$

$\qquad = 3^2 + 2t\cdot 2 + t^2\cdot 1^2$

$\qquad = t^2 + 4t + 9$

$\qquad = (t+2)^2 + 5$

よって，最小にする t の値は $\boldsymbol{t=-2}$

最小値は $\boldsymbol{\sqrt{5}}$

54 成分によるベクトルの演算

●確認問題

(1) $\vec{a}+\vec{b} = (3,\ 4) + (-1,\ 2) = \boldsymbol{(2,\ 6)}$

$\vec{a}-\vec{b} = (3,\ 4) - (-1,\ 2) = \boldsymbol{(4,\ 2)}$

$|\vec{a}+\vec{b}| = \sqrt{2^2+6^2} = \sqrt{40} = \boldsymbol{2\sqrt{10}}$

$|\vec{a}-\vec{b}| = \sqrt{4^2+2^2} = \sqrt{20} = \boldsymbol{2\sqrt{5}}$

(2) $(\vec{a}+\vec{b})\cdot(\vec{a}-\vec{b}) = 2\cdot 4 + 6\cdot 2 = 20$

$\cos\theta = \dfrac{(\vec{a}+\vec{b})\cdot(\vec{a}-\vec{b})}{|\vec{a}+\vec{b}||\vec{a}-\vec{b}|} = \dfrac{20}{2\sqrt{10}\cdot 2\sqrt{5}} = \dfrac{1}{\sqrt{2}}$

$0°\leqq\theta\leqq 180°$ より $\boldsymbol{\theta = 45°}$

(3) $\vec{a}\perp\vec{c}$ のとき $\vec{a}\cdot\vec{c} = 0$ だから

$\vec{a}\cdot\vec{c} = 3\cdot 2x + 4\cdot(1-x) = 0$

$2x + 4 = 0$ よって，$\boldsymbol{x = -2}$

$\vec{b}\ /\!/\ \vec{c}$ のとき $\vec{c} = k\vec{b}$ と表されるから

$(2x,\ 1-x) = k(-1,\ 2) = (-k,\ 2k)$

$2x = -k$ ……①, $1-x = 2k$ ……②

①, ②を解いて $\boldsymbol{x = -\dfrac{1}{3}}$ $\left(k = \dfrac{2}{3}\right)$

●マスター問題

(1) $P(x,\ y)$ とすると

$\overrightarrow{PA} = (1-x,\ 2-y)$, $\overrightarrow{BC} = (5,\ -2)$

$\overrightarrow{AB} = (-3,\ -1)$, $\overrightarrow{CP} = (x-3,\ y+1)$

$\overrightarrow{PA} - \overrightarrow{BC} = \overrightarrow{AB} - 2\overrightarrow{CP}$ より

$(1-x,\ 2-y) - (5,\ -2) = (-3,\ -1) - 2(x-3,\ y+1)$

$(-4-x,\ 4-y) = (3-2x,\ -3-2y)$

よって，$-4-x = 3-2x$, $4-y = -3-2y$

これより，$x = 7$, $y = -7$

ゆえに，P の座標は $\boldsymbol{(7,\ -7)}$

(2) $\vec{a}+t\vec{b} = (2,\ 1) + t(3,\ -1)$

$\qquad = (2+3t,\ 1-t)$

$|\vec{a}+t\vec{b}|^2 = (2+3t)^2 + (1-t)^2$

$\qquad = 10t^2 + 10t + 5$

$\qquad = 10\left(t+\dfrac{1}{2}\right)^2 + \dfrac{5}{2}$

よって，$t = -\dfrac{1}{2}$ のとき　最小値 $\sqrt{\dfrac{5}{2}} = \dfrac{\sqrt{10}}{2}$

●チャレンジ問題

$\sqrt{2}\,|\vec{a}| = |\vec{b}|$ より $2|\vec{a}|^2 = |\vec{b}|^2$

$\quad 2(p^2 + 2^2) = (-1)^2 + 3^2$

$p^2 = 1$ より $p = \pm 1$

$\vec{a} - \vec{b} = (p+1,\ -1)$ だから

$\quad |\vec{a} - \vec{b}|^2 = (p+1)^2 + (-1)^2 = p^2 + 2p + 2$

$\quad |\vec{c}|^2 = 1 + q^2$

$\quad (\vec{a} - \vec{b}) \cdot \vec{c} = (p+1)\cdot 1 + (-1)\cdot q$

$\qquad\qquad\qquad\quad = p - q + 1$

$\cos 60° = \dfrac{(\vec{a} - \vec{b}) \cdot \vec{c}}{|\vec{a} - \vec{b}||\vec{c}|}$ だから

$\quad \dfrac{p - q + 1}{\sqrt{p^2 + 2p + 2}\sqrt{q^2 + 1}} = \dfrac{1}{2}$

$p = 1$ のとき

$\quad 2(2 - q) = \sqrt{5}\sqrt{q^2 + 1}$

右辺は負にならないから $q \leqq 2$ として

両辺を 2 乗すると

$\quad 4(4 - 4q + q^2) = 5(q^2 + 1)$

$\quad q^2 + 16q - 11 = 0$

$\quad q = -8 \pm 5\sqrt{3}$

これは $q \leqq 2$ を満たす。

$p = -1$ のとき

$\quad -2q = 1\cdot\sqrt{q^2 + 1}$

右辺は負にならないから $q \leqq 0$ として

両辺を 2 乗すると

$4q^2 = q^2 + 1$ より $q = \pm\dfrac{\sqrt{3}}{3}$

$q \leqq 0$ だから $q = -\dfrac{\sqrt{3}}{3}$

よって，$p = 1,\ q = -8 \pm 5\sqrt{3}$ または

$\qquad p = -1,\ q = -\dfrac{\sqrt{3}}{3}$

---

55 図形と内分点のベクトル

●確認問題

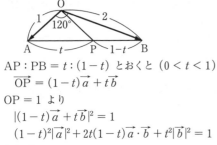

$\mathrm{AP} : \mathrm{PB} = t : (1-t)$ とおくと $(0 < t < 1)$

$\quad \overrightarrow{\mathrm{OP}} = (1-t)\vec{a} + t\vec{b}$

$\mathrm{OP} = 1$ より

$\quad |(1-t)\vec{a} + t\vec{b}|^2 = 1$

$\quad (1-t)^2|\vec{a}|^2 + 2t(1-t)\vec{a}\cdot\vec{b} + t^2|\vec{b}|^2 = 1$

ここで

$\quad |\vec{a}| = 1,\ |\vec{b}| = 2,\ \vec{a}\cdot\vec{b} = 1\cdot 2\cdot\cos 120° = -1$

だから

$1 - 2t + t^2 - 2t + 2t^2 + 4t^2 = 1$

$7t^2 - 4t = 0,\ t(7t - 4) = 0$

$0 < t < 1$ だから $t = \dfrac{4}{7}$

よって，$\overrightarrow{\mathrm{OP}} = \dfrac{3}{7}\vec{a} + \dfrac{4}{7}\vec{b}$

●マスター問題

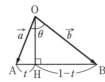

(1)　$\cos\theta = \dfrac{4^2 + 6^2 - 5^2}{2\cdot 4\cdot 6} = \dfrac{9}{16}$

(2)　$\vec{a}\cdot\vec{b} = |\vec{a}||\vec{b}|\cos\theta$

$\qquad\quad = 4\cdot 6\cdot\dfrac{9}{16} = \dfrac{27}{2}$

(3)　$\mathrm{AH} : \mathrm{HB} = t : (1-t)$ とおくと

$\quad \overrightarrow{\mathrm{OH}} = (1-t)\vec{a} + t\vec{b}$

$\quad \overrightarrow{\mathrm{AB}} \perp \overrightarrow{\mathrm{OH}}$ だから $\overrightarrow{\mathrm{AB}}\cdot\overrightarrow{\mathrm{OH}} = 0$

$\quad (\vec{b} - \vec{a})\cdot\{(1-t)\vec{a} + t\vec{b}\} = 0$

$\quad (1-t)\vec{a}\cdot\vec{b} - (1-t)|\vec{a}|^2 + t|\vec{b}|^2 - t\vec{a}\cdot\vec{b} = 0$

$\quad \dfrac{27}{2}(1-t) - 16(1-t) + 36t - \dfrac{27}{2}t = 0$

$\quad 25t - \dfrac{5}{2} = 0$ より $t = \dfrac{1}{10}$

よって，$\overrightarrow{\mathrm{OH}} = \dfrac{9}{10}\vec{a} + \dfrac{1}{10}\vec{b}$

(4)　$\mathrm{AH} : \mathrm{HB} = \dfrac{1}{10} : \dfrac{9}{10} = 1 : 9$

●チャレンジ問題

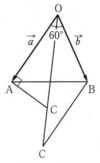

(1)　$\angle\mathrm{AOB}$ の 2 等分線上の点 C は

$\quad \overrightarrow{\mathrm{OC}} = t\left(\dfrac{\vec{a}}{|\vec{a}|} + \dfrac{\vec{b}}{|\vec{b}|}\right)$

$\qquad\quad = t\left(\dfrac{\vec{a}}{5} + \dfrac{\vec{b}}{4}\right)$

と表せる。

$\quad \overrightarrow{\mathrm{OA}} \perp \overrightarrow{\mathrm{AC}}$ だから $\overrightarrow{\mathrm{OA}}\cdot\overrightarrow{\mathrm{AC}} = 0$

また，$\overrightarrow{AC} = \overrightarrow{OC} - \overrightarrow{OA}$

$$= \left(\frac{1}{5}t - 1\right)\vec{a} + \frac{1}{4}t\vec{b}$$

だから

$$\overrightarrow{OA} \cdot \overrightarrow{AC} = \vec{a} \cdot \left\{\left(\frac{1}{5}t - 1\right)\vec{a} + \frac{1}{4}t\vec{b}\right\}$$

$$= \left(\frac{1}{5}t - 1\right)|\vec{a}|^2 + \frac{1}{4}t\vec{a} \cdot \vec{b} = 0$$

$\vec{a} \cdot \vec{b} = |\vec{a}||\vec{b}|\cos 60° = 5 \cdot 4 \cdot \frac{1}{2} = 10$ だから

$$\overrightarrow{OA} \cdot \overrightarrow{AC} = 25\left(\frac{1}{5}t - 1\right) + 10 \cdot \frac{1}{4}t = 0$$

$$5t - 25 + \frac{5}{2}t = 0 \quad \text{より} \quad t = \frac{10}{3}$$

よって，$\overrightarrow{OC} = \dfrac{2}{3}\vec{a} + \dfrac{5}{6}\vec{b}$

(2) $\overrightarrow{OA} /\!/ \overrightarrow{BC}$ のとき $\overrightarrow{BC} = k\overrightarrow{OA}$（$k$は実数）が成り立つ。

$$\overrightarrow{BC} = \overrightarrow{OC} - \overrightarrow{OB} = \frac{1}{5}t\vec{a} + \frac{1}{4}t\vec{b} - \vec{b}$$

$$= \frac{1}{5}t\vec{a} + \left(\frac{1}{4}t - 1\right)\vec{b} \quad \text{だから}$$

$\dfrac{1}{5}t\vec{a} + \left(\dfrac{1}{4}t - 1\right)\vec{b} = k\vec{a}$ より

$\vec{a}$, $\vec{b}$ は1次独立だから

$$\frac{1}{5}t = k, \quad \frac{1}{4}t - 1 = 0$$

これより，$t = 4$　$k = \dfrac{4}{5}$

よって，$\overrightarrow{OC} = \dfrac{4}{5}\vec{a} + \vec{b}$

56　線分と線分の交点の求め方

●確認問題

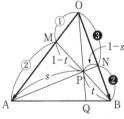

$\overrightarrow{OM} = \dfrac{1}{3}\vec{a}$, $\overrightarrow{ON} = \dfrac{3}{5}\vec{b}$

$AP : PN = s : (1 - s)$

$BP : PM = t : (1 - t)$

とおくと

$$\overrightarrow{OP} = (1 - s)\overrightarrow{OA} + s\overrightarrow{ON}$$

$$= (1 - s)\vec{a} + \frac{3}{5}s\vec{b} \quad \cdots\cdots①$$

$$\overrightarrow{OP} = t\overrightarrow{OM} + (1 - t)\overrightarrow{OB}$$

$$= \frac{1}{3}t\vec{a} + (1 - t)\vec{b} \quad \cdots\cdots②$$

①と②は等しく，$\vec{a}$, $\vec{b}$ は1次独立だから

$$1 - s = \frac{1}{3}t \quad \cdots\cdots③, \quad \frac{3}{5}s = 1 - t \quad \cdots\cdots④$$

③, ④を解いて　$\longleftarrow$
$$\boxed{\begin{array}{ll} 3 - 3s = t & \cdots\cdots③' \\ 3s = 5 - 5t & \cdots\cdots④' \end{array}}$$

$$s = \frac{5}{6}, \quad t = \frac{1}{2}$$

よって，$\overrightarrow{OP} = \dfrac{1}{6}\vec{a} + \dfrac{1}{2}\vec{b}$

$\overrightarrow{OQ} = k\overrightarrow{OP} = \dfrac{1}{6}k\vec{a} + \dfrac{1}{2}k\vec{b} \quad \cdots\cdots⑤$　と表すと

点Qは直線AB上にあるから

$\dfrac{1}{6}k + \dfrac{1}{2}k = 1$ より $k = \dfrac{3}{2}$

よって，$\overrightarrow{OQ} = \dfrac{1}{4}\vec{a} + \dfrac{3}{4}\vec{b}$

別解1
$AQ : QB = l : (1 - l)$ とおくと
$$\overrightarrow{OQ} = (1 - l)\overrightarrow{OA} + l\overrightarrow{OB}$$
$$= (1 - l)\vec{a} + l\vec{b} \quad \cdots\cdots⑥$$

⑤と⑥は等しく，$\vec{a}$, $\vec{b}$ は1次独立だから

$$\frac{1}{6}k = 1 - l, \quad \frac{1}{2}k = l$$

これより $\dfrac{1}{6}k + \dfrac{1}{2}k = 1$ だから $k = \dfrac{3}{2}$

別解2
$$\overrightarrow{OP} = \frac{1}{6}\vec{a} + \frac{1}{2}\vec{b}$$

$$= \frac{\vec{a} + 3\vec{b}}{6} = \frac{2}{3} \cdot \frac{\vec{a} + 3\vec{b}}{4}$$

と表せる。$\dfrac{\vec{a} + 3\vec{b}}{4}$ は線分 AB を $3 : 1$ に内分す

る点の O を始点とするベクトルを表すから

$\overrightarrow{OQ} = \dfrac{\vec{a} + 3\vec{b}}{4}$ である。

●マスター問題

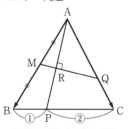

(1) $\overrightarrow{AB} = \vec{b}$, $\overrightarrow{AC} = \vec{c}$ とする。

$$\overrightarrow{AP} = \frac{2\vec{b} + \vec{c}}{3}$$

$\overrightarrow{\mathrm{AQ}} = t\overrightarrow{\mathrm{AC}} = t\vec{c}$ とすると

$\overrightarrow{\mathrm{MQ}} = \overrightarrow{\mathrm{AQ}} - \overrightarrow{\mathrm{AM}}$

$\qquad = t\vec{c} - \dfrac{1}{2}\vec{b}$

AP⊥MQ だから $\overrightarrow{\mathrm{AP}} \cdot \overrightarrow{\mathrm{MQ}} = 0$

$\overrightarrow{\mathrm{AP}} \cdot \overrightarrow{\mathrm{MQ}} = \left(\dfrac{2}{3}\vec{b} + \dfrac{1}{3}\vec{c}\right) \cdot \left(-\dfrac{1}{2}\vec{b} + t\vec{c}\right)$

$\qquad = -\dfrac{1}{3}|\vec{b}|^2 + \left(\dfrac{2}{3}t - \dfrac{1}{6}\right)\vec{b}\cdot\vec{c} + \dfrac{t}{3}|\vec{c}|^2 = 0$

ここで，△ABC は正三角形だから

$|\vec{b}| = |\vec{c}|,\ \vec{b}\cdot\vec{c} = |\vec{b}||\vec{c}|\cos 60° = \dfrac{1}{2}|\vec{b}|^2$

よって，

$-\dfrac{1}{3}|\vec{b}|^2 + \left(\dfrac{2}{3}t - \dfrac{1}{6}\right)\cdot\dfrac{1}{2}|\vec{b}|^2 + \dfrac{t}{3}|\vec{b}|^2 = 0$

$|\vec{b}| \neq 0$ より，両辺を $|\vec{b}|^2$ で割ると

$-\dfrac{1}{3} + \dfrac{t}{3} - \dfrac{1}{12} + \dfrac{t}{3} = 0$

$8t = 5$ より $t = \dfrac{5}{8}$

ゆえに，$\mathrm{AQ} = \dfrac{5}{8}\mathrm{AC}$ より **AQ：QC = 5：3**

(2) $\overrightarrow{\mathrm{AR}} = k\overrightarrow{\mathrm{AP}}$ と表すと

$\overrightarrow{\mathrm{AR}} = k\cdot\dfrac{2\vec{b}+\vec{c}}{3} = \dfrac{2}{3}k\vec{b} + \dfrac{1}{3}k\vec{c}$ ……①

MR：RQ $= l：(1-l)$ とおくと

$\overrightarrow{\mathrm{AR}} = (1-l)\overrightarrow{\mathrm{AM}} + l\overrightarrow{\mathrm{AQ}}$

$\qquad = \dfrac{1-l}{2}\cdot\vec{b} + \dfrac{5}{8}l\vec{c}$ ……②

①と②は等しく，$\vec{b}$ と $\vec{c}$ は1次独立だから

$\dfrac{2}{3}k = \dfrac{1-l}{2}$ ……③，$\dfrac{1}{3}k = \dfrac{5}{8}l$ ……④

③，④を解いて

$l = \dfrac{2}{7}\ \left(k = \dfrac{15}{28}\right)$

$4k = 3-3l$ ……③′
$8k = 15l$ ……④′

よって，**MR：RQ** $= \dfrac{2}{7}：\dfrac{5}{7} = $ **2：5**

●チャレンジ問題

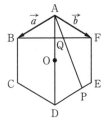

(1) 正六角形の中心を O とすると

$\overrightarrow{\mathrm{AO}} = \vec{a} + \vec{b}$

$\overrightarrow{\mathrm{AD}} = 2\overrightarrow{\mathrm{AO}} = \bm{2\vec{a} + 2\vec{b}}$

$\overrightarrow{\mathrm{AP}} = \dfrac{\overrightarrow{\mathrm{AD}} + 2\overrightarrow{\mathrm{AE}}}{3}$

$\overrightarrow{\mathrm{AE}} = \overrightarrow{\mathrm{AF}} + \overrightarrow{\mathrm{AO}}$

$\qquad = \vec{b} + (\vec{a} + \vec{b})$

$\qquad = \vec{a} + 2\vec{b}$

よって，$\overrightarrow{\mathrm{AP}} = \dfrac{2(\vec{a}+\vec{b}) + 2(\vec{a}+2\vec{b})}{3}$

$\qquad = \dfrac{4}{3}\vec{a} + 2\vec{b}$

(2) $\overrightarrow{\mathrm{AQ}} = s\overrightarrow{\mathrm{AP}}$ と表すと

$\overrightarrow{\mathrm{AQ}} = s\left(\dfrac{4}{3}\vec{a} + 2\vec{b}\right) = \dfrac{4}{3}s\vec{a} + 2s\vec{b}$ …①

点 Q は線分 BF 上にあるから

$\dfrac{4}{3}s + 2s = 1$ より $s = \dfrac{3}{10}$

よって，$\overrightarrow{\mathrm{AQ}} = \dfrac{3}{10}\overrightarrow{\mathrm{AP}} = \dfrac{2}{5}\vec{a} + \dfrac{3}{5}\vec{b}$

$|\overrightarrow{\mathrm{AQ}}|^2 = \left|\dfrac{2}{5}\vec{a} + \dfrac{3}{5}\vec{b}\right|^2$

$\qquad = \dfrac{1}{25}(4|\vec{a}|^2 + 12\vec{a}\cdot\vec{b} + 9|\vec{b}|^2)$

ここで，$|\vec{a}| = |\vec{b}| = 1$,

$\vec{a}\cdot\vec{b} = |\vec{a}||\vec{b}|\cos 120° = -\dfrac{1}{2}$

だから

$|\overrightarrow{\mathrm{AQ}}|^2 = \dfrac{1}{25}\left\{4 + 12\cdot\left(-\dfrac{1}{2}\right) + 9\right\} = \dfrac{7}{25}$

ゆえに，$|\overrightarrow{\mathrm{AQ}}| = \dfrac{\sqrt{7}}{5}$

別解 BQ：QF $= t：(1-t)$ とおくと

$\overrightarrow{\mathrm{AQ}} = (1-t)\overrightarrow{\mathrm{AB}} + t\overrightarrow{\mathrm{AF}}$

$\qquad = (1-t)\vec{a} + t\vec{b}$ ……②

①と②は等しく，$\vec{a}$，$\vec{b}$ は1次独立だから

$\dfrac{4}{3}s = 1-t$ ……③，$2s = t$ ……④

③，④を解いて $s = \dfrac{3}{10}$, $t = \dfrac{3}{5}$

$\left(\text{③，④から } \dfrac{4}{3}s + 2s = 1 \text{ の式が得られる。}\right)$

57 空間ベクトルと成分

●マスター問題

(1) $\overrightarrow{\mathrm{AB}} = (3,\ 4,\ 0) - (2,\ 2,\ 3)$

$\qquad = (1,\ 2,\ -3)$

よって，$|\overrightarrow{\mathrm{AB}}| = \sqrt{1^2 + 2^2 + (-3)^2} = \sqrt{14}$

$\overrightarrow{\mathrm{AC}} = (5,\ -1,\ 3) - (2,\ 2,\ 3)$

$\qquad = (3,\ -3,\ 0)$

よって，$|\overrightarrow{\mathrm{AC}}| = \sqrt{3^2 + (-3)^2 + 0^2} = 3\sqrt{2}$

(2) $\overrightarrow{\mathrm{AB}} \cdot \overrightarrow{\mathrm{AC}} = 1 \cdot 3 + 2 \cdot (-3) + (-3) \cdot 0 = -3$

よって, $\cos\theta = \dfrac{\overrightarrow{\mathrm{AB}} \cdot \overrightarrow{\mathrm{AC}}}{|\overrightarrow{\mathrm{AB}}||\overrightarrow{\mathrm{AC}}|} = \dfrac{-3}{\sqrt{14} \cdot 3\sqrt{2}}$

$= \dfrac{-1}{2\sqrt{7}} = -\dfrac{\sqrt{7}}{14}$

(3) $\triangle\mathrm{ABC} = \dfrac{1}{2}\sqrt{|\overrightarrow{\mathrm{AB}}|^2|\overrightarrow{\mathrm{AC}}|^2 - (\overrightarrow{\mathrm{AB}} \cdot \overrightarrow{\mathrm{AC}})^2}$

$= \dfrac{1}{2}\sqrt{(\sqrt{14})^2 \cdot (3\sqrt{2})^2 - (-3)^2}$

$= \dfrac{1}{2}\sqrt{14 \cdot 18 - 9}$

$= \dfrac{9\sqrt{3}}{2}$ ← $\boxed{\begin{array}{l}\sqrt{14 \cdot 18 - 9}\\ = \sqrt{9(14 \cdot 2 - 1)}\\ = \sqrt{9 \cdot 27}\end{array}}$

(4) 垂直な単位ベクトルを

$\vec{e} = (x,\ y,\ z)$ とおくと

$\overrightarrow{\mathrm{AB}} \cdot \vec{e} = 0,\ \overrightarrow{\mathrm{AC}} \cdot \vec{e} = 0,\ |\vec{e}| = 1$

となればよいから

$\overrightarrow{\mathrm{AB}} \cdot \vec{e} = x + 2y - 3z = 0$ ……①

$\overrightarrow{\mathrm{AC}} \cdot \vec{e} = 3x - 3y = 0$ ……②

$|\vec{e}|^2 = x^2 + y^2 + z^2 = 1$ ……③

②より $y = x$,

①に代入して $z = x$

これらを③に代入して

$x^2 + x^2 + x^2 = 1$

$3x^2 = 1$ より $x = \pm\dfrac{\sqrt{3}}{3}$

このとき, $y = z = \pm\dfrac{\sqrt{3}}{3}$

よって, $\left(\pm\dfrac{\sqrt{3}}{3},\ \pm\dfrac{\sqrt{3}}{3},\ \pm\dfrac{\sqrt{3}}{3}\right)$ (複号同順)

●チャレンジ問題

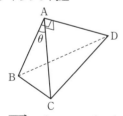

(1) $\overrightarrow{\mathrm{AB}} = (2,\ -1,\ 2) - (1,\ -3,\ 2) = (1,\ 2,\ 0)$

$\overrightarrow{\mathrm{AC}} = (3,\ -3,\ 4) - (1,\ -3,\ 2) = (2,\ 0,\ 2)$

$\overrightarrow{\mathrm{AD}} = (-3,\ -1,\ 6) - (1,\ -3,\ 2) = (-4,\ 2,\ 4)$

$\overrightarrow{\mathrm{AB}} \cdot \overrightarrow{\mathrm{AD}} = 1 \times (-4) + 2 \times 2 + 0 \times 4 = 0$

よって, $\mathrm{AB} \perp \mathrm{AD}$

$\overrightarrow{\mathrm{AC}} \cdot \overrightarrow{\mathrm{AD}} = 2 \times (-4) + 0 \times 2 + 2 \times 4 = 0$

よって, $\mathrm{AC} \perp \mathrm{AD}$

(2) $|\overrightarrow{\mathrm{AB}}| = \sqrt{1^2 + 2^2 + 0^2} = \sqrt{5}$,

$|\overrightarrow{\mathrm{AC}}| = \sqrt{2^2 + 0^2 + 2^2} = 2\sqrt{2}$

$\overrightarrow{\mathrm{AB}} \cdot \overrightarrow{\mathrm{AC}} = 1 \times 2 + 2 \times 0 + 0 \times 2 = 2$

$\cos\theta = \dfrac{\overrightarrow{\mathrm{AB}} \cdot \overrightarrow{\mathrm{AC}}}{|\overrightarrow{\mathrm{AB}}||\overrightarrow{\mathrm{AC}}|} = \dfrac{2}{\sqrt{5} \cdot 2\sqrt{2}} = \dfrac{\sqrt{10}}{10}$

$\sin\theta > 0$ より

$\sin\theta = \sqrt{1 - \left(\dfrac{\sqrt{10}}{10}\right)^2} = \sqrt{\dfrac{9}{10}} = \dfrac{3}{\sqrt{10}} = \dfrac{3\sqrt{10}}{10}$

(3) $S = \dfrac{1}{2} \cdot \mathrm{AB} \cdot \mathrm{AC}\sin\theta = \dfrac{1}{2} \cdot \sqrt{5} \cdot 2\sqrt{2} \cdot \dfrac{3\sqrt{10}}{10} = 3$

[別解] $S = \dfrac{1}{2}\sqrt{|\overrightarrow{\mathrm{AB}}|^2|\overrightarrow{\mathrm{AC}}|^2 - (\overrightarrow{\mathrm{AB}} \cdot \overrightarrow{\mathrm{AC}})^2}$

$= \dfrac{1}{2}\sqrt{(\sqrt{5})^2 \cdot (2\sqrt{2})^2 - 2^2} = \dfrac{1}{2}\sqrt{36} = 3$

(4) $\mathrm{AB} \perp \mathrm{AD}$, $\mathrm{AC} \perp \mathrm{AD}$ だから平面 $\mathrm{ABC} \perp \mathrm{AD}$

四面体の体積は底面を $\triangle\mathrm{ABC}$, 高さを AD とする三角錐である。

$|\overrightarrow{\mathrm{AD}}| = \sqrt{(-4)^2 + 2^2 + 4^2} = \sqrt{36} = 6$

よって, $V = \dfrac{1}{3} \cdot 3 \cdot 6 = 6$

58 空間ベクトル

●確認問題

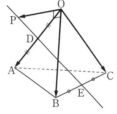

$\overrightarrow{\mathrm{OD}} = \dfrac{1}{2}\vec{a}$, $\overrightarrow{\mathrm{OE}} = \dfrac{1}{2}(\vec{b} + \vec{c})$ だから

$\overrightarrow{\mathrm{OP}} = (1 - t)\dfrac{1}{2}\vec{a} + t\dfrac{1}{2}(\vec{b} + \vec{c})$ と表せる

$\mathrm{OP} \perp \mathrm{OB}$ だから $\overrightarrow{\mathrm{OP}} \cdot \overrightarrow{\mathrm{OB}} = 0$

$\overrightarrow{\mathrm{OP}} \cdot \overrightarrow{\mathrm{OB}} = \left(\dfrac{1 - t}{2}\vec{a} + \dfrac{t}{2}\vec{b} + \dfrac{t}{2}\vec{c}\right) \cdot \vec{b} = 0$

$\dfrac{1 - t}{2}\vec{a} \cdot \vec{b} + \dfrac{t}{2}|\vec{b}|^2 + \dfrac{t}{2}\vec{b} \cdot \vec{c} = 0$

ここで, 正四面体だから

$|\vec{a}| = |\vec{b}| = |\vec{c}| = 1$

$\vec{a} \cdot \vec{b} = \vec{b} \cdot \vec{c} = \vec{c} \cdot \vec{a} = 1 \cdot 1 \cdot \cos 60° = \dfrac{1}{2}$

$\dfrac{1 - t}{4} + \dfrac{t}{2} + \dfrac{t}{4} = 0$

よって, $t = -\dfrac{1}{2}$

ゆえに, $\overrightarrow{\mathbf{OP}} = \dfrac{3}{4}\vec{a} - \dfrac{1}{4}\vec{b} - \dfrac{1}{4}\vec{c}$

●マスター問題

(1)

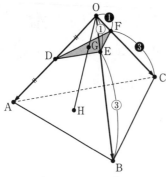

$$\overrightarrow{\mathrm{OD}} = \frac{1}{2}\overrightarrow{\mathrm{OA}}, \ \overrightarrow{\mathrm{OE}} = \frac{1}{4}\overrightarrow{\mathrm{OB}}, \ \overrightarrow{\mathrm{OF}} = \frac{1}{4}\overrightarrow{\mathrm{OC}}$$

$$\overrightarrow{\mathrm{OG}} = \frac{1}{3}(\overrightarrow{\mathrm{OD}} + \overrightarrow{\mathrm{OE}} + \overrightarrow{\mathrm{OF}})$$

$$= \frac{1}{3}\left(\frac{1}{2}\overrightarrow{\mathrm{OA}} + \frac{1}{4}\overrightarrow{\mathrm{OB}} + \frac{1}{4}\overrightarrow{\mathrm{OC}}\right)$$

$$= \frac{1}{6}\overrightarrow{\mathrm{OA}} + \frac{1}{12}\overrightarrow{\mathrm{OB}} + \frac{1}{12}\overrightarrow{\mathrm{OC}}$$

よって，$\overrightarrow{\mathrm{OG}} = \dfrac{1}{6}\vec{a} + \dfrac{1}{12}\vec{b} + \dfrac{1}{12}\vec{c}$

(2) $\overrightarrow{\mathrm{OH}} = k\overrightarrow{\mathrm{OG}}$ と表せるから

$$\overrightarrow{\mathrm{OH}} = \frac{k}{6}\overrightarrow{\mathrm{OA}} + \frac{k}{12}\overrightarrow{\mathrm{OB}} + \frac{k}{12}\overrightarrow{\mathrm{OC}} \quad \cdots\cdots①$$

点 H は平面 ABC 上にあるから

$$\frac{k}{6} + \frac{k}{12} + \frac{k}{12} = 1 \ \text{より} \ k = 3$$

よって，$\overrightarrow{\mathrm{OH}} = \dfrac{1}{2}\overrightarrow{\mathrm{OA}} + \dfrac{1}{4}\overrightarrow{\mathrm{OB}} + \dfrac{1}{4}\overrightarrow{\mathrm{OC}}$

$$\overrightarrow{\mathrm{AH}} = \overrightarrow{\mathrm{OH}} - \overrightarrow{\mathrm{OA}} = -\frac{1}{2}\overrightarrow{\mathrm{OA}} + \frac{1}{4}\overrightarrow{\mathrm{OB}} + \frac{1}{4}\overrightarrow{\mathrm{OC}}$$

$$|\overrightarrow{\mathrm{AH}}|^2 = \left|-\frac{1}{2}\overrightarrow{\mathrm{OA}} + \frac{1}{4}\overrightarrow{\mathrm{OB}} + \frac{1}{4}\overrightarrow{\mathrm{OC}}\right|^2$$

$$= \frac{1}{4}|\overrightarrow{\mathrm{OA}}|^2 + \frac{1}{16}|\overrightarrow{\mathrm{OB}}|^2 + \frac{1}{16}|\overrightarrow{\mathrm{OC}}|^2$$

$$- \frac{1}{4}\overrightarrow{\mathrm{OA}} \cdot \overrightarrow{\mathrm{OB}} + \frac{1}{8}\overrightarrow{\mathrm{OB}} \cdot \overrightarrow{\mathrm{OC}} - \frac{1}{4}\overrightarrow{\mathrm{OC}} \cdot \overrightarrow{\mathrm{OA}}$$

ここで，一辺が 1 の正四面体だから

$$|\overrightarrow{\mathrm{OA}}| = |\overrightarrow{\mathrm{OB}}| = |\overrightarrow{\mathrm{OC}}| = 1,$$

$$\overrightarrow{\mathrm{OA}} \cdot \overrightarrow{\mathrm{OB}} = \overrightarrow{\mathrm{OB}} \cdot \overrightarrow{\mathrm{OC}} = \overrightarrow{\mathrm{OC}} \cdot \overrightarrow{\mathrm{OA}}$$

$$= 1 \cdot 1 \cdot \cos 60° = \frac{1}{2}$$

より

$$|\overrightarrow{\mathrm{AH}}|^2 = \frac{1}{4} + \frac{1}{16} + \frac{1}{16} - \frac{1}{8} + \frac{1}{16} - \frac{1}{8}$$

$$= \frac{3}{16}$$

よって，$\mathbf{AH} = |\overrightarrow{\mathbf{AH}}| = \dfrac{\sqrt{3}}{4}$

別解

$\overrightarrow{\mathrm{OH}} = \overrightarrow{\mathrm{OA}} + s\overrightarrow{\mathrm{AB}} + t\overrightarrow{\mathrm{AC}}$ と表すと

$$= \overrightarrow{\mathrm{OA}} + s(\overrightarrow{\mathrm{OB}} - \overrightarrow{\mathrm{OA}}) + t(\overrightarrow{\mathrm{OC}} - \overrightarrow{\mathrm{OA}})$$

$$= (1 - s - t)\overrightarrow{\mathrm{OA}} + s\overrightarrow{\mathrm{OB}} + t\overrightarrow{\mathrm{OC}} \quad \cdots\cdots②$$

①と②は等しく，$\overrightarrow{\mathrm{OA}}$, $\overrightarrow{\mathrm{OB}}$, $\overrightarrow{\mathrm{OC}}$ は 1 次独立だから

$$1 - s - t = \frac{k}{6}, \ s = \frac{k}{12}, \ t = \frac{k}{12}$$

これより $\dfrac{k}{6} + \dfrac{k}{12} + \dfrac{k}{12} = 1$ から $k = 3$

よって，$\overrightarrow{\mathrm{OH}} = \dfrac{1}{2}\overrightarrow{\mathrm{OA}} + \dfrac{1}{4}\overrightarrow{\mathrm{OB}} + \dfrac{1}{4}\overrightarrow{\mathrm{OC}}$

(以下同様)

●チャレンジ問題

(1)

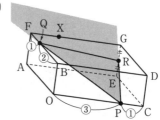

$$\vec{p} = \frac{3}{4}\vec{c}$$

$$\vec{q} = \overrightarrow{\mathrm{OB}} + \overrightarrow{\mathrm{BQ}}$$

$$= \frac{2}{3}\vec{a} + \vec{b}$$

$$\vec{r} = \overrightarrow{\mathrm{OA}} + \overrightarrow{\mathrm{AE}} + \overrightarrow{\mathrm{ER}}$$

$$= \vec{a} + \frac{1}{2}\vec{b} + \vec{c}$$

(2) 平面 PQR 上の点 X は

$\overrightarrow{\mathrm{OX}} = \overrightarrow{\mathrm{OP}} + s\overrightarrow{\mathrm{PQ}} + t\overrightarrow{\mathrm{PR}}$ と表せる

$$= \overrightarrow{\mathrm{OP}} + s(\overrightarrow{\mathrm{OQ}} - \overrightarrow{\mathrm{OP}}) + t(\overrightarrow{\mathrm{OR}} - \overrightarrow{\mathrm{OP}})$$

$$= \vec{p} + s(\vec{q} - \vec{p}) + t(\vec{r} - \vec{p})$$

$$= (1 - s - t)\vec{p} + s\vec{q} + t\vec{r}$$

$$= (1 - s - t)\frac{3}{4}\vec{c} + s\left(\frac{2}{3}\vec{a} + \vec{b}\right)$$

$$+ t\left(\vec{a} + \frac{1}{2}\vec{b} + \vec{c}\right)$$

$$= \left(\frac{2}{3}s + t\right)\vec{a} + \left(s + \frac{1}{2}t\right)\vec{b}$$

$$+ \left(\frac{3}{4} - \frac{3}{4}s + \frac{1}{4}t\right)\vec{c} \quad \cdots\cdots①$$

辺 FG 上の点 X は

$$\overrightarrow{\mathrm{OX}} = \overrightarrow{\mathrm{OA}} + \overrightarrow{\mathrm{AF}} + \overrightarrow{\mathrm{FX}}$$

$$= \overrightarrow{\mathrm{OA}} + \overrightarrow{\mathrm{AF}} + u\overrightarrow{\mathrm{FG}} \quad (0 < u < 1)$$

と表せるから

$$\overrightarrow{\mathrm{OX}} = \vec{a} + \vec{b} + u\vec{c} \quad \cdots\cdots②$$

①と②は等しく，$\vec{a}$, $\vec{b}$, $\vec{c}$ は 1 次独立だから

$$\frac{2}{3}s + t = 1 \quad \cdots\cdots③, \quad s + \frac{1}{2}t = 1 \quad \cdots\cdots④$$

$$\frac{3}{4} - \frac{3}{4}s + \frac{1}{4}t = u \quad \cdots\cdots⑤$$

③, ④を解いて, $s = \dfrac{3}{4}$, $t = \dfrac{1}{2}$

⑤に代入して, $u = \dfrac{5}{16}$

よって, $FX = \dfrac{5}{16}FG$ だから

FX : XG = 5 : 11

59 空間座標とベクトル

●確認問題

(1) 2点 A, B を通る直線の方程式は
$$\overrightarrow{OP} = \overrightarrow{OA} + t\overrightarrow{AB}$$
$\overrightarrow{AB} = (1, -2, 3)$ だから
$$\overrightarrow{OP} = (1, 1, 1) + t(1, -2, 3)$$
$$= (1+t, 1-2t, 1+3t)$$
xy 平面上の点は $z = 0$

$1 + 3t = 0$ より $t = -\dfrac{1}{3}$

よって, $P\left(\dfrac{2}{3}, \dfrac{5}{3}, 0\right)$

(2) $\overrightarrow{OP} \perp \overrightarrow{AB}$ だから $\overrightarrow{OP} \cdot \overrightarrow{AB} = 0$
$$\overrightarrow{OP} \cdot \overrightarrow{AB} = 1 \cdot (1+t) - 2 \cdot (1-2t) + 3 \cdot (1+3t) = 0$$

$14t + 2 = 0$ より $t = -\dfrac{1}{7}$

よって, $P\left(\dfrac{6}{7}, \dfrac{9}{7}, \dfrac{4}{7}\right)$

●マスター問題

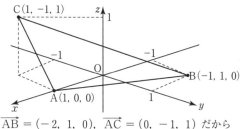

$\overrightarrow{AB} = (-2, 1, 0)$, $\overrightarrow{AC} = (0, -1, 1)$ だから
$\overrightarrow{AH} = m\overrightarrow{AB} + n\overrightarrow{AC}$ とすると,
$$\overrightarrow{OH} = \overrightarrow{OA} + \overrightarrow{AH}$$
$$= \overrightarrow{OA} + m\overrightarrow{AB} + n\overrightarrow{AC}$$
$$= (1, 0, 0) + m(-2, 1, 0) + n(0, -1, 1)$$
$$= (1-2m, m-n, n)$$
$\overrightarrow{AB} \perp \overrightarrow{OH}$ だから $\overrightarrow{AB} \cdot \overrightarrow{OH} = 0$
$$\overrightarrow{AB} \cdot \overrightarrow{OH} = -2 \cdot (1-2m) + 1 \cdot (m-n) + 0 \cdot n$$
$$= -2 + 4m + m - n = 0$$
よって, $5m - n = 2 \quad \cdots\cdots①$

$\overrightarrow{AC} \perp \overrightarrow{OH}$ だから $\overrightarrow{AC} \cdot \overrightarrow{OH} = 0$
$$\overrightarrow{AC} \cdot \overrightarrow{OH} = 0 \cdot (1-2m) - 1 \cdot (m-n) + 1 \cdot n$$
$$= -m + n + n = 0$$
よって, $m - 2n = 0 \quad \cdots\cdots②$

①, ②を解いて $m = \dfrac{4}{9}$, $n = \dfrac{2}{9}$

ゆえに, $\overrightarrow{AH} = \dfrac{4}{9}\overrightarrow{AB} + \dfrac{2}{9}\overrightarrow{AC}$

別解
$$\overrightarrow{OH} = l\overrightarrow{OA} + m\overrightarrow{OB} + n\overrightarrow{OC} \quad (l+m+n=1)$$
$$= l(1, 0, 0) + m(-1, 1, 0) + n(1, -1, 1)$$
$$= (l-m+n, m-n, n)$$
としても同様である。

●チャレンジ問題

(1)

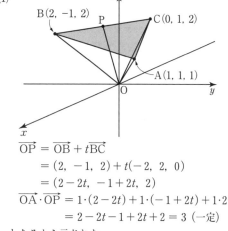

$$\overrightarrow{OP} = \overrightarrow{OB} + t\overrightarrow{BC}$$
$$= (2, -1, 2) + t(-2, 2, 0)$$
$$= (2-2t, -1+2t, 2)$$
$$\overrightarrow{OA} \cdot \overrightarrow{OP} = 1 \cdot (2-2t) + 1 \cdot (-1+2t) + 1 \cdot 2$$
$$= 2-2t-1+2t+2 = 3 \text{ (一定)}$$
となるから示された。

(2) $|\overrightarrow{OA}| = \sqrt{1^2 + 1^2 + 1^2} = \sqrt{3}$
$$|\overrightarrow{OP}| = \sqrt{(2-2t)^2 + (-1+2t)^2 + 2^2}$$
$$= \sqrt{8t^2 - 12t + 9}$$
$$\cos \angle AOP = \frac{\overrightarrow{OA} \cdot \overrightarrow{OP}}{|\overrightarrow{OA}||\overrightarrow{OP}|}$$
$$= \frac{3}{\sqrt{3}\sqrt{8t^2-12t+9}} \quad \cdots\cdots①$$

$\angle AOP$ が最小になるのは, $\cos \angle AOP$ すなわち①が最大になるときである。

①は, $8t^2 - 12t + 9$ が最小となるとき最大となるから

$8t^2 - 12t + 9 = 8\left(t - \dfrac{3}{4}\right)^2 + \dfrac{9}{2}$ より

$t = \dfrac{3}{4}$ のとき最小となる。

よって, $P\left(\dfrac{1}{2}, \dfrac{1}{2}, 2\right)$

●マスター問題

(1) (i) $z_1 = \sqrt{3} + i = 2\left(\cos\dfrac{\pi}{6} + i\sin\dfrac{\pi}{6}\right)$

$z_2 = \sqrt{3} + 3i = 2\sqrt{3}\left(\cos\dfrac{\pi}{3} + i\sin\dfrac{\pi}{3}\right)$

(ii) $z = \dfrac{z_2}{z_1} = \dfrac{2\sqrt{3}\left(\cos\dfrac{\pi}{3} + i\sin\dfrac{\pi}{3}\right)}{2\left(\cos\dfrac{\pi}{6} + i\sin\dfrac{\pi}{6}\right)}$

$= \sqrt{3}\left\{\cos\left(\dfrac{\pi}{3} - \dfrac{\pi}{6}\right) + i\sin\left(\dfrac{\pi}{3} - \dfrac{\pi}{6}\right)\right\}$

$= \sqrt{3}\left(\cos\dfrac{\pi}{6} + i\sin\dfrac{\pi}{6}\right)$

$z^6 = \left\{\sqrt{3}\left(\cos\dfrac{\pi}{6} + i\sin\dfrac{\pi}{6}\right)\right\}^6$

$= (\sqrt{3})^6(\cos\pi + i\sin\pi)$

$= 3^3(-1 + 0) = -27$

(2) $z^4 = \left(\cos\dfrac{\pi}{16} + i\sin\dfrac{\pi}{16}\right)^4$

$= \cos\dfrac{\pi}{4} + i\sin\dfrac{\pi}{4}$

$\dfrac{1}{z^4} = z^{-4} = \cos\left(-\dfrac{\pi}{4}\right) + i\sin\left(-\dfrac{\pi}{4}\right)$

$z^4 + \dfrac{1}{z^4} = \cos\dfrac{\pi}{4} + i\sin\dfrac{\pi}{4}$

$\qquad\qquad + \cos\left(-\dfrac{\pi}{4}\right) + i\sin\left(-\dfrac{\pi}{4}\right)$

$= \cos\dfrac{\pi}{4} + i\sin\dfrac{\pi}{4} + \cos\dfrac{\pi}{4} - i\sin\dfrac{\pi}{4}$

$= 2\cos\dfrac{\pi}{4} = \sqrt{2}$

●チャレンジ問題

$z = \dfrac{1 + i}{\sqrt{3} + i}$ より

$z = \dfrac{\sqrt{2}\left(\cos\dfrac{\pi}{4} + i\sin\dfrac{\pi}{4}\right)}{2\left(\cos\dfrac{\pi}{6} + i\sin\dfrac{\pi}{6}\right)}$

$= \dfrac{1}{\sqrt{2}}\left(\cos\dfrac{\pi}{12} + i\sin\dfrac{\pi}{12}\right)$

だから

$z^n = \left\{\dfrac{1}{\sqrt{2}}\left(\cos\dfrac{\pi}{12} + i\sin\dfrac{\pi}{12}\right)\right\}^n$

$= \dfrac{1}{2^{\frac{n}{2}}}\left(\cos\dfrac{n}{12}\pi + i\sin\dfrac{n}{12}\pi\right)$

z^n が正の実数になるのは

$\cos\dfrac{n}{12}\pi > 0$ かつ $\sin\dfrac{n}{12}\pi = 0$

となるときである。

よって，$\dfrac{n}{12}\pi = 2k\pi$（k は整数）のときだから，

$n = 24k$

ゆえに，n の最小の正の整数は $k = 1$ のとき，

$\boldsymbol{n = 24}$

●マスター問題

条件より $|\alpha|^2 = \alpha\overline{\alpha} = 4$，$|\beta|^2 = \beta\overline{\beta} = 4$ ……①

$|\alpha - \beta|^2 = 4$ より

$|\alpha - \beta|^2 = (\alpha - \beta)(\overline{\alpha - \beta})$

$= (\alpha - \beta)(\overline{\alpha} - \overline{\beta})$

$= \alpha\overline{\alpha} - \alpha\overline{\beta} - \overline{\alpha}\beta + \beta\overline{\beta} = 4$

$= |\alpha|^2 - \alpha\overline{\beta} - \overline{\alpha}\beta + |\beta|^2 = 4$

$\alpha\overline{\beta} + \overline{\alpha}\beta = 4$ ……②　（①より）

(1) $|\alpha + \beta|^2 = (\alpha + \beta)(\overline{\alpha + \beta})$

$= (\alpha + \beta)(\overline{\alpha} + \overline{\beta})$

$= \alpha\overline{\alpha} + \alpha\overline{\beta} + \overline{\alpha}\beta + \beta\overline{\beta}$

$= 4 + 4 + 4 = 12$　（①，②より）

よって，$|\alpha + \beta| = 2\sqrt{3}$

(2) $\alpha\overline{\beta} + \overline{\alpha}\beta = 4$　の両辺に $\alpha\beta$ を掛けると

$\alpha\beta\alpha\overline{\beta} + \alpha\beta\overline{\alpha}\beta = 4\alpha\beta$

$\alpha^2|\beta|^2 + |\alpha|^2\beta^2 = 4\alpha\beta$

①より，$|\alpha|^2 = 4$，$|\beta|^2 = 4$ だから

$4\alpha^2 + 4\beta^2 = 4\alpha\beta$

$\alpha^2 - \alpha\beta + \beta^2 = 0$ ……③

$\left(\dfrac{\alpha}{\beta}\right)^2 - \dfrac{\alpha}{\beta} + 1 = 0$　（両辺を β^2 で割って）

$\dfrac{\alpha}{\beta} = \dfrac{1 \pm \sqrt{3}\,i}{2}$

よって，$\dfrac{\alpha^3}{\beta^3} = \left(\dfrac{\alpha}{\beta}\right)^3 = \left(\dfrac{1 \pm \sqrt{3}\,i}{2}\right)^3 = \boldsymbol{-1}$

別解

③の両辺に $\alpha + \beta$ を掛けて

$(\alpha + \beta)(\alpha^2 - \alpha\beta + \beta^2) = 0$

$\alpha^3 + \beta^3 = 0$　（両辺を β^3 で割って）

$\dfrac{\alpha^3}{\beta^3} + 1 = 0$　よって，$\dfrac{\alpha^3}{\beta^3} = \boldsymbol{-1}$

(3) ③より

$\alpha^2 + \beta^2 = \alpha\beta$

$|\alpha^2 + \beta^2| = |\alpha\beta| = |\alpha||\beta|$

$|\alpha| = |\beta| = 2$ だから

$|\alpha^2 + \beta^2| = \boldsymbol{4}$

●チャレンジ問題

$|z - w|^2 = (z - w)(\overline{z - w})$

$= (z - w)(\overline{z} - \overline{w})$

$= z\overline{z} - z\overline{w} - \overline{z}w + w\overline{w}$

ここで，$|z|^2 = z\overline{z} = 4$，$|w|^2 = w\overline{w} = 25$

$z\overline{w}$ の実部が 3 だから

$$\frac{z\overline{w} + \overline{(z\overline{w})}}{2}$$

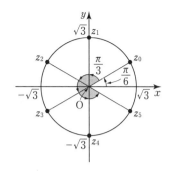

$$\alpha = a + bi, \ \overline{\alpha} = a - bi$$
のとき
$$\frac{\alpha + \overline{\alpha}}{2} = a, \ \frac{\alpha - \overline{\alpha}}{2} = bi$$

$$= \frac{z\overline{w} + \overline{z}w}{2} = 3$$

より $z\overline{w} + \overline{z}w = 6$

よって，$|z - w|^2 = 4 - 6 + 25 = 23$

ゆえに，$|z - w| = \sqrt{23}$

別解 $z\overline{w}$ の実部が 3 より

$z\overline{w} = 3 + bi$ とおくと

$(\overline{z\overline{w}}) = \overline{z}w = 3 - bi$ だから

$\quad z\overline{w} + \overline{z}w = 6$

としてもよい。

62 $z^n = a + bi$ の解

●マスター問題

$z^6 = -27$ より

$z = r(\cos\theta + i\sin\theta)$ とおくと

$\quad z^6 = r^6(\cos 6\theta + i\sin 6\theta) \quad \cdots\cdots①$

$\quad -27 = 27(\cos\pi + i\sin\pi) \quad \cdots\cdots②$

①＝② だから

$\quad r^6(\cos 6\theta + i\sin 6\theta) = 27(\cos\pi + i\sin\pi)$

これより

$r^6 = 27, \ r > 0$ だから $r = \sqrt{3}$

$6\theta = \pi + 2k\pi$ より $\theta = \dfrac{\pi}{6} + \dfrac{k}{3}\pi$

よって，

$$z_k = \sqrt{3}\left\{\cos\left(\frac{\pi}{6} + \frac{k}{3}\pi\right) + i\sin\left(\frac{\pi}{6} + \frac{k}{3}\pi\right)\right\}$$

$k = 0, \ 1, \ 2, \ \cdots, \ 5$ を代入して

$$z_0 = \sqrt{3}\left(\cos\frac{\pi}{6} + i\sin\frac{\pi}{6}\right) = \frac{3}{2} + \frac{\sqrt{3}}{2}i$$

$$z_1 = \sqrt{3}\left(\cos\frac{\pi}{2} + i\sin\frac{\pi}{2}\right) = \sqrt{3}\,i$$

$$z_2 = \sqrt{3}\left(\cos\frac{5}{6}\pi + i\sin\frac{5}{6}\pi\right) = -\frac{3}{2} + \frac{\sqrt{3}}{2}i$$

$$z_3 = \sqrt{3}\left(\cos\frac{7}{6}\pi + i\sin\frac{7}{6}\pi\right) = -\frac{3}{2} - \frac{\sqrt{3}}{2}i$$

$$z_4 = \sqrt{3}\left(\cos\frac{3}{2}\pi + i\sin\frac{3}{2}\pi\right) = -\sqrt{3}\,i$$

$$z_5 = \sqrt{3}\left(\cos\frac{11}{6}\pi + i\sin\frac{11}{6}\pi\right) = \frac{3}{2} - \frac{\sqrt{3}}{2}i$$

ゆえに，

$$z = \pm\left(\frac{3}{2} + \frac{\sqrt{3}}{2}i\right), \ \pm\left(-\frac{3}{2} + \frac{\sqrt{3}}{2}i\right), \ \pm\sqrt{3}\,i$$

63 回転移動

●マスター問題

求める複素数を z とすると

$$z = (2 + 4\sqrt{3}\,i)\left(\cos\frac{\pi}{3} + i\sin\frac{\pi}{3}\right)$$

$$= (2 + 4\sqrt{3}\,i)\left(\frac{1}{2} + \frac{\sqrt{3}}{2}i\right)$$

$$= (1 - 6) + (\sqrt{3} + 2\sqrt{3})i$$

$$= -5 + 3\sqrt{3}\,i$$

●チャレンジ問題

C の虚部が負だから，C は下図より，点 A を中心

に点 B を $-\dfrac{\pi}{3}$ 回転した点である。

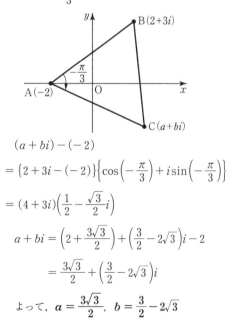

$$(a + bi) - (-2)$$

$$= \{2 + 3i - (-2)\}\left\{\cos\left(-\frac{\pi}{3}\right) + i\sin\left(-\frac{\pi}{3}\right)\right\}$$

$$= (4 + 3i)\left(\frac{1}{2} - \frac{\sqrt{3}}{2}i\right)$$

$$a + bi = \left(2 + \frac{3\sqrt{3}}{2}\right) + \left(\frac{3}{2} - 2\sqrt{3}\right)i - 2$$

$$= \frac{3\sqrt{3}}{2} + \left(\frac{3}{2} - 2\sqrt{3}\right)i$$

よって，$a = \dfrac{3\sqrt{3}}{2}, \ b = \dfrac{3}{2} - 2\sqrt{3}$

64 複素数 z の表す図形

●マスター問題

(1) $|z - 2| = |z - i|$ より

z は点 2 と点 i からの距離が等しい点だから

図のような垂直二等分線を描く。

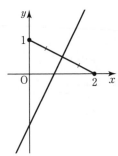

別解 $z = x + yi$ とおくと

$|x + yi - 2| = |x + yi - i|$

$\sqrt{(x-2)^2 + y^2} = \sqrt{x^2 + (y-1)^2}$

$x^2 - 4x + 4 + y^2 = x^2 + y^2 - 2y + 1$

$-4x = -2y - 3$

よって，$y = 2x - \dfrac{3}{2}$

(2) $|z - 1 + i| = 2$ より $|z - (1 - i)| = 2$

点 $1 - i$ を中心とする半径 2 の円を描く。

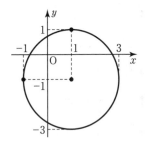

別解 $z = x + yi$ とおくと

$|x + yi - 1 + i| = 2$

$|(x-1) + (y+1)i| = 2$

$\sqrt{(x-1)^2 + (y+1)^2} = 2$

$(x-1)^2 + (y+1)^2 = 4$

よって，点 $1 - i$ を中心とする半径 2 の円を描く。

●チャレンジ問題

$|iz + 3| = |2z - 6|$ より

$|iz + 3|^2 = |2z - 6|^2$

$(iz + 3)(\overline{iz + 3}) = (2z - 6)(\overline{2z - 6})$

$(iz + 3)(-i\overline{z} + 3) = (2z - 6)(2\overline{z} - 6)$

$z\overline{z} + 3iz - 3i\overline{z} + 9 = 4z\overline{z} - 12z - 12\overline{z} + 36$

$z\overline{z} - (4+i)z - (4-i)\overline{z} = -9$

$\{z - (4-i)\}\{\overline{z} - (4+i)\} - (4-i)(4+i)$

$\qquad = -9$

$\{z - (4-i)\}\{\overline{z - (4-i)}\} = 8$

$|z - (4-i)|^2 = 8$

よって，$|z - (4-i)| = 2\sqrt{2}$

ゆえに，点 $4 - i$ を中心とする半径 $2\sqrt{2}$ の円

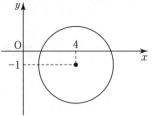

別解 $z = x + yi$ とおくと

$|iz + 3| = |2z - 6|$ より

$|i(x + yi) + 3| = |2(x + yi) - 6|$

$|(3 - y) + xi| = |(2x - 6) + 2yi|$

$\sqrt{(3-y)^2 + x^2} = \sqrt{(2x-6)^2 + 4y^2}$

$9 - 6y + y^2 + x^2 = 4x^2 - 24x + 36 + 4y^2$

$3x^2 + 3y^2 - 24x + 6y + 27 = 0$

$x^2 + y^2 - 8x + 2y + 9 = 0$

$(x-4)^2 + (y+1)^2 = 8$

よって，点 $4 - i$ を中心とする半径 $2\sqrt{2}$ の円

参考 $|iz + 3| = |2z - 6|$ より

$|i(z - 3i)| = |2(z - 3)|$

$|i||z - 3i| = |2||z - 3|$

$|z - 3i| = 2|z - 3|$

$|z - 3i|^2 = 4|z - 3|^2$

$(z - 3i)(\overline{z - 3i}) = 4(z - 3)(\overline{z - 3})$

$(z - 3i)(\overline{z} + 3i) = 4(z - 3)(\overline{z} - 3)$

$z\overline{z} + 3iz - 3i\overline{z} + 9 = 4(z\overline{z} - 3z - 3\overline{z} + 9)$

$z\overline{z} - (4+i)z - (4-i)\overline{z} = -9$

以下同様

65 $w = f(z)$ の描く図形

●マスター問題

z は点 $2i$ を中心とする半径 1 の円を描くので

$|z - 2i| = 1$ ……①

$w = (3 - 4i)z + 1$ より

$z = \dfrac{w - 1}{3 - 4i}$ これを①に代入して

$\left| \dfrac{w - 1}{3 - 4i} - 2i \right| = 1$

$\left| \dfrac{w - 9 - 6i}{3 - 4i} \right| = 1$

$|w - 9 - 6i| = |3 - 4i|$

$|w - (9 + 6i)| = \sqrt{3^2 + (-4)^2} = 5$

よって，w は，$9 + 6i$ を中心とする半径 5 の円を描く。

●チャレンジ問題

z が虚軸上を動くとき，$z = 0$ または純虚数だから

$z + \overline{z} = 0$ ……①

$w = \dfrac{2}{z + 1}$ より $w(z + 1) = 2$

$wz + w = 2$

よって，$z = \dfrac{2}{w} - 1 \quad (w \neq 0)$

①に代入して

$\dfrac{2}{w} - 1 + \left(\overline{\dfrac{2}{w} - 1}\right) = 0$

$\dfrac{2}{w} - 1 + \dfrac{2}{\overline{w}} - 1 = 0$

両辺に $w\overline{w}$ を掛けて

$2\overline{w} - w\overline{w} + 2w - w\overline{w} = 0$

$w\overline{w} - w - \overline{w} = 0 \quad\cdots\cdots②$

$(w - 1)(\overline{w} - 1) = 1$

$(w - 1)\overline{(w - 1)} = 1$

$|w - 1|^2 = 1 \quad$ より $\quad |w - 1| = 1$

よって，点 1 を中心とする半径 1 の円。ただし，原点は除く。

別解　②からの変形は

$w = x + yi$ とおくと

（ただし，$w \neq 0$ より，$x = 0,\ y = 0$ は除く）

$\overline{w} = x - yi$　これを代入して

$(x + yi)(x - yi) - (x + yi) - (x - yi) = 0$

$x^2 + y^2 - 2x = 0$

$(x - 1)^2 + y^2 = 1$

よって，点 1 を中心とする半径 1 の円。ただし，原点は除く。

66　複素数と図形

●マスター問題

$\dfrac{\beta}{\alpha} = 1 + \sqrt{3}\,i$ より

$\dfrac{\beta}{\alpha} = 2\left(\cos\dfrac{\pi}{3} + i\sin\dfrac{\pi}{3}\right)$

$\beta = 2\alpha\left(\cos\dfrac{\pi}{3} + i\sin\dfrac{\pi}{3}\right)$　だから

β は，α を 2 倍し，原点を中心に $\dfrac{\pi}{3}$ 回転させた点である。

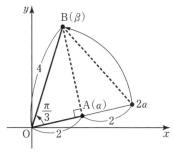

$|\alpha| = 2$　より　OA $= 2$

また，OB $= 2$OA $= 4$ となる。

上図より　$\angle$AOB $= \dfrac{\pi}{3}$

したがって，$\triangle$OAB は $\angle$BAO $= \dfrac{\pi}{2}$ の直角二等辺三角形である。

ゆえに，$\triangle$OAB $= 2 \times 2\sqrt{3} \times \dfrac{1}{2} = 2\sqrt{3}$

●チャレンジ問題

(1)　$3\alpha^2 - 6\alpha\beta + 4\beta^2 = 0$

両辺を β^2 で割ると

$\dfrac{3\alpha^2}{\beta^2} - \dfrac{6\alpha}{\beta} + 4 = 0$

$3\left(\dfrac{\alpha}{\beta}\right)^2 - 6\left(\dfrac{\alpha}{\beta}\right) + 4 = 0$

ゆえに，$\dfrac{\alpha}{\beta} = \dfrac{3 \pm \sqrt{3}\,i}{3}$

$\dfrac{\alpha}{\beta} = \dfrac{1}{3} \cdot \sqrt{3^2 + (\sqrt{3})^2}\left\{\cos\left(\pm\dfrac{\pi}{6}\right) + i\sin\left(\pm\dfrac{\pi}{6}\right)\right\}$

よって，$\dfrac{\alpha}{\beta} = \dfrac{2\sqrt{3}}{3}\left(\cos\dfrac{\pi}{6} + i\sin\dfrac{\pi}{6}\right)$

または　$\dfrac{\alpha}{\beta} = \dfrac{2\sqrt{3}}{3}\left(\cos\dfrac{11}{6}\pi + i\sin\dfrac{11}{6}\pi\right)$

(2)　(1)より

$\alpha = \dfrac{2\sqrt{3}}{3}\beta\left(\cos\dfrac{\pi}{6} + i\sin\dfrac{\pi}{6}\right)$

または　$\alpha = \dfrac{2\sqrt{3}}{3}\beta\left(\cos\dfrac{11}{6}\pi + i\sin\dfrac{11}{6}\pi\right)$

ゆえに，α は，β を $\dfrac{2\sqrt{3}}{3}$ 倍し，原点を中心に $\dfrac{\pi}{6}$

または $\dfrac{11}{6}\pi$ 回転させた点である。

よって，下の図のようになる。

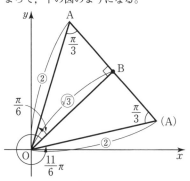

ゆえに，$\angle$B $= \dfrac{\pi}{2}$，$\angle$AOB $= \dfrac{\pi}{6}$，$\angle$BAO $= \dfrac{\pi}{3}$ の直角三角形

67 2次曲線

●マスター問題

(1) $\dfrac{x^2}{a^2}+\dfrac{y^2}{b^2}=1$ $(a>0,\ b>0)$ …①とおく。

(A)より焦点が $(0,\ c)$, $(0,\ -c)$ より焦点は y 軸上にあるから $b>a$ で

$$\sqrt{b^2-a^2}=c \quad\cdots\cdots②$$

(B)より $2b=4c$ だから $b=2c$

②に代入して $\sqrt{4c^2-a^2}=c$ より $a^2=3c^2$

よって，①は $\dfrac{x^2}{3c^2}+\dfrac{y^2}{4c^2}=1$ と表すことがで

きる。

(C)より $(3,\ 2)$ を通るから

$$\dfrac{9}{3c^2}+\dfrac{4}{4c^2}=1,\ \dfrac{3}{c^2}+\dfrac{1}{c^2}=1$$

よって，$c^2=4$

$a^2=3c^2$ より $a^2=12$

$a>0$ より $a=2\sqrt{3}$

ゆえに，短軸の長さは $2a=\mathbf{4\sqrt{3}}$

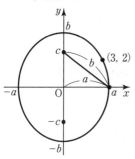

(2) 漸近線 $y=\pm2(x+2)$ が原点を通るように x 軸方向に 2 だけ平行移動すると

漸近線は $y=\pm2x$ で，通る点の原点は $(2,\ 0)$ となる。

$$\dfrac{x^2}{a^2}-\dfrac{y^2}{b^2}=1 \quad (a>0,\ b>0) \quad\cdots①とおく。$$

漸近線 $y=\dfrac{b}{a}x \iff y=2x$

より $\dfrac{b}{a}=2$

点 $(2,\ 0)$ を通るから，$\dfrac{4}{a^2}=1$ より $a^2=4$

$a>0$ だから $a=2$ ゆえに $b=4$

よって，①は $\dfrac{x^2}{4}-\dfrac{y^2}{16}=1$ となる。これを x 軸方向に -2 だけ平行移動して，双曲線の方程式は

$$\dfrac{(x+2)^2}{4}-\dfrac{y^2}{16}=1$$

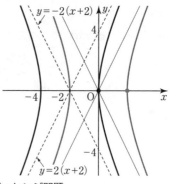

●チャレンジ問題

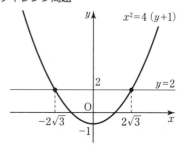

(1) 焦点 $(0,\ 0)$, 準線が $y=-2$ の放物線を C とする。

C を y 軸方向に 1 だけ平行移動すると，

頂点が $(0,\ 0)$, 焦点が $(0,\ 1)$, 準線が $y=-1$ となるから，$x^2=4\cdot1\cdot y$ と表せる。

これを，y 軸方向に -1 だけ平行移動したものが C の方程式 $x^2=4(y+1)$ である。

$y=2$ のとき $x^2=12$ より $x=\pm2\sqrt{3}$

よって，P の座標は $(\pm2\sqrt{3},\ 2)$

(2) 図のように点 P から準線 $y=-2$ に垂線 PH を下ろす。

放物線の定義より PH $=$ PF(PO) だから P$(x,\ 2)$ とすると

$$|2-(-2)|=\sqrt{x^2+2^2}$$

$16=x^2+4$ より $x=\pm2\sqrt{3}$

よって，P の座標は $(\pm2\sqrt{3},\ 2)$

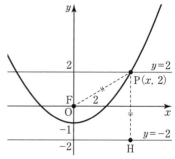

68 2次曲線と直線

●マスター問題

放物線 $y^2 = 4px$ と直線 $y = -x - 3$ が接する

から，2式から y を消去して

$(-x-3)^2 = 4px$

$x^2 + (6-4p)x + 9 = 0$ ……①

この判別式を D とすると $D = 0$ である。

$$\frac{D}{4} = (3-2p)^2 - 9 = 4p^2 - 12p$$

$$= 4p(p-3) = 0$$

$p \neq 0$ だから $p = 3$

このとき，①の解は

$x^2 - 6x + 9 = 0$，$(x-3)^2 = 0$ より

$x = 3$，このとき，$y = -6$

よって，$\boldsymbol{p = 3}$，$\mathbf{A(3, -6)}$

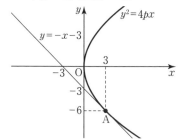

●チャレンジ問題

(1) $\dfrac{x^2}{4} - \dfrac{y^2}{9} = 1$ ……① に $y = 2x + k$ ……②

を代入し

$$\frac{x^2}{4} - \frac{(2x+k)^2}{9} = 1$$

$9x^2 - 4(4x^2 + 4kx + k^2) = 36$

$7x^2 + 16kx + 4k^2 + 36 = 0$ ……③

①，②が交わるから，③の判別式を D とすると

$D > 0$ である。

$$\frac{D}{4} = (8k)^2 - 7(4k^2 + 36)$$

$$= 36k^2 - 7 \cdot 36$$

$$= 36(k^2 - 7)$$

$$= 36(k + \sqrt{7})(k - \sqrt{7}) > 0$$

よって，$\boldsymbol{k < -\sqrt{7}}$，$\boldsymbol{\sqrt{7} < k}$

(2) 点 A，A' の x 座標をそれぞれ α，β とすると，③

の解と係数の関係より

$$\alpha + \beta = -\frac{16}{7}k$$

点 P の x 座標は

$$x = \frac{\alpha + \beta}{2} = -\frac{8}{7}k$$ ……④

点 P は直線 $y = 2x + k$ 上にあるから

$$y = 2\left(-\frac{8}{7}k\right) + k = -\frac{9}{7}k$$ ……⑤

④，⑤より k を消去して

$$y = \frac{9}{8}x$$

ただし，(1)より $k < -\sqrt{7}$，$\sqrt{7} < k$ だから

④より $x < -\dfrac{8}{\sqrt{7}}$，$\dfrac{8}{\sqrt{7}} < x$

よって 直線 $\boldsymbol{y = \dfrac{9}{8}x}$ $\left(x < -\dfrac{8}{\sqrt{7}}, \dfrac{8}{\sqrt{7}} < x\right)$

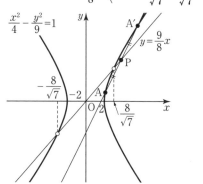

69 楕円上の点の表し方

●マスター問題

楕円 $\dfrac{x^2}{4} + y^2 = 1$ 上の点を

$P(2\cos\theta, \sin\theta)$ とおくと

$\dfrac{x^2}{4} + y^2 = 1$ 上の点 P における接線の方程式は

$$\frac{(2\cos\theta)x}{4} + (\sin\theta) \cdot y = 1$$

$x\cos\theta + 2y\sin\theta = 2$

x 軸との交点は，$y = 0$ とおいて

$x\cos\theta = 2$ より $x = \dfrac{2}{\cos\theta}$

よって，$Q\left(\dfrac{2}{\cos\theta}, 0\right)$

y 軸との交点は，$x = 0$ とおいて

$2y\sin\theta = 2$ より $y = \dfrac{1}{\sin\theta}$

よって，$R\left(0, \dfrac{1}{\sin\theta}\right)$

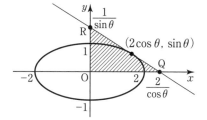

求める面積を S とすると

$$S = \frac{1}{2}\text{OQ} \cdot \text{OR}$$

$$= \frac{1}{2} \times \frac{2}{\cos\theta} \times \frac{1}{\sin\theta} = \frac{2}{\sin 2\theta}$$

θ は第1象現で考えているので $0 < \theta < \dfrac{\pi}{2}$ より $0 < 2\theta < \pi$

このとき $0 < \sin 2\theta \leqq 1$

ゆえに, 最小値は $\sin 2\theta = 1$ のとき **2**

●チャレンジ問題

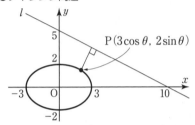

点 P の座標を $\text{P}(3\cos\theta,\ 2\sin\theta)\ (0 \leqq \theta < 2\pi)$ とおくと

点 P と l の距離は

$$\frac{|3\cos\theta + 2 \cdot 2\sin\theta - 10|}{\sqrt{1^2 + 2^2}}$$

$$= \frac{|4\sin\theta + 3\cos\theta - 10|}{\sqrt{5}}$$

$$= \frac{|\sqrt{4^2 + 3^2}\sin(\theta + \alpha) - 10|}{\sqrt{5}}$$

$$= \frac{|5\sin(\theta + \alpha) - 10|}{\sqrt{5}}$$

$$= \sqrt{5}\,|\sin(\theta + \alpha) - 2|$$

$$\left(\text{ただし, } \cos\alpha = \frac{4}{5},\ \sin\alpha = \frac{3}{5}\right)$$

$\alpha \leqq \theta + \alpha < 2\pi + \alpha$ だから

$-1 \leqq \sin(\theta + \alpha) \leqq 1$

よって, $\sin(\theta + \alpha) = 1$ のとき最小となり

最小値は $\sqrt{5}\,|1 - 2| = \boldsymbol{\sqrt{5}}$

70 媒介変数・極方程式

●マスター問題

(1) $x = 6\cos^2\theta + 1,\ y = 4\sin\theta\cos\theta$

$\cos^2\theta = \dfrac{1 + \cos 2\theta}{2},\ \sin\theta\cos\theta = \dfrac{1}{2}\sin 2\theta$

これを与式に代入すると

$$x = 6\left(\frac{1 + \cos 2\theta}{2}\right) + 1 = 3\cos 2\theta + 4$$

$$y = 4 \cdot \frac{1}{2}\sin 2\theta = 2\sin 2\theta$$

$$\cos 2\theta = \frac{x - 4}{3},\ \sin 2\theta = \frac{y}{2}$$

$\sin^2 2\theta + \cos^2 2\theta = 1$ より

$$\left(\frac{y}{2}\right)^2 + \left(\frac{x - 4}{3}\right)^2 = 1$$

よって, 楕円 $\dfrac{(x - 4)^2}{9} + \dfrac{y^2}{4} = 1$

曲線の概形は下図のようになる。

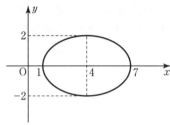

(2) $r = \cos\left(\theta + \dfrac{\pi}{6}\right)$

$$= \cos\theta\cos\frac{\pi}{6} - \sin\theta\sin\frac{\pi}{6}$$

$$r = \frac{\sqrt{3}}{2}\cos\theta - \frac{1}{2}\sin\theta \ \cdots\cdots①$$

$x = r\cos\theta,\ y = r\sin\theta$ より

$\cos\theta = \dfrac{x}{r},\ \sin\theta = \dfrac{y}{r}$ を①に代入

$$r = \frac{\sqrt{3}}{2} \cdot \frac{x}{r} - \frac{1}{2} \cdot \frac{y}{r}$$

$$r^2 = \frac{\sqrt{3}}{2}x - \frac{1}{2}y$$

$r^2 = x^2 + y^2$ より

$$x^2 + y^2 = \frac{\sqrt{3}}{2}x - \frac{1}{2}y$$

$$x^2 - \frac{\sqrt{3}}{2}x + y^2 + \frac{1}{2}y = 0$$

$$\left(x - \frac{\sqrt{3}}{4}\right)^2 + \left(y + \frac{1}{4}\right)^2 = \frac{1}{4}$$

よって, 中心 $\left(\dfrac{\sqrt{3}}{4},\ -\dfrac{1}{4}\right)$, 半径 $\dfrac{1}{2}$ の円

曲線の概形は下図のようになる。

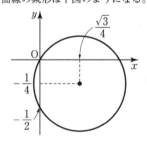

$(x^2+y^2)^2 = 5(x^2-y^2)$ に，$x = r\cos\theta$,
$y = r\sin\theta$ を代入
$$(r^2\cos^2\theta + r^2\sin^2\theta)^2 = 5(r^2\cos^2\theta - r^2\sin^2\theta)$$
$$\{r^2(\cos^2\theta + \sin^2\theta)\}^2 = 5r^2(\cos^2\theta - \sin^2\theta)$$
$$r^4 = 5r^2\cos 2\theta$$
よって $r = 0$ または $r^2 = 5\cos 2\theta$
$r = 0$ は $r^2 = 5\cos 2\theta$ に含まれるので
$$\mathbf{r^2 = 5\cos 2\theta}$$